中国建筑管理丛书

法律实务卷

中国建筑工程总公司 编著

U0210090

中国建筑工业出版社

图书在版编目（CIP）数据

法律实务卷/中国建筑工程总公司编著. —北京：中国
建筑工业出版社，2013.10
（中国建筑管理丛书）
ISBN 978-7-112-15981-9

Ⅰ.①法… Ⅱ.①中… Ⅲ.①建筑法－基本知识－中
国 Ⅳ.①TU71②D922.297

中国版本图书馆CIP数据核字（2014）第012726号

责任编辑：孙立波　毕凤鸣　曲汝铎
责任校对：陈晶晶　关　健

中国建筑管理丛书

法律实务卷

中国建筑工程总公司　编著

＊

中国建筑工业出版社出版、发行（北京西郊百万庄）
各地新华书店、建筑书店经销
北京锋尚制版有限公司制版
北京云浩印刷有限责任公司印刷

＊

开本：787×960毫米　1/16　印张：27　字数：380千字
2014年4月第一版　2014年6月第二次印刷
定价：**78.00元**
ISBN 978-7-112-15981-9
（24774）

中国建筑管理丛书编审委员会

中国建筑管理丛书法律实务卷编委会

引领管理之先

筚路蓝缕而春华秋实。

中国建筑经过 30 年的不懈奋斗，2012 年取得了营业规模位列全球建筑地产企业第 1 位、世界 500 强第 100 位、中央企业排名第 5 位、中国内地企业中排名第 9 位的"1159"辉煌业绩，2013 年更上一层楼，跻身于世界 500 强前 80 强，蝉联全球建筑地产综合企业集团之冠。

在旁人看来，中国建筑已是业界龙头、行业领袖。知人者智，自知者明。中国建筑过去取得的成功，是顺势而成，踏上了改革开放时代的节拍。而且，目前规模的"大"与核心竞争力的"强"还存在着本质性区别。与国际一流公司对标，在体制机制、资源整合、创新能力、基础管理、国际化人才队伍、品牌影响力、自主知识产权和核心技术、国际化能力等方面，中国建筑还有很大的提升空间，还有艰难的路要走。

惟其艰难，才更显勇毅。中国建筑在市场经济的洗礼中，蹚过一个个险滩，攀越一座座高峰。中建人从来不畏惧时势的磨砺，也从不缺乏争先的气魄，这是溶于中建人血液中的特质。正是秉承如此创先争优的精神气概，30 年来，我们始终坚持改革发展不动摇，始终推进管理不懈怠，才开辟了经营管理的新境界，才不断攀登了企业发展的新高度。从八十年代项目管理方式的探索，到如今产业结构的调整；从"一裁短两消灭三集中"，到"五化"战略的实施；从"三大市场策略"，到"四位一体"全产业链的协同联动……我们执着而坚定地冲向一个目标——最具国际竞争力的建筑地产综合企业集团，纵使三十年不"将军"，却无一日不"拱卒"，行无止境、自强不息。

党的十八届三中全会提出了全面深化改革的要求，发挥市场的"决定性作用"，促进国有企业要建立更加完善、适宜、高效的运行机制和管理体系，以顺应新的竞争和发展需求。对中国建筑而言，市场风云变幻无常，我们要踏准时代的节拍，必须不断实现自我革新、自我提升。中国建筑要在国际竞争中取胜，最终依赖的是企业自身的核心竞争力，而核心竞争力的基础，则是企业管理。就像一个木桶盛水的高度取决于最低的那块木板，而管理就是企业中那块最低的木板。所以，不论形势如何变化，只有管理才能最终赢得发展，提高竞争力。

"君子务本，本立而道生"。做企业，同样如此，管理精细而致远。只要我们专心致志抓牢根本性的工作，基础做好了，"道"也就产生了，适应形势的能力强大了，则企业可大可强可久远。

世界经济一体化，企业管理现代化，市场竞争全球化，企业管理面对管理理念、方法、技术、手段的全方位的变革。管理的核心由组织生产要素转变为价值创造；管理内容由追求利润最大化转变为追求个人、企业与社会协调发展，以求得企业利润目标与社会责任的统一，竞争与和谐的统一；管理方法由以效率、激励等为中心转变为以战略、文化为中心。管理创新成为了管理现代化的关键，就是要通过管理创新来推动技术创新、商业模式的创新，推动发展方式的转变，来解决企业当前面临的诸多矛盾和问题。

管理的变革既体现在公司治理结构、战略决策上，也体现在组织架构设计和各业务层面的日常工作中。管理是企业的基本功，管理提升也需要循序渐进、不断总结创新，还需要在实践中把新的管理要素（新的管理理念、新的管理手段）或新的管理要素组合引入企业管理系统，从而更有效地实现企业发展目标。

中国建筑要引领行业之先，首先必须引领管理之先。管理没有捷径可走，只有不断地精益求精、积蓄潜能，需要点滴推进、不躁不馁，脚踏实地，切忌浅尝辄止、华而不实。依靠文化塑造灵魂，全面提升各环节的管理，回归价值创造的管理本源，打造有竞争力的价值链。从价值创造的层次审视管理，进行查缺与补漏，保障业务管理层面的全面提升。

行业排头，世界一流。这是中国建筑的志向。一方面我们要"致广大"，另一方面，我们更需要"尽精微"。雄韬伟略固然重要，但如果缺少精细的管理，缺少精耕细作，高远的志向就好比好高骛远的臆想。

令人欣慰的是，中国建筑各业务层正在加强对知识的更新、问题的探索、信息化手段的运用，管理思维逐步转变。千里之行，始于足下。今天，我们已经迈出了第一步，即使一天走一步，我们最终定会到达彼岸。

中国建筑要实现基业长青，需要超越一代人或几代人的生命局限，需要长期渐进的坚韧精神和执着追求，所以每位管理者都应该有这种胸襟，都应该承担未来发展的责任。

值《中国建筑管理丛书》结集出版之际，以此感悟为序，与同仁共勉。

易 军

（中国建筑工程总公司董事长、党组书记）

前 言
Preface

　　"中国建筑"的法律管理工作，始终坚持"服务为本、价值创造"的宗旨，坚持法律管理与企业经营的高度融合，实现了从事务处理向法律管理的转变，开创了工程项目和投资项目法律顾问制度，建立了全过程的法律风险防范体系，实现了由事后救济为主向更加注重事前预防和事中控制的转变。法律管理基本实现了标准化和信息化，建立了覆盖授权管理、合同管理、案件管理、投资法律管理、知识产权管理、普法管理等六大职能的管理流程。法律体系实现了从"无"到"有"、从"有"到"好"的转变，建立了以总法律顾问制度为核心，职责统一、凝聚力强的法律体系。"中国建筑"法律管理工作得到国务院国资委的高度肯定，2012 年，"中国建筑"被国资委选为央企三家标杆企业之一，共同编写《企业法律管理辅导手册》。

　　建筑工程行业具有项目合同金额大、履约期限长、设计变更多、参与主体多、建筑工程法律专业性强、法律关系复杂、法律适用争议多等特点。如需准确理解建筑工程法律的内涵，则既要精通法律，具有深厚的法律功底，又要熟悉工程、合约、财务等专业知识。本书是对中国建筑法律管理经验成果的系统总结，参与编写人员具有丰富的建设工程管理实践经验和深厚的法学理论功底。本书包含工程承包法律实务、融投资建造（政府还款）业务、EPC 工程总承包管理模式、城市综合建设业务和国际工程承包法律风险管理等内容，具有较强的操作性和实务性。虽然，我们在工作和总结提炼时都精益求精，力求完美，但难免存在不足，希望能对建筑企业法律管理者、法官、律师等法律工作者有所裨益。

目 录
Contents

Chapter 02

第二篇
新型业务的法律分析 175

Chapter 03

**第三篇
国际工程承包法律风险管理　　　323**

Chapter
01

第一篇

工程承包法律实务

第一章
建设工程合同

- -

第一节　建设工程合同概述

　　根据我国《合同法》第 269 条的规定，建设工程合同是由承包人进行工程建设，发包人支付价款的合同。发包人是指具有工程发包主体资格和支付工程价款能力的当事人以及取得该当事人资格的合法继承人。承包人是指被发包人接受的具有工程施工承包主体资格的当事人以及取得该当事人资格的合法继承人。从发包人的角度出发，建设工程合同是发包合同，从承包人的角度出发，建设工程合同是承包合同。

　　建设工程的概念，对于理解建设工程合同的内涵具有重大意义。当前，国内有关建设工程概念的界定存在一定分歧，相关法规和规章也有不同表述。《建筑法》将建筑活动界定为"各类房屋建筑及其附属设施的建造和与其配套的线路、管道、设备的安装活动"。《合同法》虽将"建设工程合同"作为独立一章列入分则，却没有对"建设工程"的概念和范围进行界定。《建设工程质量管理条例》将建设工程界定为"土木工程、建筑工程、线路管道和设备安装工程及其装修工程"。建设部、国家工商行政管理局印发的《建设工程施工合同（示范文本）》（GF-1999-0201）对建设工程的定义采取了回避的态度，只是在通知中规定"基本适用于各类公务建筑、民用住宅、工业厂房、交通设施及线路管道的施工和设备安装"。2012年施行的《招标投标法实施条例》，明确建设工程包括建筑物和构筑物的新建、改建、扩建及其相关的装修、拆除、修缮等。

综合以上不同表述，结合工程建设行业实践，建设工程是指人类建造的能够为生活、生产提供物质基础的各类建筑物、构筑物和类似位置固定的永久设施。从内容上看，建设工程不仅包括《建筑法》及其配套法规中规定的各类房屋建筑及其附属设施建造以及与其配套的线路、管道、设备安装工程，而且包括不属于《建筑法》调整的铁路、公路、机场、桥梁、港口、矿井、隧道、场站等专业建设工程；从生产形式上看，建设工程不仅包括新建、改建、扩建工程，而且包括装修、修缮、拆除工程。

建设工程合同从内容上划分，包括勘察合同、设计合同、施工合同。一个建设工程，通常经过勘察、设计、施工三个阶段，我国《合同法》也相应地将建设工程合同分为勘察、设计、施工三种合同。发包人也可以将其中的一个、两个或者某几个阶段合并，形成设计及施工总承包合同等。

建设工程合同作为承揽合同的特殊类型，除具有承揽合同的一般法律属性外，还具有以下特点：

（1）合同主体的严格性。国家对建设工程合同的主体实行严格的许可制度，要求从事工程承包的主体必须具备经国家有关部门核定的相应的资格和资质。承包人不具备相应资格和资质的，所签订的建设工程合同无效，资质等级低的单位不能越级承包建设工程。法律对于发包人是否必须具备法人资格未作明确规定，实践中一般均为法人。基于行业管理需要，房地产开发企业应具备相应资质。因此，当其作为发包人时，亦存在主体资格的许可。

（2）合同标的的特殊性。建设工程施工合同的标的是各类建筑产品，建筑产品具有单件性。建筑产品不仅是建筑物本身，还包括建筑物所坐落的地理位置、地下岩土及周边的服务设施。因此，每个建筑施工合同标的都与众不同，相互间具有不可代替性。同时，每一个建筑产品都需单独设计和施工，即使供重复使用的图纸或标准设计，施工场地、环境也不一样。建筑产品的单件性，决定了建筑工程施工合同标的的特殊性。

（3）合同订立程序的特殊性。建设工程合同的订立普遍采用招投标方式，有的合同还强制采用招投标方式。比如根据《招标投标法》规定，大型基础设施、公用事业等关系到公共利益和公共安全的项目，全部或部分使用国有资金、国际组织或外国政府贷款、援助资金的项目，必须经过招投标程序订立建设工程合同。

（4）合同签署的书面性。考虑到建设工程的重要性和复杂性，以及在建设过程中经常会发生影响合同履行的纠纷，《合同法》第二百七十条规定，建设工程合同应当采用书面形式。对于没有采取书面形式订立的口头建设工程合同的效力，应当根据《合同法》第三十六条的规定予以确定，即当事人未采用书面形式但已经履行了主要义务，对方接受的，该合同成立。

（5）建设工程合同内容的复杂性。建设工程合同涉及多个主体之间的权利、义务关系，同时由于工程建设的环节较多，牵涉了诸多具体问题，例如建筑图纸问题、建筑材料问题、进场离场问题、工程变更问题、工程垫资问题、安全施工问题、地下障碍和文物问题、工期顺延问题、工程竣工验收问题、结算问题，工程资料移交问题、工程质量保修问题等以及招投标问题、监理问题、资质挂靠问题、违法转包问题、劳务分包问题、实际施工人问题、不可抗力问题等。

（6）合同的备案制度。依照我国相关法律规定，建设工程合同订立后需在建设主管部门备案。最高人民法院《关于审理建设工程施工合同纠纷案件适用法律问题的解释》规定：当事人就同一建设工程另行订立的建设工程施工合同与经过备案的中标合同实质性内容不一致，应当以备案的中标合同作为结算工程价款依据。但合同的备案制度争议颇多。

第二节　建设工程合同的法律基础

为规范建设工程建设中的各种行为，国家颁布了大量的法律、行政法规、部门规章、地方性法规来调整和约束相关当事人的行为，对建设工程合同的签订、履行进行了必要的监管和干预。这种监管和干预不仅体现在民事法律中，也休现在宪法、行政法规、地方法规、刑事法律中，其中既有因勘察、设计、施工、监理、分包、采购等各类民事法律行为而产生的民事法律关系，也有因政府部门的审批、许可、处罚等行政行为而产生的行政法律关系，甚至会有因触犯刑事法律而产生的刑事法律关系。

一、宪法

宪法作为国家的根本大法，规定了我国最根本的政治经济和社会制度，是我国最高的法律渊源，其不仅具有最高的法律效力，而且是制定其他法律、法规的依据。

二、法律

法律是仅次于宪法的主要法律渊源，与建设工程合同法适用相关的法律主要有：

（一）《民法通则》

《民法通则》作为我国目前重要的民事基本法，工程建设过程中所涉及的民事行为，均受该法基本原则的指导。《民法通则》虽然制定的时间较早，部分规定因其他新法的颁布而不再适用，但因其规定的广泛而成为我国目前民法的重要法律渊源。

（二）《合同法》

《合同法》将建设工程合同单独列为一章，是建设工程合同适用法律的主要依据。

（三）《建筑法》

《建筑法》作为我国一部主要的规范建筑市场行为的法律，其调整范围从工程立项之后开始，对建筑活动的市场准入、工程发包承包、设计、施工、竣工验收等各个环节所发生的各种法律关系加以规范。

（四）《招标投标法》

《招标投标法》是对建设工程招标投标活动进行规范的重要法律，其中，既包括了政府行政部门与招标人、投标人之间监督与被监督的行政法律关系，也包括招标人、投标人、代理人之间平等的民事法律关系。《招标投标法》也是建设工程合同法律适用的主要依据之一。

除上述法律之外，《土地管理法》、《城乡规划法》、《城市房地产管理法》等法律也是建设工程合同法律适用的依据。

三、行政法规

行政法规是国务院根据宪法和法律制定的规范性文件，是我国法律的重要渊源。在庞杂的行政法规中，与建设工程合同直接相关的主要有：

（一）《中华人民共和国招标投标法实施条例》

这是国务院根据《招标投标法》而制定的一部行政法规。自《招标投标法》实施以来，建筑市场招投标过程中出现新情况，国务院为加强对招投标活动的监管，制定了这部新的行政法规。

（二）《建设工程安全生产管理条例》

这是国务院为加强建设工程安全生产管理，确保生产安全，防止建设事故发生，根据《建筑法》颁布的行政法规。

（三）《建设工程质量管理条例》

这是国务院为加强对建设工程质量的管理，保证建设工程质量和公共利益，根据《建筑法》制定的一部行政法规。《条例》对建设单位、勘察、设计、施工、监理单位在工程质量上的权利和义务作了明确具体的规定。

（四）《建设工程勘察设计管理条例》

该《条例》的制定是为了加强对建设工程勘察设计活动的管理，以保证建设工程勘察设计的质量。条例对建设单位、勘察单位、设计单位之间平等的民事关系作了规定，因此《条例》也是建设工程合同法律适用的重要依据。

（五）《城市房地产开发经营管理条例》

该条例是国务院为了规范房地产开发行为，加强对城市房地产开发经营活动的监督管理，根据《城市房地产管理法》制定的行政法规。

四、部门规章

部门规章是国务院所属各部委，根据法律和行政法规在本部门权限范围内所制定的规范性法律文件，其地位低于宪法、法律和行政法规。住房和城乡建设部作为我国建设行政管理的主管部门，颁布了大量的部门规章，主要有：

（一）与勘察设计合同有关的规章

主要有：《建设工程勘察质量管理条例》、《建设工程勘察设计企业资质管理规定》、《建设工程勘察设计市场管理规定》、《外商投资建设工程设计企业管理规定》、《注册建筑师条例实施办法》等。

（二）与施工合同有关的规章

主要有：《建筑业企业资质管理办法》、建设部关于修改《建筑工程施工许可证管理办法》的决定、《实施工程建设强制性标准监督规定》、《建筑工程发包与承包计价管理办法》、住房和城乡建设部关于修改《房屋建筑和市场基础设施工程竣工验收备案管理暂行办法》的决定、《建设工程施工许可管理办法》、《建设工程现场施工管理规定》、《外商投资建筑业企业管理规定》等。

（三）与工程质量、安全相关的规章。

主要有：《工程建设行业标准管理办法》、《工程建设国家标准管理办法》、《房屋建筑工程质量保修办法》等。

五、地方性法规和规章

各个地方颁布的地方性法规和规章中，与建设工程合同有关的规定，在地方政府管辖范围内，也是建设工程合同法律适用的依据。

一般的民事合同中，地方性法规、规章和部门规章并不会经常适用，但是由于政府对建设工程合同的监管，各级政府主管部门的规章和地方性法规众多，如前述的合同备案制度，对建设工程合同的履行具有重大的影响。

六、司法解释

司法解释是最高人民法院和最高人民检察院针对审判和检察工作中具体应用法律问题所进行的解释。法理上，司法解释不是法律的渊源，但从实践来看，司法解释，甚至是一些地方性法院的司法指导意见，是法律适用的重要依据，对建设工程合同的履行有着重大影响。最高人民法院 2004 年发布的《关于审理建设工程施工合同纠纷案件适用法律问题的解释》是当前重要的司法解释，对建设工程合同的签订和履行影响重大。

七、交易习惯

习惯历来就是一种非正式法律渊源。法律本身就有许多来源于习惯。司法机关在处理具体案件，无明确具体法律条文作为依据时，习惯可以作为判决的理由。如《合同法》第六十一条规定：合同生效后，当事人就质量、价款或者报酬、履行地点没有约定或约定不明确，可以协议补充；不能达成补充协议的，按照合同有关条款或者交易习惯确定。《合同法》也规定了习惯的解释作用，第一百二十五条规定：当事人对合同条款的理解有争议的，应当按照合同使用的词句、合同的有关条款，合同目的、交易习惯以及诚实信用原则，确定该条款的真实意思。建设工程合同由于合同标的额大、履行期限长、合同内容复杂、履行中变量因素多等，因此难以在合同订立之初预见所有可能发生的情况并通过合同条款作出安排。行业习惯在建设工程领域发挥着重要作用。例如，示范文本的推广，甚至国际通用合同文本如 FIDIC 等，均会对建设工程合同的签订、履行和解释产生一定影响。

第二章
工程招投标

第一节　项目跟踪与调查

项目跟踪阶段，指获取项目信息到决定项目投标前的阶段，项目选择的决策对项目成功与否意义重大，一个先天畸形、后天不足的项目，很难取得成功，其履行过程势必艰难异常。因此，项目的甄别十分重要。

一、发包人资信调查

发包人资信状况是发包人履约的重要保证。发包人是否具备行为能力，项目运作是否有资金保障，发包人与其他单位的合作和支付情况、发包人的影响力等，是承包人在项目跟踪阶段首先需要了解的信息。因此，在项目跟踪阶段，潜在投标人应当通过查阅文件资料或其他机构调查信息、与发包人沟通交谈、向政府相关部门询证和核查、实地察看、通过过往合作方了解等手段，了解发包人资信情况，为投标决策提供参考。资信调查涉及以下工作：

（一）资信调查的内容

1. 发包人的合法性。包括主体资格是否合法，是否具备从事营业执照所确立的特定行业或经营项目的特定资质等。

2. 发包人的背景。公司和公司所处行业的背景、股权结构、工商年检情况、公司规章制度、股东会董事会会议记录、有关业务合并、资产处置或收购（不管是否完成）等。

3. 发包人运营现状。市场营销及客户资源、产品及服务、重要商业合同、市场结构、销售渠道、信用额度、对外投资及其将要履行、正在履行和虽已履行完毕但可能存在潜在纠纷的重大合同，金额较大的其他应收款、其他应付款是否因正常的生产经营活动发生等。

4. 发包人资产状况。土地、房产、机器设备、商标、专利等资产数量，以及相关资产是否设有抵押、其相关权利是否合法有效，是否存在法律纠纷或潜在纠纷等。

5. 发包人企业内部情况。相关制度和业务办理程序的流程权限、人员素质、施工中是否可能存在程序上的障碍等。

6. 发包人的诉讼、仲裁或行政处罚情况，尚未了结的或可预见的重大诉讼、仲裁及行政处罚案件等。

（二）资信调查的方法

1. 对工商资料、资质状况等，可通过官方管理机构查询。

2. 对发包人的背景，可通过行业协会、管理机构、内控审计部门、资产监管机构、银监会、发包人代表和合作方等主体了解。

3. 对发包人运营状况，可通过网络查询、发包人代表提供、政府合同备案机构查询、公开财务报告解析等方式了解。

4. 对发包人的资产状况，属于不动产的，可查阅发包人拥有或租赁的土地使用权、房产的权属凭证、相关合同、支付凭证等资料，并向房产管理部门、土地管理部门核实是否存在担保或租赁或其他限制目标企业房地产权利的情形。

属于生产设备、库存原料等财产的，可查阅发包人主要生产经营设备等财产的权属凭证、相关合同等资料，并向工商部门等核实是否存在担保或其他限制发包人财产权利的情形。

属于知识产权的，可查阅发包人商标、专利、著作权等无形资产的权属凭证、授权许可合同等资料，查明知识产权是否存在第三方合法使用、权利质押等情形，并向知识产权管理部门核实知识产权的权利现状。

5. 发包人诉讼仲裁、行政处罚等情况，可通过发包人代表提供，第三方机构查询，合作方介绍，向有关机构查询等途径了解。

（三）资信调查结果的应用

对调查取得的信息，潜在投标人应进行资信评估，并根据评估情况，决定是否启动项目投标程序。资信调查发现发包人具有以下情形的，该项目应审慎参与：

1. 不具有独立的民事责任能力，没有签订合同的主体资格；

2. 被吊销营业执照，或者因违法经营、未正常年检等原因可能被吊销营业执照的；

3. 注册资本不到位，或者资产明显不足以保障履约的；

4. 财务状况恶化或有明显恶化趋势；

5. 有过欺诈、单方毁约、恶意索赔、拖欠合同款项等不诚信行为且比较严重的；

6. 法律纠纷案件比较多，且案件多因其过错引发的；

7. 由于诉讼、仲裁、欠缴税款，被法院、银行或税务部门查封、冻结，对其生产经营有较大影响的；

8. 其他现象或行为足以表明其不具有履约能力，或有潜在信用危机。

（四）资信调查管理体系构建

承包人应不断积累发包人资信数据，建立科学的客户管理体系。

1. 按照企业内部职能部门的职责划分分阶段实施客户前、中、后期体系化动态管理。通过信息化的手段将投标阶段的前期客户信用调查和评估、合同签订阶段合同相对方资信情况和主体资格的再审核以及履约阶段的履约信用动态评估与记录、施工完毕后的客户售后服务及回访这三阶段的管理进行有效的衔接和反馈。

2. 优质客户资源与不良客户资源同步管理。对资信较好、业务量持续性强、具有合作共赢基础或意愿的优质客户资源建立长久的战略合作关系，对信用记录和履约纪录严重不良的单位列入不良客户榜单，不再合作。

3. 上游客户管理与下游客户管理并重。除了对发包人等上游客户建立体系化的管理，对分供方等下游客户也应建立相应的管理机制。

4. 建立客户数据库。建立基本信息录入、过程履约信息动态更新以及最终的履约信用评级这一环形闭合的数据库管理模式，并在此基础上实现客户分级管理。

二、项目调查

（一）项目调查的内容

项目调查包括项目环境调查和项目合法性调查。前期的调查能有效地降低成本并对投标决策有重要影响。因此，项目调查应当尽可能地深入，并且应有投标报价人员参与。项目调查的内容主要包括：

1. 政府环境。包括办事效率、沟通难度、政策变动程度、对市场准入和工程施工的特殊要求等；

2. 市场环境。包括资源分布情况、资源取得成本、资源运输通道和资源集中程度等；

3. 现场环境。所处的交通位置，现场开发程度，"三通一平"进度，市政管网分布等；

4. 自然环境。所处地区的地质状况、气候状况等；

5. 立项批准文件。包括：立项报告、计划主管部门的立项批准文件、可行性研究报告和计划主管部门对可行性报告的批准书等；

6.《建设用地规划许可证》、《建设工程规划许可证》、《国有土地使用证》三证齐全；

7．是否属于法律规定必须招标的项目。按规定应当招标的项目，采取议标或竞争性谈判方式的，应予特别注意。

（二）项目调查的途径

1．现场踏勘。

2．查询政府机构文件，了解政府机构流程，与政府机构接洽。

3．调查当地资源成本，并预留适当的调整空间。

4．官方机构查询。

5．向关联单位或发包人、合作方了解。

第二节　项目投标管理

前期调查完成，经企业决策决定投标的，启动投标程序。

一、招标文件管理

（一）招标文件审查

投标人在获取招标文件后，首先应当启动招标文件审查程序。根据企业对预期目标及可承担风险间平衡点的估计，结合前期调查情况，由企业内部职能部门根据分工从不同角度审核招标文件，从而做到有效识别、评判风险，在投标报价、往来询标、二次谈判、合同条款设定、合同履行等各个环节有针对性地应对，确保风险管控前移。为保证审查质量，强化审查责任，对招标文件评审应做好记录，准确反映出各职能部门对招标文件的风险分析及对策、对是否参加投标的意见和建议以及对投标书编制和中标后谈判、签约工作的建议。招标文件的评审要点包括：

1．招标人与项目立项人的一致性：不一致情形下查看委托书或行政审批文件，确定委托招标或授权招标的合法性。

2．项目可行性论证：项目虽进入招标阶段，但前期没有进行项目可行性论证，或前期虽进行了拟承接项目的可行性论证，但其中的合法性论证部分未通过的，此时评审还要查看项目合法性的有关权证（土地使用权证、建设用地规划许可证、建设工程规划许可证等）是否齐全，是否有瑕疵，土地使用权证显示的土地的属性与当前建筑项目是否吻合等；建设工程规划许可证显示的范围与当前的招标工程范围是否一致；三证的被授予主体是否一致；是否为目前的招标人或招标的委托人或授权人等。

3. 审查核实资金来源和到位情况。首要前提条件即招标人应当具有进行招标项目的资金条件或者具有确定的资金来源。项目所需资金能否准确到位，关系着工程项目的顺利实施以及投标人相关权益的实现。

4. 合同条件审查。审查内容主要包括：

（1）合同条件的完整性、合法性和明确性以及合同权利义务分配的合理性；

（2）工程结算方式、结算依据以及结算期限的可行性。在审核结算依据时应尽量引用国家对该类行为的约束性文件。为了避免普遍存在的发包方拖延结算时间问题，原国家财政部和建设部联合下发了《建设工程价款结算暂行办法》，该办法中规定"发包人收到竣工结算报告及完整的结算资料后，在本办法规定或合同约定的期限内，对结算报告及资料没有提出意见，则视为认可"。所以投标单位为实现结算时限方面的约定，可以引用上述文件纳入合同，有效保护己方结算定案和结算款回收的权益；

（3）合同价款及计价方式的合理性、合同价格与工程预测成本匹配情况、项目毛利率合规情况；

（4）施工现场条件、施工组织能力、材料供应及机械设备等与施工生产有关的生产要素调配和供应能力、工期和质量约定满足要求；

（5）技术规范约定的合理性、新材料新技术的应用能力、技术方案可行性和合理性、技术服务支撑与保障、质量奖项约定可行性；

（6）付款条件、工程应收账款、担保和工程保险等的合理性以及工程资金保障性、筹融资方案可行性、资金安全性；

（7）安全与文明施工、环境保护能力。

（二）招标文件审查结果应用

1. 提请发包人澄清与答疑。提请发包人就不明确的事项或有矛盾的问题澄清。

2. 在投标时考虑评审风险要素。发包人回复属于投标人风险的，应当在投标时考虑该风险要素，设定必要的风险费用。

3. 评审中识别的风险作为下一阶段工作重点。评审中提出但无法调整的风险，可重点关注，作为下一阶段，包括合同谈判、合同策划、过程风险销项等工作的重点。

二、投标文件管理

（一）投标文件的送达

根据《招标投标法》第二十八条规定，投标人应当在招标文件要求提交投标文件的截止时间前，将投标文件送达投标地点。招标人收到投标文件后，应当签收保存，不得开启。如果投标人未在规定时间内送达投标文件的，招标人可拒绝签收。

（二）投标文件的补充、修改和撤回

根据《招标投标法》第二十九条规定，投标人在招标文件要求提交投标文件的截止时间前，可以补充、修改或者撤回已提交的投标文件，并书面通知招标人。补充、修改的内容为投标文件的组成部分。

（三）投标文件审查

投标文件审查应以投标响应招标文件的程度、承诺的可行性、报价与成本匹配性以及施工方案与报价对应关系等为评审重点。

1. 法律审查

（1）审查投标主体。如联合体资格和各方权利义务分配情况。

（2）审查投标有效性。依据合同法理论，投标文件属于要约，应当具备两个条件，一是内容具体确定，二是表明经受要约人承诺，要约人即受该意思表示约束。如果投标文件未对招标文件提出的实质性要求和条件作出响应的，则投标文件便达不到内容具体确定的标准，就很难成为有效的要约，实践中这样的投标文件往往作为废标处理。

（3）审查投标承诺。个别发包人会提出要求投标人出具优惠条件的承诺函，对此应予以特别审查，尤其要关注承诺所带来的合同条件变化以及承诺是否背离本企业实际。

（4）审查招标文件中规定的地点、递送方式和程序、期限、签收等保证投标文件效力的规定。

2．商务审查

商务审查以报价的合理性评审和成本测算为重点。主要审查内容包括：

（1）施工范围与报价的一致性，工程量相对应的定额子目有无疏漏；

（2）合同价款组成方式，如采用固定总价合同或固定单价合同，则应考虑适当风险因素如材料价差调整等；

（3）涉及增加工程造价或核减的因素是否考虑在内，如不平衡报价等；

（4）工程施工组织设计、施工方案以及施工或技术优化对报价或成本的影响是否考虑；

（5）质量创优对成本和报价的影响是否考虑；

（6）赶工成本对报价的影响是否考虑等。

3．技术标审查

技术审查以投标施工方案的优化、合理性以及对成本影响程度为重点。主要审查内容包括：

（1）涉及工程造价的施工技术措施方案；

（2）技术规范标准；

（3）节省造价的施工方法及其依据；

（4）材料、设备、设施选用标准及其依据。

4．施工组织设计和施工方案审查

（1）编制施工组织设计和施工方案的依据。

（2）劳务工进场、各工种配置的原则、比率和依据。

（3）机械设备配置的合理性依据。

（4）施工现场布置的合理性。

（四）投标授权委托书办理

授权书的作用主要是证明代理人是代表投标人行使权利的，其在授权范围内的行为对投标人有法律约束力。授权应注意以下事项：

1．针对投标的具体项目，首先一定要认真阅读并理解招标文件对法定代表人授权委托书的全部要求，包括内容是否完整、清楚、合理、合法（含招标文件提供了法定代表人授权委托书内容和格式的），如有问题应及时与招标人或招标代理机构取得联系，核实清楚后再开具法定代表人授权委托书。

2．开出的法定代表人授权委托书内容应该完整、清楚，盖章、签署和日期应正确并符合招标文件要求。被授权人收到授权书后作二次审核，投标负责人在封标前应作三次复核。

（五）投标担保审核

投标担保，是指由担保人为投标人向招标人提供的、用以保证投标人按照招标文件的规定参加招标活动的担保。其存在意义在于对招标人而言，避免因投标人擅自退出招标活动造成不必要的损失；对投标人的投标行为产生约束作用。投标担保可采用银行保函、专业担保公司的保证，或保证金担保方式，具体方式由招标人在招标文件中规定。

1．投标保证金

投标保证金，指投标人按照招标文件的要求向招标人出具的，以一定金额表示的投标责任担保。一般表现为现金或支票。《招标投标法实施条例》第26条规定：招标人在招标文件中要求投标人提交投标保证金的，投标保证金不得超过招标项目估算价的2%，投标保证金有效期应当与投标有效期一致。招标人不得挪用投标保证金。

招投标结束后，招标人与中标人签订书面合同。对于履行了招标文件规定的义务但未中标的投标人，《招标投标法实施条例》第 57 条规定："招标人最迟应当在书面合同签订后 5 日内向中标人和未中标的投标人退还投标保证金及银行同期存款利息。"但《工程建设项目施工招标投标办法》第三十七条规定"投标保证金有效期应当超出投标有效期三十天。"

2. 投标保函

投标保函，有银行保函和专业担保公司保函两种形式。银行保函，指投标人向招标人递交投标书时，附有的银行出具的投标人在投标有效期内撤销投标或中标后不与招标人订立合同（即投标人不履行招标文件规定的义务）时，担保银行自己负责付款的保函。

建设部对于专业担保公司的担保活动限额有专门规定："专业担保机构的担保余额一般应控制在该公司上一年度末净资产的 10 倍，单笔履约担保的担保金额不得超过该公司上一年度末净资产的 50%，单笔业主工程款支付担保的担保金额不得超过该公司上一年度末净资产的 20%。"

投标保函一般在招标项目结束后退还投标人；招标项目周期较长时，招标人可要求投标人延长保函期限；投标人违反投标承诺时，招标人可向保函出具银行要求扣缴保函所保证金额；保函在有效期结束后自动失效；投标人通知其保函出具银行，修改保函内容，将投标保函可转为履约保函。

投标保函的金额，一般在招标文件中明确规定为投标报价的 2% 或以上，对于大型土建工程，也可以规定某一固定数值。对于投标保函的有效期，各招标文件规定不同。但投标保函的有效期一般应大于或等于投标文件的有效期。

3. 投标担保的没收

投标人违反招标文件规定的义务时，招标人有权没收投标保证金或通知银行兑付担保保函。

（1）投标人在投标函格式中规定的投标有效期内撤回其投标。因投标函中明确规定了投标书的有效期，从法律性质上来说为不可撤销要约。根据诚实信用原则，投标人已负有等待对方承诺返回的先合同义务，此时撤回投标，造成招标人的信赖利益损失，需承担缔约过失责任。

（2）中标人在规定期限内未能根据规定签订合同或根据规定提交履约保证金。我们认为，招标人发出中标通知书至投标人时，合同成立并生效。若此时投标人毁约，拒不签订书面合同，招标人不予退还。

（六）联合体投标

1. 联合体内部责任风险

联合体投标，多为解决资质、资金等能力不足，由多个具有独立法人地位的成员自愿组成。各成员之间不是总包和分包的关系，但工程项目却由联合体各成员共同协作完成。联合体协议应明确谁为牵头人、各方权利和义务、项目管理模式、组织机构、违约责任等。

2. 联合体投标资质认定

根据《招标投标法》第三十一条规定，联合体各方均应当具备承担招标项目的相应能力；国家有关规定或者招标文件对投标人资格条件有规定的，联合体各方均应当具备规定的相应资格条件。由同一专业的单位组成的联合体，按照资质等级较低的单位确定资质等级。学术界对此有所争议，有主张资质就高的，也有主张资质就低的，还有主张联合体各方同业资质的，采取就低原则，各方资质相互补充的，可采取就高原则。

3. 联合体投标的责任承担

根据《招标投标法》第三十一条规定，联合体各方应当签订共同投标协议，明确约定各方拟承担的工作和责任，并将共同投标协议连同投标文件一并提交招标人。联合体中标的，联合体各方应当共同与招标人签订合同，就中标项目向招标人承担连带责任。

三、投标违法行为

建筑市场竞争日趋激烈，对项目的竞争表现为全方位、多角度的全面竞争。为了确保项目中标，投标人往往需要加大投入或作出让步。然而，投标人应当避免违反法律的禁止性规定，因为，一旦出现此类情形，不但会导致项目无法中标或中标无效，而且可能面临行政，甚至刑事责任。

（一）串通投标

串通投标具体表现为投标人与招标人串通、投标人与投标人串通，最终目的是通过不正当手段排斥其他投标人，从而使自己中标。这种行为风险很大，只要利益链条上的任何一个环节出了问题，都可能会导致整个招投标过程无效，并且受到建设行政主管部门的行政处分，情节严重的，还须承担相关法律责任。在2011年发布的《招标投标法实施条例》中，对串通投标明确规定如下：

1. 投标人相互串通投标情形

（1）投标人之间协商投标报价等投标文件的实质性内容；

（2）投标人之间约定中标人；

（3）投标人之间约定部分投标人放弃投标或者中标；

（4）属于同一集团、协会、商会等组织成员的投标人按照该组织要求协同投标；

（5）投标人之间为谋取中标或者排斥特定投标人而采取的其他联合行动。

2. 视为投标人相互串通投标的情形

（1）不同投标人的投标文件由同一单位或者个人编制；

（2）不同投标人委托同一单位或者个人办理投标事宜；

（3）不同投标人的投标文件载明的项目管理成员为同一人；

（4）不同投标人的投标文件异常一致或者投标报价呈规律性差异；

（5）不同投标人的投标文件相互混装；

（6）不同投标人的投标保证金从同一单位或者个人的账户转出。

3．招标人与投标人串通投标的情形

（1）招标人在开标前开启投标文件并将有关信息泄露给其他投标人；

（2）招标人直接或者间接向投标人泄露标底、评标委员会成员等信息；

（3）招标人明示或者暗示投标人压低或者抬高投标报价；

（4）招标人授意投标人撤换、修改投标文件；

（5）招标人明示或者暗示投标人为特定投标人中标提供方便；

（6）招标人与投标人为谋求特定投标人中标而采取的其他串通行为。

（二）贿赂投标

有些企业在操作招投标过程中，采取的方式是既不与招标人串通，也不与其他投标人串通，而是采用贿赂评标委员会委员的办法进行。表面上给人的感觉是很有实力，公平获取中标资格。但这样做的风险也是很大的，除了中标人的中标资格无效之外，被贿赂的评委也将面临法律处罚或行政处分。

（三）挂靠投标

挂靠投标的实质为出借资质。挂靠单位中标后，自己组织施工同时向被挂靠单位缴纳管理费或按与被挂靠单位事先议定好的施工范围分别施工。这种行为不论对挂靠单位，还是被挂靠单位，都具有很大风险。对于被挂靠单位，由于其为合同主体，其应承担合同约定的各项义务，包括工程质量、工期和安全，甚至包括对分包商与供应商的支付等。一旦由于挂靠单位行为导致违约，合同相对方可向被挂靠单位直接主张权利；对于挂靠单位，由于需缴纳所谓管理费，则面临利润的损失；其次，一旦被挂靠单位收到发包人支付的工程款后不支付给挂靠单位，则将面临更大的经济损失。

（四）虚假信息投标

虚假信息投标，是虚假招投标行为的一种，是指投标人为了达到中标的目的，在投标文件中虚构全部或部分事实。常见的情形有伪造资质、业绩、设备、人员、技术、财务等状况，以及伪造信用证明或获奖情况；在递交的资格审查材料中弄虚作假等。

投标人以虚假信息投标，作为一种违法行为需承担相应法律责任。根据其造成后果、违反法律的不同，需承担的法律责任也不尽相同，包括民事责任、行政责任、刑事责任三种。

1. 民事责任

（1）投标人以虚假信息投标，但并未中标，未与招标人签订合同。在这种情况下，依诚实信用原则，投标人以中标为目的，向招标人提供己方信息时负有如实提供的义务，虚假提供信息违反此项义务，应承担相应责任。

（2）投标人以虚假信息投标并且中标，招标人向其发出中标通知书。此时根据欺诈内容是否落实到合同条款可区分两种情形：

一种是欺诈内容未落实至合同条款。《最高人民法院关于贯彻执行〈民法通则〉若干问题的意见》规定："一方当事人故意告知对方虚假情况，或者故意隐瞒真实情况，诱使对方当事人作出错误意思表示的，可以认定为欺诈行为。"根据合同法规定，一方以欺诈手段使对方在违背真实意思的情况下订立的合同，受损害方有权请求人民法院或仲裁机构变更或撤销。

另一种是欺诈内容落实至合同条款。此时构成法律责任的竞合，招标人有权选择追究投标人的违约责任或请求司法机关撤销或变更合同。

虚假信息投标，理论上存在投标人非故意虚假信息陈述。此种情况下，投标人虽不具有欺诈的主观过错，但若给招标人造成损失，可根据公平原则确定责任分配。

2. 行政责任

《招标投标法》第五十四条规定，依法必须进行招标项目的投标人以他人名义投标或者以其他方式弄虚作假、尚未构成犯罪的，处中标项目金额千分之五以上千分之十以下的罚款，对单位直接负责的主管人员和其他直接责任人员处单位罚款数额百分之五以上百分之十以下的罚款；有违法所得的，并处没收违法所得；情节严重的，取消其一年至三年内参加依法必须进行招标项目的投标资格并予以公告，直至由工商行政管理机关吊销营业执照。

3. 刑事责任

《招标投标法》第五十四条规定：投标人以他人名义投标或者以其他方式弄虚作假，骗取中标的，中标无效，给招标人造成损失的，依法承担赔偿责任；构成犯罪的，依法追究刑事责任。

四、评标

招投标阶段结束后，由招标人依法组建的评标委员会负责评标，评标委员会经过对所有投标人的投标文件评审，可能产生以下几种结果：

（一）评标委员会经评审，认为所有投标都不符合招标文件要求的，可以否决所有投标。依法必须进行招标项目的所有投标被否决的，招标人应当依法重新招标。

（二）评标委员会经评审，向招标人提出书面评标报告，推荐合格的中标人，招标人选择评标委员会推荐的投标人。这里存在确定一个投标人中标是否应是"最低价中标"的问题，对此学理界存在争议。我国《招标投标法》规定，投标文件应满足招标文件的实质要求，并且经评审的投标价格最低，但投标价格低于成本的除外。有不少学者认为我国尚不具备实行最低价中标的条件，认为最低价中标导致恶性竞争增加，工程优良率下降，劳资纠纷不断加剧。

（三）评标委员会提出书面评标报告，推荐中标候选人，招标人未从候选人中选择中标人。此时涉及"定标权"归属问题。七部委12号令《评标委员会和评标方法暂行规定》第四十二条规定："评标委员会完成评标后，应当向招标人提出书面评标报告，并抄送有关行政监督部门。"

当评标委员会不能客观公正履行职责、影响评标结果时，招标人可以否决评委会的工作，要求重新评审。即只有当评标委员会履行职能不公正时，招标人才可以否定书面评估报告，重新评审或重新招标。

五、中标

《合同法》规定，合同的订立，包括要约和承诺两个步骤。工程项目的招投标实际上是一个要约邀请、要约、承诺的过程。中标通知书对合同涉及的工期、质量、价款的主要条件达成合意，属于招标人承诺。中标通知书是指招标人在确定中标人后，向中标人发出的通知。其中标的书面证明，是双方就项目工期、造价、质量等核心要素达成合意的意思表示。《招标投标法》第四十六条规定："招标人和中标人应当自招标通知书发出之日起三十日内，按照招标文件和中标人的投标文件订立书面合同。招标人和中标人不得再行订立背离合同实质性内容的其他协议。"所谓按照招标文件和投标文件签署合同，即意味着中标通知书的承诺效力，而三十日的期限，则是一种行政要求、程序性要求。事实上，如果双方违反该期限规定，未在三十日内订立书面合同，或不签署合同，双方合同关系仍然存在。

六、中标后的合同谈判

合同的实质性条款应与投标文件及中标通知书的内容相一致，中标后的谈判中应不再涉及合同的实质性条款。实质性条款，是指合同的内容中对合同双方的权利、义务、责任发生实质性的影响的条款。实质性条款与主要条款范围是否相同存在争议。根据《合同法》第十二条的规定，合同主要条款包括：当事人的名称或者姓名和住所、标的、数量、质量、价款或者报酬、履行期限地点和方式、违约责任、解决争议的办法。一种观点认为主要条款及实质性条款，在中标后谈判中不得涉及；一种观点认为主要条款范围大于实质性条款范围，实质性条款是指工程规模、质量、合同价格、工期等，其他则属于非实质性条款，在中标后双方可磋商。

如果在谈判中涉及实质性条款的更改，可能会出现施工合同的承包人、发包人就同一建设工程的建设施工签订两份及以上不同内容的合同，即"黑白合同"。黑白合同并不是严格的法律术语，建设工程领域通常把经过招标备案的合同称为白合同，招投标双方另行订立的合同称为黑合同。从意思表示的角度看，黑合同更加符合当事人的意图。但是从社会监督的角度，白合同处于官方机构的监管之下，具有更强的公信力和透明度。关于黑白合同的效力，法律界倾向性的观点认为，黑合同签订在前的，招标实为虚假招标，黑白合同均属无效。黑合同签订在后的，黑合同对实质性条款的变更无效。依据最高人民法院相关《解释》的意见，出现此种情形的，结算以备案合同，即白合同为准。

合同实质性条款与招标文件不一致，不仅仅是承担"黑合同"无效的法律后果，还可能承担相应行政责任。《招标投标法》第五十五条规定"依法必须进行招标的项目，招标人违反本法规定，与投标人就投标价格、投标方案等实质性内容进行谈判的，给予警告，对单位直接负责的主管人员和其他直接责任人员依法给予处分。"《招标投标法实施条例》第七十五条规定"招标人和中标人不按照招标文件和中标人的投标文件订立合同，合同的主要条款与招标文件、中标人的投标文件的内容不一致，或者招标人、中标人订立背离合同实质性内容的协议的，由有关行政监督部门责令改正，可以处中标项目金额5‰以上10‰以下的罚款。"

针对非实质性条款，合同双方可以谈判协商，如合同价款的支付方式、争议解决方式、违约责任、往来函件效力等。由于中标后的谈判可以在某种程度上消化部分合同风险，对于此环节必须重视。可针对该谈判进行策划，制定谈判策略，选择谈判时机，控制谈判进程，以达到预期目标。

第三节　合同签订管理

规范合同签订管理，应建立一系列合同签订管理制度，如建立合同会签管理制度、授权管理制度、用印管理制度。合同会签管理制度是为规避合同风险，以制度的形式确定合同的会签流程，该会签过程涉及法律、工程、财务、审计等各部门，各部门从专业角度对合同内容提出建议。企业应建立授权体系，明确权限取得所必经的审批流程，推行联签机制，即在合同文本上授权企业负责人和业务负责人共同签字，从行政审批和专业审批角度对合同把关。用印管理制度，是指包括公司印章、法定代表人印章、合同专用章、财务专用章等具有法律效力的印章的使用办法。实践中，应从以下四方面审查合同：

一、合同条款审查

合同进入签署阶段，双方已经基本形成合意，各自原则和立场在招、投标以及谈判中得到充分阐明，且从风险管控的角度出发，投标人的审查重点应在招标文件、投标文件、中标通知书以及过程往来函件当中。因此，在合同签署阶段，投标人的审查重点应是符合性审查和针对变化程度的审查，以及合同风险的补充识别。

（一）合同条款的全面性。首先是是否采用合同示范文本，采用示范文本可保证双方权利义务分配的相对公平，合同内容全面，约定明确，用词严谨，不易产生理解上的歧义。合同条款的全面性还体现在合同内容以及约定的全部合同附件等相关补充文件是否全面、明确和相互补充解释，有无矛盾和疏漏等。

（二）合同条款的真实性。合同条款规定的内容必须是双方当事人的真实意思表示。若是存在意思表示不真实，则合同效力存在瑕疵，或为无效合同，或为可变更可撤销合同。

（三）合同条款的严谨性。合同条款的严谨性主要指合同条款前后应当一致，不得出现互相矛盾的条款。

二、合同主体审查

合同主体一致性。一是招标人（发包人）、中标通知书发放人（或上面载明的招标人）与合同相对方要保持一致。一般来说招标人往往也是项目所有人，这个身份通过当地政府招标管理部门的招标信息公告得到相关管理部门的审核，且投标人在前期项目论证阶段对其资信情况也有所掌握。如签约人与其不一致，对投标人而言大大加剧了不确定风险。二是合同用印要与订立合同的主体相符。如合同当事人一栏与盖章主体不同，有可能给合同的履行以及主体的确定带来风险。

三、合同签字审查

审查合同签字人效力。合同签字人应当是当事人本人，或单位的法定代表人、负责人，或经授权的代理人。从避免印章鉴别风险的角度，保证其签名的效力与证明力，应尽量要求对方当事人面签。合同相对方签字人不是法定代表人的，应要求其出具法定代表人授权委托书。从行为约束的角度，应尽量坚持一合同一授权原则。

四、合同用印审查

在合同上用印是表示合同双方对合同文本确认无误的行为。因此，应建立严格的用印审批流程，从使用审批、登记和保管等方面规范和慎重用印。用印审查主要包括：一是用印方与合同主体一致性的审查；二是分支机构用印的审查，领取《营业执照》的分公司可以以自己名义订立合同，但单位的内设机构则不必然保证效力；三是加盖骑缝章审查，避免合同文本页被更换。根据《合同法》的相关规定，合同并非必须签字同时盖章合同才成立。在签字人无权代表或无权代理时，同时加盖企业印章便不会影响合同的效力。当事人还应避免在空白合同书上预先盖章。

第三章
建设工程合同履行

合同签订好只是一个开始，但好的开始并不等同于成功。建设工程合同由于合同金额大、履行周期长、合同内容复杂、不可预见因素多等特点，履行过程的法律风险管理尤为重要。站在承包人的立场，建设工程合同履行中的主要法律风险包括发包人拖欠工程款风险、工期延误风险、质量风险、安全风险、工程变更风险、不可抗力风险等。承包人应建立完善的法律风险防范体系和机制，实现对合同法律风险的全面和动态管理，实现企业效益和经营规模的同步增长。

第一节　合同履行中的重大法律风险

一、开工条件不具备

承包人正式进场施工前，发包人需提供必要的条件，以方便承包人入场施工，这些条件包括：

1. 施工场地的提供。发包人在招投标前取得用地红线范围内所有土地使用权，需要拆迁的，已完成拆迁作业，现场应已做好围挡，围挡高度应符合行业标准，配备门卫室人员。

2. 进场通行权。要保障承包人出入施工场地的自由，同时施工现场应有良好的排水设施，不得大面积积水，现场道路保持通畅。

3. 施工图纸提供及时到位。施工图需要图纸清晰，要求明确，并符合建设场地的地质条件。

若因发包人未能提供必要的开工条件，导致承包人延迟进场或在施工工程中因发包人不积极配合造成施工暂停，承包人有权要求工期顺延，并有权经济索赔。对于开工时间的确定，实践中也有不同的做法：

（1）按照合同约定起算，即合同中明确约定开工日期与竣工日期，承包人需在规定时间点开工及竣工，违背合同规定即构成违约；

（2）以发包人开工令下达时间为准，发包人开工令中规定施工期限；

（3）以承包人进场时间为准，合同中仅仅约定了施工期限，未规定明确的开工日期，从承包人进场之日起开始计算施工周期。

若在合同中规定"一切延误由承包人承担"，承包人是否可根据"显失公平"要求撤销该条款，由发包人承担工程延期后果存在争议。支持方认为实践中发包人大多处于有利地位，承包人较为弱势。为了达到承包工程的目的，迫不得已认可该条款；否定说认为合同是在自愿公平环境下签订，承包人自愿放弃自己部分权利换取合同的签订，为承包人认可的对自身权利的处分，因此，不构成"显失公平"。

二、发包人拖欠工程款

合同条款中关于支付条件的约定是承包人主张发包人付款比例及时间的重要依据，也是承包人界定发包人付款是否及时的依据。项目在履约过程中不时会遇到发包人工程款支付缓慢、严重滞后、对承包人申报的月进度量随意审核或拒不审核等千方百计占用施工企业资金的情况，这在房地产项目中表现得尤为突出，给项目的正常运营带来了一定的风险。同时，还可能导致承包人无法组织正常的施工，违反主合同关于质量、工期的约定，还可能违反分包合同约定的付款义务，导致分包人向承包人索赔等。因而，当出现发包人拖欠工程款的情形时应引起高度重视。

承包人在向发包人申请工程款时常常出现如下程序瑕疵：

1. 未严格按照合同约定的程序申报工程完成量。有些项目在向发包人申报进度工程量时未做好相关签收工作，有些项目存在发包人不对承包人工程报量以书面形式反馈审核确认结果，仅以口头形式或电子邮件告诉承包人审核的金额的情况，由于多数施工合同中将进度付款确定为"已完工程量"的某一百分比，若发包人不对承包人工程报量回复书面意见，则就"已完工程量"可能会出现争议。

2. 未严格按照合同约定的程序及时向发包人申请工程款。承包人请款时，若未严格履行合同中约定的程序及工期、质量等方面的要求，当发包人资信出现问题时，很有可能以不知道付款条件已成就或请款程序不符合合同约定为由抗辩，导致承包人举证发包人付款违约出现困难。

为降低发包人拖欠工程款的风险，承包人应采取如下措施：

1. 在履约过程中严格按照合同约定的要求进行报量和请款

（1）在履约过程中一定要注意严格按照合同约定的程序和要求及时报量和请款，对工程进度要详细描述、清楚界定，并加盖骑缝章，同时做好相关签收工作，签收时注意要求发包人在承包人报量文件的原件上签收，避免发包人资信状况恶化时，以承包人报量请款程序存在瑕疵为借口拖延付款。

（2）尽量获取发包人或监理对承包人已完成工作量的书面确认文件。

（3）发包人认可的工程量与现场实际有较大差距时，要及时以书面形式提出，要求重新核算或保留意见。

2. 对于已经出现拖欠工程款的项目，需及时向发包人发送书面催款函，保存发包人拖欠工程款的相关证据。项目在向发包人发送催款函时应注意以下问题：

（1）催款函中应注意引用具体合同条款，明确主张依据合同约定发包人应付款的时间和欠款的金额。

（2）要求发包人书面签收催款函，若发包人拒绝签收催款函，可以特快专递的方式邮寄送达发包人，必要时将邮寄送达行为作公证。

3. 对于长期欠付大额工程款的，必要时应果断采取停工措施，避免损失进一步扩大。

因发包人长期欠付大额工程款，为避免损失进一步扩大，承包人可行使停工权，在正式停工前向发包人致停工函，并做好停工损失相关证据的收集工作。

4. 对于采取停工措施后发包人仍未支付工程款的，并且经调查发包人资信状况恶化，无偿还能力的，及时依据法律相关规定向发包人主张解除合同及就该工程优先受偿。

依据最高人民法院《解释》第九条："发包人具有下列情形之一，致使承包人无法施工，且在催告的合理期限内仍未履行相应义务，承包人请求解除建设工程施工合同的，应予支持：（一）未按约定支付工程价款的；……"以及《合同法》第二百八十六条："发包人未按照约定支付价款的，承包人可以催告发包人在合理期限内支付价款。发包人逾期不支付的，除按照建设工程的性质不宜折价、拍卖的以外，承包人可以与发包人协议将该工程折价，也可以申请人民法院将该工程依法拍卖。建设工程的价款就该工程折价或者拍卖的价款优先受偿。"

三、发包人资信状况恶化

发包人的资金实力、信誉好坏将直接影响发包人的履约能力。发包人资信恶化主要是指经营状况恶化、转移资产、抽逃资金、丧失商业信誉或其他丧失履约能力的情况。发包人资信恶化可能导致承包人合同利益的损失。

有些发包人虽然在查询时资信较好，但在项目施工过程中受国家政策、企业内部变动等方面的影响，资信发生恶化，进而导致承包人后续资金的回收存在风险。因此，需要动态跟踪发包人资信情况，以便及时应对。

比如在履行合同过程中应密切关注发包人的资信及履约能力的变化，一旦有证据证明发包人资信恶化或履约能力不足时，承包人可依据《合同法》第六十八条以及第六十九条行使不安履行抗辩权，也就是停工，待发包人资信转好或提供担保后，再恢复履行合同，如果发包人资信无好转的可能，承包人可解除合同，要求发包人结算并赔偿损失，避免承包人继续投入相关人力物力，最终债权无法实现，蒙受巨大损失的情况。

四、发包人指定分包

发包人指定分包在施工实践中普遍存在，特别是在专业性较强或者利润率较高的分项工程中。发包人利用其优势地位将部分工程指定分包人施工，如果指定的分包人的资质、信誉不能满足实际施工需要，将可能无法按合同约定完成施工，从而导致承包人与分包人就质量安全等向发包人承担连带责任，还可能承包人因分包人的工期延误，向发包人承担工期违约责任。

发包人指定分包具有以下几个特征：一是指定分包人直接由发包人确定，不是由承包人选定；二是指定分包的工程内容包含在总包合同的承包范围内；三是由承包人与指定分包人签订指定分包合同或由发包人、承包人、指定分包人签订三方合同。

发包人对分包人的指定，一般应在总承包招标文件中事先说明，使承包人在一开始的招投标阶段就清楚哪些专业工程属于指定分包工程，哪些不属于指定分包工程，做到心中有数。但也有些发包人直到工程开工以后的施工过程中，才对一些专业分包工程进行指定分包，或虽在招标阶段已明确了指定分包的工程，却又在开工以后变更或者增加指定分包的工程内容。

针对发包人指定分包的情形，承包人应采取如下措施：

1．应尽量避免与指定分包人签订指定分包合同，争取使发包人与指定分包人直接签订指定承包合同，使指定分包工程变为总包合同外工程；

2．若必须与指定分包人签订指定分包合同的，争取签订包括发包人、指定分包人在内的三方协议，约定承包人仅履行总包管理之责，付款义务在发包人一方；

3．做好发包人指定分包的相关证明，证明该项分包工程的分包单位为发包人指定；

4．把好分包人的资格关。在发包人指定分包人后，承包人仍应审查专业分包的相关证件，对于不合格的指定分包人应果断向发包人发函告之并要求更换；

5．施工过程中，对指定分包人要全方位的管理，并保留好交底记录、整改通知等书面的依据，做好已尽到总承包管理责任证据的保存。从而尽量减少承包人承担进度、质量、安全方面的连带责任风险；

6．施工过程中出现分包人违约、失控等影响工程的情况时，若发包人直接向分包人付款，应同时向分包人和发包人发函，告之发包人要求预先在工程款中扣留违约款部分，或要求分包人提供保证金，必要的时候，甚至要求更换分包人，尽量降低相关风险；

7．在指定分包工程的工程款经过发包人账户情形下，指定分包合同中还可明确约定，承包人支付指定分包人工程款应以承包人收到发包人的该部分工程款为前提条件，若指定分包人在不具备该前提条件的情况下，以任何形式向承包人主张工程款均视为违约，应承担一定数额的违约金。

五、工期延误的风险

工期是发包人项目管理的重要目标，也常常是发生争议后，发包人用来抗辩承包人工程款主张的重要理由，发包人常以工期延误为由拖延支付工程款，或者提出高额索赔意图抵减直至抵消所欠工程款。实践中，在承包人提起工程款之诉后，发包人提出高额工期索赔，致使被判倒付的案例并不罕见。有些项目忽略了工期履约管理和风险控制，已经获取的有效签证难以弥补工期缺口。目前的建筑施工合同普遍工期紧张，违约处罚严厉，工期面临较大的风险。

造成工期风险的主要原因除合同工期条款严苛、签证索赔程序严格等先天原因外，在合同履行过程中还有如下一些情况：

1. 因考虑与发包人的后期合作，在发生合同中约定可顺延工期的情形时，未及时办理工期签证；

2. 承包人轻信发包人相关人员的口头豁免，忽视书面资料保存，未及时在合同约定的期限内办理索赔，导致丧失权利；

3. 基础证据材料留存不完备导致索赔理由难以获得支持；

4. 签证单据有效性没有切实保障，存在无授权人员签名确认、盖公章的现象；

5. 承包人仅发函指出因发包人原因导致承包人工期迟延，但未主张工期顺延的天数，或主张确认了天数的，又未及时主张费用补偿；

6. 发包人担心顺延工期后，可能面临窝工费用索赔，对承包人签证办理采取置之不理的态度，甚至拒绝签收相关资料。

工期延误不仅会带来高额违约金、扣除履约保证金甚至合同解除等合同约定后果，还会过度占用承包人资源，造成施工成本增加。在与发包人办理商务签证或者竣工结算时，有些发包人也会以追究工期违约责任为理由，迫使承包人放弃利益。为避免工期风险的发生，承包人除了要在投标签约阶段充分考虑工期履约的实际情况，争取较为合理的工期及相应违约处罚、签证索赔条件，在施工管理中严格执行整体计划之外，必须提高签证索赔意识及证据保存意识，具体建议如下：

1. 仔细研究合同中关于发包人应履行的义务以及可顺延工期情形的约定，在发生工期可顺延情形时及时收集整理相关证据，并按照合同中约定的期限和程序，向发包人和监理方报送工期签证，避免因不符合程序和期限的要求而得不到发包人认可的风险。

2. 合同中虽明文约定属于不予顺延或补偿（索赔）的情形发生时，承包人仍应及时向发包人申报，即使发包人签认按合同的约定不予顺延，也要将事实确定下来，待工程完工汇总时，如果上述事由导致的顺延时间过多，明显超出一个正常工程合理的顺延期间，承包人可以"有经验的承包人也无法预见"的理由来突破合同条件，向发包人主张索赔。

3. 加强对发包人指定分包人的管理。发现指定分包人工期延误时及时发函要求整改，保存承包人尽到总承包管理义务的证据，避免承包人承担因指定分包人的原因导致工期延误的责任。

4. 因特殊原因暂不报送工期签证的，也要详细收集保存过程中能反映导致工期延误原因的各类证据，如变更通知单、建立反向签收本记录发包人下发图纸时间、现场照片录影等，以备将来发生纠纷时分清责任。

5. 履约过程中若存在发包人口头承诺不追究承包人工期责任时，承包人应尽快与发包人达成书面意见，避免将来出现变数。

六、工程质量瑕疵的风险

质量是工程施工管理的关键和核心。《合同法》第二百八十一条规定："因施工人的原因致使建设工程质量不符合约定的，发包人有权要求施工人在合理期限内无偿修理或者返工、改建。经过修理或者返工、改建后，造成逾期交付的，施工人应当承担违约责任。"《建设工程质量管理条例》第六十四条规定："违反本条例规定，施工单位在施工中偷工减料的，使用不合格的建筑材料、建筑构配件和设备的，或者有不按照工程设计图纸或者施工技术标准施工的其他行为的，责令改正，处工程合同价款百分之二以上百分之四以下的罚款；造成建设工程质量不符合规定的质量标准的，负责返工、修理，并赔偿因此造成的损失；情节严重的，责令停业整顿，降低资质等级或者吊销资质证书。"第六十五条规定："违反本条例规定，施工单位未对建筑材料、建筑构配件、设备和商品混凝土进行检验，或者未对涉及结构安全的试块、试件以及有关材料取样检测的，责令改正，处 10 万元以上 20 万元以下的罚款；情节严重的，责令停业整顿，降低资质等级或者吊销资质证书；造成损失的，依法承担赔偿责任。"

从上述法律规定我们可以看出，工程质量不合格，承包人负有无偿修理或者返工、改建的义务。这样将会导致成本的增加，且往往发包人也会依据合同追究承包人的违约责任，甚至解除合同。除此之外，承包人还可能面临行政机关的处罚。

承包人作为工程建设的实施者，其施工水平和施工质量直接决定着建设工程的质量，在施工中可采取以下方式减少工程质量瑕疵：

1. 承包人应当在资质等级许可的范围内承揽工程，并且不将所承接的工程非法分包、转包。

2. 严格控制建筑材料、建筑构配件和设备质量。建筑工程的质量在很大程度上取决于是否正确地选择和合理地使用建筑材料。依据法律法规规定，由发包人提供建筑材料、建筑构配件和设备的，发包人应当保证建筑材料、建筑构配件和设备符合设计文件和合同的要求，不得明示或暗示施工单位使用不合格的建筑材料、建筑构配件和设备。因此，承包人应做到：在使用发包人供应的材料设备之前检验其质量，不合格的不予使用，并同时做好收集发包人提供或指定购买材料的证据。此外，在承包人需要使用代用材料设备时，须经发包人确认后方可使用。

3. 承包人应严格按照施工程序、设计图纸及合同的要求施工，不得擅自修改工程设计，不得偷工减料。凡发生工程设计变更的，均需由发包人书面通知，同时，在施工过程中发现设计文件和图纸有差错的，应当及时提出意见和建议。

4. 若发包人在工程未经竣工验收前提前擅自使用工程，承包人应做好相关发包人擅自使用相关证据的收集工作。因为依据最高人民法院《解释》第十三条："建设工程未经竣工验收，发包人擅自使用后，又以使用部分质量不符合约定为由主张权利的，不予支持；但是承包人应当在建设工程的合理使用寿命内对地基基础工程和主体结构质量承担民事责任"。

七、安全风险

建筑工程施工是一个安全风险较大的领域，一旦出现安全生产事故，不仅可能因赔偿、延误工期等造成直接经济损失，还可能受到行政处罚，影响工程形象、企业声誉。目前，承包人为了抢赶工程进度，获取超额的经济利益，不顾工程建设科学程序，不制定或抛开施工方案，野蛮施工、盲目施工，导致施工安全生产事故发生的情况并不罕见。

此外，导致安全事故的管理因素主要包括组织机构和人员配置不完善、安全规章制度不健全、安全操作规章缺乏或执行不力等。同时，物的不安全状态，也是事故产生的直接原因。导致事故产生的物的因素不仅包括机器设备的原因，还包括钢筋、脚手架的高空坠落等物的因素。例如，施工过程中钢材、脚手架及其构件等原材料的堆放和储运不当，对零散材料缺乏必要的收集管理，作业空间狭小，机械设备、工器具存在缺陷或缺乏保养，高空作业缺乏必要的保护措施等。

控制安全风险、降低事故损失是要从多个方面进行的。主要有以下几个方面的措施：

1. 建立建筑安全生产管理制度，做到施工现场特种作业人员持证上岗、施工起重机械安装告知和使用登记，以及及时淘汰危及施工安全的工艺、设备和材料。

2. 严格分包人的资格审查，切实加强对分包人施工安全的监督和管理，发现违章操作应当立即下达书面通知书责令整改。

3. 强化施工现场安全教育培训工作。严格按照国家标准、合同规定进行安全交底后，做好安全交底记录，以表明承包人尽到了安全监督与管理的义务，确保劳务工人具备了安全生产的能力再施工。

中国建筑管理丛书

法律实务卷

4. 树立保险意识，在做好防范与应急措施的基础上，还通过工程保险来分散和转移安全风险。常见的如建筑工程一切险、安装工程一切险、意外伤害保险等险种。施工风险发生后及时报险，并注意保存相关证据，以尽量减小损失。

八、签证索赔效力瑕疵

建设工程合同具有投资大、周期长、履约过程复杂等特点，履行过程中必然出现合同未定事宜或合同变更事项，需要通过签证予以补充或确认。同时，对于非一方原因或非双方可预见事件所造成的损失，一方需通过索赔来维护自己的权益。在施工过程中，对于承包人来说，经常会发生如下可以签证索赔的情形：发包人未能按专用条款的约定提供图纸及开工条件；发包人未能按约定日期支付预付款、进度款，致使施工不能正常进行；工程师未按合同约定提供所需指令、批准等，致使施工不能正常进行；设计变更和工程量增加；工程师指令错误或失误造成承包人损失等。

在管理过程中出现签证、索赔未按照施工总承包合同约定的程序及时办理，若合同中明确约定未按相关程序办理签证索赔，将导致签证索赔无效或视为放弃该权利，而现实中因双方的原因未按合同约定的程序及时办理，如未在约定的时间内提交签证、索赔，提交的资料不符合合同的约定等情形，此时将面临签证索赔效力瑕疵的风险。签证、索赔有的会因为时间过长导致事实难以确认，有的依据合同约定将直接认定为不涉及价款调整或费用的产生，有的导致签证、索赔效力待定或无效，都会给工程结算带来障碍，甚至是利益损失。

为避免签证索赔的效力存在瑕疵，导致承包人利益受损，在项目履约过程中应采取以下三方面的措施：

1. 严格按照施工总承包合同约定的时间、程序，提供有效的书面索赔及签证请求，并附上完整、有效的依据。这也要求承包人在施工主合同履行过程中注意收集、整理此方面的资料，避免因资料不完整而无法索赔和签证的情况。

2. 在施工过程中做好相关发包人要求承包人施工证据的保存工作，依据最高人民法院《解释》第十九条："当事人对工程量有争议的，按照施工过程中形成的签证等书面文件确认。承包人能够证明发包人同意其施工，但未能提供签证文件证明工程量发生的，可以按照当事人提供的其他证据确认实际发生的工程量"。可见当工程量有争议时，即使没有书面文件的签证确认，但有证据证明发包人同意施工并能证明实际发生工程量，仍可向发包人主张工程量的价款。

3. 为了避免由于签证主体不适合给当事人带来的损失，在合同专用条款中要将合同双方各自委派的工程师的姓名、职务、职权和义务加以明确，并必须注意合同履行过程中的变化。发生签证索赔事由时，应当由合同中约定的有签证主体资格的工程师签证，以保证所形成的签证合法有效。另外还要充分利用监理的证明作用，就签证或索赔的事实取得监理的认可，这样，即使发包人不确认或不及时确认承包人的签证、索赔请求，承包人也可以在结算，甚至诉讼过程中争取回来。

九、侵犯知识产权风险

建设工程知识产权的保护适用中华人民共和国《著作权法》、《专利法》、《商标法》、《反不正当竞争法》等。建筑行业涉及主体众多，分包商、供应商数量繁杂，施工链条很长，整个施工过程中会涉及众多的知识产权，如建筑设计图、施工图等涉及著作权保护，创新的施工工艺、方法、施工设备、装置、新技术、新产品等由专利权保护，并且这些权利由各自不同的权利人所拥有，包括承包人、分包商、设备供应商甚至设备制造商等。对于承包人而言，由于其负责整个工程项目的施工组织管理，因此，一定要预先通过严谨周密的合同约定和制度安排，明确各自知识产权的权利归属和适用规则，避免工程项目遭遇知识产权的法律障碍。

工程施工组织过程中的知识产权法律风险及防范措施等主要体现在以下几个方面：

　　1. 要注意保护好自己的知识产权。对于新采用的施工方法、工艺、设备、装置、产品等创新技术内容及时进行专利申请或技术秘密的保护；对于投标方案、施工方案、投标报价等加强保密管理，防止泄密导致投标失利；对于重要的施工工法优先或配套考虑采用专利保护；对设计图纸、施工图纸、技术文件、计算机软件等加强保密措施，防止泄密。同时，一旦发生侵犯自己知识产权的情形，及时依照法律规定追究侵权方法律责任。

　　2. 需要防止侵犯第三方的合法知识产权，这一点对于承包人而言尤为重要。承包人作为项目的施工组织一方，重大法律风险之一就是涉嫌侵犯了他人的知识产权而被迫更改设计、变更施工工艺、方法、替换侵权产品，甚至因侵权导致停工等，不仅延误工期，而且可能面临侵权赔偿的风险。为避免因为他方原因造成承包人侵犯第三方知识产权，以及在承担第一侵权责任后能够将侵权赔偿责任及损失等合理转移到实际责任人，就特别需要在签订分包分供合同、采购合同，设备租赁合同时，加强对知识产权侵权免责条款的拟定，分包分供商、设备供应商等应对自己提供的产品或服务拥有完全自主或可自有处分的知识产权，因其提供产品或服务造成的知识产权纠纷，由其自行承担由此导致的一切法律后果及责任，并应赔偿承包人由此导致的一切责任及损失。

　　3. 注意合作开发或合作施工过程中对知识产权的保护。在合作研发或施工过程中，如果产生了新的知识产权，应注意明确权利的归属，对于主要由一方创新产生的知识产权，可约定属于一方所有，另一方可拥有无偿的或优惠的实施许可权；对于双方合作创新产生的知识产权，可约定归属双方共同所有。另一点需要注意的是，合作施工过程中也应注意加强对己方技术秘密的保护工作，加强对施工现场的管理，避免无关人员接近技术秘密；加强对涉密人员的培训和管理，避免技术秘密的外泄；与涉密人员（可以包括合作单位中可接触到己方技术秘密的人员）签订保密协议，以明确保密义务及泄密所应承担的法律责任等。

作为建筑企业，应提高知识产权保护意识，注意做好以下几点：

1. 学习知识产权法律知识，善于运用知识产权保护自身利益，又要尊重他人的知识产权；

2. 无论新技术新产品的研发，还是设备或技术的二次开发，都应积极申请相关专利，保护自身创新成果；

3. 引进新技术新工艺时确定知识产权的归属，注重商标注册，发挥品牌优势，营造良好的企业知识产权保护氛围。

十、不可抗力

所谓不可抗力，是指不受人的意志支配，在合同订立时不能预见，不能避免并不能克服的客观情况。主要有以下三种情形：一是自然灾害，如台风、地震；二是政府行为，如征收征用；三是社会异常事件，如罢工、骚乱。实践中，合同在约定不可抗力时多采取列举式，但列举范围不尽相同，导致不同合同主体认定的不可抗力情形不尽相同。从承包人角度而言，承包人对发包人主要承担施工义务，较易受到不可抗力情形影响。因此，在约定时范围宜宽泛；承包人对分包人主要承担付款义务，不易受不可抗力情形影响，签订分包合同时约定范围宜狭窄。

一旦发生不可抗力情形，承包人应积极应对：

1. 通知对方。当事人一方因不可抗力不能履行合同的，应当及时通知对方，以减轻可能给对方造成的损失，并应当在合理期限内提供证明。

2. 避损减损。发生不可抗力，通知对方后，承包人应在尽可能范围内采取适当措施防止损失扩大。

3. 就损失索赔。承包人在不可抗力事件发生后，可向发包人提出顺延工期和支付相应费用的请求，不具备继续履行合同条件的，可以要求解除合同。

中国建筑管理丛书

法律实务卷

4. 保险赔偿。因不可抗力造成承包人自身材料设备损毁，对方对此无过错的，如有投保，应及时向保险公司提交证据，请求保险赔偿。

十一、合同解除风险

合同解除，是指已成立生效的合同因发生法律规定或当事人约定的情形，或经当事人协商一致，而使合同关系终止。工程合同解除的法律后果应当适用《合同法》第九十七、九十八条关于合同解除后处理方法的规定。《合同法》第九十七条规定："合同解除后，尚未履行的，终止履行；已经履行的，根据履行情况和合同性质，当事人可以要求恢复原状、采取其他补救措施，并有权要求赔偿损失。"第九十八条规定："合同的权利义务终止，不影响合同中结算和清理条款的效力。"

但是，工程合同无论是内容还是履行过程都有其自身的特点，合同解除后的处理方式，也与其他许多合同有所区别。

最高人民法院《解释》根据工程合同不同的履行状况，就合同解除后的处理方式也作出了明确规定。其中第十条规定："建设工程施工合同解除后，已经完成的建设工程质量合格的，发包人应当按照约定支付相应的工程价款；已经完成的建设工程质量不合格的，参照本解释第三条规定处理。因一方违约导致合同解除的，违约方应当赔偿因此而给对方造成的损失。"

因此，解决工程合同解除的法律后果问题应当以《合同法》相关规定作为基本依据，同时结合《解释》的特别规定，根据工程合同解除的原因、履行状况等具体分析。

（一）建设工程施工合同解除的一般法律后果

建设工程施工合同解除后，尚未履行的，终止履行；建设工程施工合同解除后，已经开始履行的，有条件的可以恢复原状；建设工程施工合同解除后，有过错的一方应当采取必要的补救措施并赔偿损失。

（二）建设工程施工合同解除的特殊法律后果

1. 已完成的建设工程质量合格的，发包人应当按照约定支付相应的工程价款。《合同法》第九十七条规定："合同解除后，尚未履行的，终止履行。"根据这一规定，合同解除后，当事人之间的权利义务关系消灭，合同效力丧失，合同未履行的内容可不再履行。

2. 已经完成的建设工程质量不合格的，如果能够修复且经竣工验收合格的，发包人仍须支付工程价款，但可以请求承包人承担修复费用或减少相应工程价款；修复后的建设工程经竣工验收不合格的，则不予支付工程价款。

3. 因一方违约导致合同解除的，违约方应当赔偿因此而给对方造成的损失。

（三）引起工程合同解除的情形

合同解除包括协议解除、约定解除和法定解除三种情形。《合同法》第93条对协议解除和约定解除作了规定：当事人协商一致，可以解除合同；当事人可以约定一方解除合同的条件，解除合同的条件成就时，解除权人可以解除合同。《合同法》第九十四条对法定解除作了规定，包括：因不可抗力致使不能实现合同目的；在履行期限届满之前，当事人一方明确表示或者以自己的行为表明不履行主要债务；当事人一方迟延履行主要债务，经催告后在合理期限内仍未履行；当事人一方迟延履行债务或者有其他违约行为致使不能实现合同目的；法律规定的其他情形。

建设工程合同是合同的一种，其解除的情形、程序等当然适用《合同法》关于合同解除的一般规定，即包括协议解除、约定解除和法定解除。但是为了便于司法实践中准确地解决当事人要求解除建设工程合同的问题，最高人民法院《解释》明确了发包人、承包人可以行使合同解除权的几种情形：

1. 发包人的法定解除权

（1）承包人明确表示或者以行为表明不履行合同主要义务。

（2）承包人在合同约定的期限内没有完工，且在发包人催告的合理期限内仍未完工的，发包人有权解除合同。

（3）承包人已经完成的建设工程质量不合格，并拒绝修复的，发包人有权解除合同。

（4）承包人将承包的建设工程非法转包、违法分包的，发包人有权解除合同。

2．承包人的法定解除权

（1）发包人未按规定支付工程款，致使承包人无法施工，且在催告的合理期限内仍未履行相应义务，承包人可以解除合同。

（2）发包人提供的主要建筑材料、建筑构配件和设备不符合强制性标准，致使承包人无法施工，且在催告的合理期限内仍未履行相应义务，承包人可以解除合同。

（3）发包人不履行合同约定的协助义务的。

（四）发生工程合同解除应对措施

合同解除后，当事人双方约定的结算和清理条款仍然有效，承包人需做好以下六个方面的工作：

1．承包人应当按照发包人要求妥善做好已完工程和已购材料、设备的保护和移交工作，按照发包人要求将自有机械设备和人员撤出施工现场。

2．要求发包人为承包人撤出提供必要条件，支付以上所发生的费用，并按合同约定支付已完工程款。

3．已订货的材料、设备由订货方负责退货或解除订货合同，不能退还的货款和退货、解除订货合同发生的费用，由发包人承担。

4．积极整理项目工程资料，根据合同、图纸等相关合同附件、现场情况，盘点已完工程量，与发包人完成工程的对量、结算工作。

5．据合同约定及法律规定，分析合同解除对承包人带来的损失，并收集整理相关索赔资料，做好向发包人索赔的工作。

6. 根据发包人的实际资信状况以及履约能力，随时准备通过和解、调解、仲裁和诉讼等方式维护自己的权益。

第二节　工程签证与索赔

在合同履约过程中，就非施工方原因或合同双方不可预见的因素导致承包人费用、工期损失或其他合同外支出的，承包人可依据合同条件或相关法律法规，通过办理签证与索赔来维护自身合法利益。对于承包人而言，工程签证与索赔包括发包人与分包分供单位两个方面，就当前国内建筑市场而言，主要体现在发包人与承包人之间的签证、索赔及反索赔。本节从施工承包人的立场出发，重点讲述承包人与发包人之间的签证、索赔相关法律问题。

一、签证的概念与法律特征

（一）签证的概念

签证是指承包人和发包人之间就施工过程中工程量、工期以及费用变化等所作的签认证明。它可作为增减工程造价的工程结算凭证。一般包括开工延期的签证、工期延误的签证、价款调整的签证、窝工停工损失的签证，以及工程量确认的签证等。

（二）签证的法律特征

1. 签证是双方法律行为。工程签证是发包人和承包人对现场事实的确认，是发包人和承包人双方就费用或工期补偿等重新达成一致意见的意思表示，具有补充协议的性质，可以直接作为工程款结算的依据。

2. 签证的效力一般不需要附加证据来证明。发包人和承包人依据施工合同约定的签证程序作出的签认，对双方具有法律约束力，一般来说，确认调整金额后，可直接追加合同价款，通常与工程款同期支付，不需要再附加证据。

（三）签证与索赔的联系与区别

签证与索赔都是承包人在合同履约过程中，对因非己方原因遭受的经济或工期损失向发包人追偿的方式。不同的是，签证是按照建筑工程施工总承包合同约定的条件和程序由发包人和承包人对工程量、工期以及费用变化等所作的书面签认证明，一经签认即可作为工程款支付的凭据，不需要再附加证据。但索赔则是在发包人未能对承包人的诉求予以确认的情况下，由承包人向发包人报送索赔意向，以及附加一系列证据材料，以使得发包人得以补偿己方损失的活动。

二、签证要注意的问题

（一）及时做好签证

施工过程中，部分发包人干预现场施工较为随意，口头指令较为频繁，另外，某些成熟的地产开发商为规避施工费用补偿，也惯以口头指令下达施工指令避免书面指令引发承包人索赔。若承包人怠于按照合同条件的约定，在规定的时限内办理书面指令和现场签证，时间过长将导致事实难以界定。还有两种情形在国内建筑市场也较为常见，即发包人往往对承包人报送的签证拖延确认或不予以确认，或者仅仅是口头承诺但不及时办理；另外一种情形是承包人直到结算审核时，才开始要求发包人补办签证手续，造成不必要的麻烦。

因此，为有效维护自身合法权益，承包人应当养成"及时签证、一事一签"的良好工作习惯，对于已经报送的签证资料应当办理好签收记录，尤其是施工周期较长的工程项目需要特别注意。

（二）签证内容要清晰

签证内容涉及量、价或时间，应当具体明确且用词准确，简洁明了。该要求最简单的含义可表达为：项目商务部可以仅依据签证单或结合施工合同的清单报价条款，准确地计算出该签证单所涉及内容的工程价款，并作为工程价款的结算依据。否则，签证内容不清晰，用语不准确，则很可能在结算时产生歧义，引起不必要的纠纷。

（三）重视间接影响工程费用的签证

在施工过程中，导致工程项目工期滞后的原因涉及合同各方及外部因素等多层面的影响，但发包人和承包人共同导致工期延误的情况居多。因此，通常情况下，即使没有办理签证，双方在结算过程中通过友好协商也很少严格执行工期罚款。需要重点提醒承包人（尤其是施工现场的一线管理人员）注意的是，该情形并非阐述"签证无用、凡事都可以通过协商解决"的观点，恰恰相反，现场签证的关键性和作用尤为突出，特别是在当前国内日益增长的经济环境下，"超高层、超体量、超规格"的工程项目记录不断被刷新，对承包人而言，除了傲人的施工业绩外，伴随而来的是工程项目超长施工周期引发的过程签证索赔资料未及时办理的风险。

超长施工周期伴随的制约承包人合法权益的不特定因素太多，例如授权瑕疵、人事变动等，将直接动摇承包人潜意识里凡事可协商的定论。因此，签证的重要性凸显，尤其是在承包人提起工程款诉讼过程中，发包人往往以承包人延误工期为由提出反诉，承包人因缺乏签证作为证据而败诉的可能性极大。因此，要重视这些间接影响工程费用的签证。

三、工程索赔与反索赔概述

（一）工程索赔与反索赔的概念

1. 工程索赔的概念

工程索赔是指在合同履行过程中，一方当事人由于另一方当事人不履行或不适当履行合同所约定的义务，或由于其他非己方原因而造成损失或合同外支出时，根据合同条件或相关法律法规，向对方提出经济或工期补偿的行为。

索赔是依据合同和相关法律规定，向责任方追偿不应该由自己承担损失的合法权利要求。索赔成功与否主要在于时效性是否满足合同条件要求及其所援引的依据和证据资料是否具备有效性，没有合同和相关法律规定作依据，或者没有合法有效的证据，索赔就不能成立。

2. 工程反索赔的概念

工程反索赔是指在合同履行过程中，一方当事人以合同及相关法律规定为依据，通过一定的程序防止或者反驳另一方当事人提出的索赔请求，指出其不合约、不合法之处，避免另一方当事人提起的索赔成功或部分成功，使其索赔要求被全部或部分否定，从而压低索赔金额，并利用合同条款及相关法律规定，对索赔方违约之处提出索赔，争取己方利益最大化的行为。

索赔与反索赔在法律特征方面具有一致性，下文将以工程索赔为例进行介绍。

（二）工程索赔的法律特征

1. 工程索赔是单方的法律行为

工程索赔是合同一方当事人依据合同及相关法律法规，在自认为理应获得工期、费用补偿而未获得的情况下，向另一方当事人提出应当获得该类权益的主张。与工程签证不同，它不是合同双方意思表示一致的结果，而只是一方当事人追求这种结果的手段，是单方主张权利的法律行为，在对方确认之前不形成任何的约束力，必须以合同条件或法律法规为依据，并辅以翔实的证据资料为支撑，且必须满足法律或合同条件规定的索赔时效期限。

2. 工程索赔涉及的利益是一种期待权益

工程索赔是在履约过程中按照事先约定的方式处理双方不对等权益事项的一种请求权，这种权利在未获得对方确认或者双方重新达成一致意见之前，只是索赔方的一种期待权益，没有任何的约束力。若建设单位和总承包商就索赔事项在审核、协商后仍无法达成合意，则需要通过诉讼或仲裁手段予以解决。

3. 工程索赔必须依靠证据

工程索赔是单方的法律行为，涉及的利益是一种期待权益，要想让这种期待权益最终被确认，必须有能够让对方信服的证据资料，既包括实体证据资料，又包括程序证据资料。

例如，要提出一项工人窝工费用的索赔，除了提出证明窝工的支撑性证据资料外，还需提出这些金额的组成，如窝工工日数、工人单日工资等实体证据资料，并且要满足合同条件的时限性要求，否则发包人有权不予确认。

四、工程索赔的证据

（一）工程索赔证据的基本要求

证据的基本要求，是指发包人决定承包人提出的证据能否被采纳所依据的准则，简言之，就是什么样的证据资料是真实存在，或具有法律效力并可以被发包人采纳。提交发包人的索赔证据标准较诉讼中的证据标准要宽松，索赔证据基本要求主要有以下三点：

1. 索赔证据的真实性

索赔证据必须是在实际施工过程中产生的，完全反映施工实际情况，能经得起发包人的推敲。

2. 索赔证据的关联性

证据的关联性又称"相关性"，是指作为证据内容的事实与案件的待证事实之间存在某种客观的联系。因此，具有对案件事实加以证明的实际能力，[1] 所提供的证据应能说明事件的全过程。索赔报告中所涉及的干扰因素、事件、索赔理由、损失等都应有相应的证据，且相互之间能形成证据链，否则发包人将不予认可或退回要求重新补充证据。

3. 索赔证据的有效性

索赔证据的有效性是指证据从形式上符合法律或合同的要求，从而对双方的权利义务产生约束力。例如，在工程施工过程中发包人口头变

---

[1] 卞建林. 证据法学，北京：中国政法大学出版社，2007.

更指令导致工程量增加，承包人为此额外支出了人、材、机等费用，但由于承包人未及时索要书面指令，导致索赔时无法提供工程量增加是由于发包人变更指令导致的证据。又如，发包人签发的变更指令未按照合同约定由代表人签字。这些都是符合证据真实性和关联性，但不符合有效性要求的常见情形。

（二）工程索赔证据的组成

1. 法律法规政策文件

法律法规政策文件是指立法机关或政府公布的有关国家法律法规或政府文件，如国务院公布的《中华人民共和国招标投标法实施条例》、《国务院关于统一内外资企业和个人城市维护建设税和教育费附加制度的通知》、建设部印发的《建筑工程安全防护、文明施工措施费用及使用管理规定》、《关于人工、材料等市场价格风险防范与控制的意见》（京造定〔2008〕4号）等。相关法律法规及国家政策可查阅各省市政府网站。

2. 招标文件、合同文本及其附件

招标文件中的现场水文地质资料、工程范围说明、施工技术规范、工程量清单、标前会议和澄清会议资料，以及签订合同前所做出的各种承诺、洽谈纪要等；合同文本如FIDIC《施工合同条件》、建设部发布的《建设工程施工合同（示范文本）》中的通用条款和专用条款及其附件等均可作为索赔计价的依据。

3. 往来函件

在合同履行过程中，发包人、承包人和监理公司之间会有大量往来函件，如监理或发包人发出的各种工程变更指令、通知以及对承包人提出问题的书面答复，这些均可作为索赔的依据。值得注意的是，总承包施工合同中通常约定了双方的项目经理、总监理工程师及其职权范围，书面文件若未经授权人签字则将失去证据的有效性。因而，在工程管理过程中务必做好授权工作。

4. 会议纪要

合同履行过程中，发包人、承包人、监理公司或咨询公司会定期或不定期召开各种会议，如监理例会、施工协调会、施工技术讨论会、图纸会审、甲指分包合同谈判会等，在这些会议上各方作出的陈述、决议都可作为索赔的依据。建议针对各类会议纪要建立审阅制度，即在项目开工前由各方约定，记录会议纪要的一方写好纪要稿后，送交参会各方传阅核签，如有不同意见须在约定期限内提出或直接修改，若不提出意见则视为同意。对于审核定稿的会议纪要，建议承包人保存各方签字版本的原件，并以加盖参会各方（主要为发包人、承包人和监理单位）单位或项目部公章为最佳方式。

5. 施工现场工程文件

施工现场文件包括现场施工记录、工长以及技术人员的工作日志，各种工程统计资料如周报、月报，工地的各种交接记录，如施工图交接记录、施工工作面交接记录、过程中停电停水记录、分包进场记录、监理工程师填写的施工记录以及发包人、监理工程师签发的各种签证，各种人、材、机使用记录，如工时记录、施工设备使用记录、建筑材料使用记录等资料均构成工程实际状态的证据。[1]

6. 经批准的施工进度计划和施工方案

获得批准的施工进度计划、施工方案，以及后期依据实际进度修订的施工计划、实际施工进度记录、月进度报表、周进度报表等。

进度计划不仅指明工作间施工顺序及持续时间，而且还直接影响到劳动力、材料、施工机械和设备的计划安排，而经监理审核确认的施工方案能直接体现出人、材、机的数量和时间安排。若由于非施工方原因或风险使承包人的实际进度落后于计划进度，则这些资料对承包人索赔极为重要。例如，经监理签认的施工方案上写明了计划使用吊篮 25 台，

---

[1] 参照姚捷.〈工程合同造价〉法律实务，北京：法律出版社，2011.

当承包人尚未与吊篮设备供应商结算而无法举证证明己方当时的使用量时，这份施工方案则可作为损失的重要参考依据。

7. 工程照片、录像资料

工程进度照片和录像、隐蔽工程覆盖前的照片和录像、非施工方责任造成的返工或工程损坏的照片和录像等。例如，2012年北京"7·21"特大自然灾害导致部分工程项目基桩坍塌、基坑积水等，承包人应及时通过拍照、录像等方式固定基桩坍塌、基坑积水的证据。

8. 当地气象记录

工程水文、气象条件变化，常常引起施工中断或施工降效，甚至会破坏已建工程，造成重大损失。气象记录包括：每日雨雪量、气温、风力、水位、施工基坑地下水状况等。对不可预见的暴雨暴雪、地震、海啸和台风等特殊自然灾害，最好办理当地气象局出具的证明。

9. 检查验收报告和技术鉴定报告

材料设备开箱验收报告、材料试验报告、试桩报告、隐蔽工程验收报告、工程验收报告、安全验收报告，以及事故鉴定报告等构成对承包人工程质量的证明文件，是工程索赔的重要依据。

10. 工程资金往来记录文件

管理人员工资单、现场管理经费报表、工人工资单、工程款账单、各种收付款原始凭证、工程成本报表、工程款回收凭证等财务记录文件，是对工程成本和收入所作的详细记录，是工程索赔额计算的关键依据。

11. 市场行情资料

市场行情资料包括中央银行的外汇比率，官方公布的物价指数、工资指数，人工、材料、机械的信息指导价格等资料，这些资料都是索赔费用计算的重要依据。[1]

---

[1] 李锦光、李东光主编. 建筑工程索赔实例教程，北京：机械工业出版社 2011.

（三）工程索赔证据的过程保存

由于证据容易被破坏，一旦被破坏将不可重现，其过程保存就显得尤为重要。例如像供水、供电以及其他的隐蔽工程，一旦抹灰后便无法重现隐蔽工程中的问题，发包人与承包人的责任将难以划分。因而，索赔的首要条件就是做好证据的过程保存。

1. 加强普法培训，提高管理人员鉴别有效证据的能力

通过举办各类普法培训和实例演示，逐步提高管理人员鉴别有效证据的能力。

2. 充分发挥企业法律事务人员的作用，及时做好证据过程保存

除了要提高证据识别能力外，还需由专人及时做好过程证据的保存。自中建总公司创立并推广项目法律顾问制度以来，项目法务人员在证据收集及保存工作方面起到了举足轻重的作用。合同履约过程中的关键证据，例如，授权文书、移交档案等通常由项目法务人员负责保存或交由项目资料员存档封存，执行原件存档、借阅复印件并办理借阅登记等手续，防止重要原件的遗失。对于部分无法保存的资料，由项目法务人员协调公证处予以司法公证，确保法律效力。

3. 强化照片及视频资料收集

建筑工程通常历时较长，合同各方往来的书面资料频繁，原件容易遗失，且有效性有时候也存在争议，这是施工总承包商的典型通病。为解决施工年限较长的工程项目证据资料的保存及效力问题，我们认为及时拍摄现场照片及视频录像是规避该问题的有效方式。

4. 规范证据资料归档流程，确保证据保存完整

证据资料收集难度大，一旦收集完毕，应当做好证据编号归档工作，建议制定证据存档管理办法，明确归档部门、保存责任人、查阅流程、保管不善相关责任等。一方面，这是做好过程或最终结算索赔的有力保障；另一方面，也是逐步提高索赔能力的基础工作。

五、工程索赔报告

索赔能否成功，在很大程度上取决于索赔报告的撰写。一份结构完整、条理清晰、用词适当的索赔报告，往往更具有说服力，更能得到对方的确认。下面，将分别介绍各构成部分的写作要求与技巧。

（一）索赔报告的构成

索赔报告是承包人向发包人或监理提交的一份要求发包人给予工期或费用补偿的正式报告，是索赔能否成功的关键。按照施工总承包合同条件的约定，承包人应当在发出索赔意向通知书后的约定时限内（一般为 28 天），提交正式的索赔报告。通常，一份完整的索赔报告应包括总论部分、引证部分、计算部分和证据部分，其中引证部分，又分为合同引证部分和法律法规引证部分。

1. 总论部分

总论部分一般包括索赔事项概述、依据、因果分析、具体索赔要求、索赔报告编写及审核人员，阐述要求简明扼要。文中首先应概要地叙述索赔事件的发生经过，承包人为该索赔事件所付出的努力和附加开支，以及承包人的具体索赔要求。该部分目的在于简要地向对方说明索赔的整体轮廓。

2. 引证部分

在索赔报告的编写过程中，首先应仔细分析事件的责任归属，然后明确指出责任认定所依据的合同约定或法律法规。因此，合同条件和法律法规的正确引证是索赔能否成功的关键。

（1）合同引证部分

承包人的索赔要求应当符合合同条件的相关要求，说明自己具有的索赔权利，这应直接引用合同中的相应条款，包括但不限于合同文本、招投标文件、设计图纸等合同组成部分。强调这些是为了使索赔理由更充足，使发包人和仲裁人在法律、道义、感情上易于接受承包人的索赔要求，从而获得相应的经济补偿或工期延长。[1]按照索赔事件发生、发展、处理和最终解决的过程编写，并明确全文引用有关的合同条款，使发包人和监理工程师能逻辑地了解索赔事件的始末，并充分认识该项索赔的合理性和合法性，最终使索赔得到认可。

（2）法律法规引证部分

常见的可引用的法律法规包括：

《中华人民共和国民法通则》第一百零六条、第一百一十一条；

《中华人民共和国合同法》第一百零七条、第二百七十八条、第二百八十三条、第二百八十四条、第二百八十五条；

最高人民法院《关于审理建设工程施工合同纠纷案件适用法律问题的解释》第十七条、第十八条、第十九条。

3. 计算部分

索赔计算的目的，是以具体的计算方法和计算过程，说明自己应得经济补偿的款额或延长的工期[2]。计算部分主要分为索赔总额、具体索赔事项和计算过程三大部分，应当引起承包人注意的是：各细项索赔部分应当详细列明具体的构成，例如窝工费、租赁费、管理费、水电费等，且需明确各项开支的计算依据和证明资料。

承包人应根据索赔事件的特点及己方所具有的证据资料，来决定采用何种计价方法更为合适，只有合理的计价方式和真实可靠的数据，才能降低发包人对承包人提出索赔的恶意，提高成功概率。此外，承包人应当避免索赔事项的遗漏或重复，不要出现明显的计算错误，还应注意每项开支款的合理性，并指出相应的证据资料的名称及编号。只有这样，承包人才能实现索赔利益最大化。

4. 证据部分

---

［1］ 刘建昌. 浅谈建设项目索赔报告. 北京水务，2008.
［2］ 魏成勇.《浅议施工索赔事件中索赔报告的撰写》，访问资源：http：//wenku. baidu. com/view/7bffb815555270722192ef7f8. html，2012.

索赔证据包括该索赔事件所涉及的一切证据资料及其要证明的内容和事项。证据是索赔报告的重要组成部分，没有翔实可靠的证据，索赔成功概率极低。

（二）索赔报告的编写技巧

1. 事件真实

索赔是单方的权利请求，是预期的权益，只有得到对方认可才能作为结算的依据，而要得到对方认可，必须保证索赔事项的真实性。如果承包人提出不合事实、缺乏根据的索赔要求，监理（或发包人）代表一般会立即拒绝，并且还会影响发包人对承包人的信任。索赔报告中所提出的干扰事件必须有可靠得力的证据来证明，一般要求证据必须是书面的，重大事项、特殊情况的证明材料等必须有合同约定的发包人现场代表或监理工程师的签字认可。这些证据应附于索赔报告之后，对索赔事件的叙述，必须明确、肯定，不含任何的估计和猜测，也不可使用猜测式的语言。

2. 责任明确

索赔报告应仔细分析事件的责任，明确指出索赔所依据的合同条款或法律条文，并且说明承包人的索赔完全按照合同规定程序进行。一般索赔报告中所针对的干扰事件都是由对方责任引起的，应当准确阐明责任在于对方，否则会丧失自己在索赔中的有利地位。

对于某些不可预见的突发事件，即使一个有经验的承包人对它也无所准备，对它的发生承包人无法制止，该部分的责任划分应根据民法中公平原则进行。

3. 简洁准确

索赔的目的是为了得到工期或费用的补偿，所以索赔报告中应强调由于事件影响与实际损失之间的直接因果关系，无需过多地介绍其他方面的内容，但应在报告中说明承包人在干扰事件发生后，已立即将情况通知了工程师，或承包人，为了避免、减轻事件的影响和损失已尽了最大的努力，依然存在损失，那么该部分损失就可以向发包人主张索赔。

4．用词婉转

因为是单方的权利请求，在索赔报告的编写上一定要注意用词委婉，切忌语气强硬。除了有充分的证据资料、科学合理的计算过程以及条理清楚的文字表述外，还应该注意语气要中肯，做到简洁明了、结论明确、富有逻辑性；索赔报告的逻辑性，主要在于将索赔要求（工期延长、费用增加）与干扰事件的责任、合同条款及影响连成一个完整的证据链。同时，在论述事件的责任及索赔根据时，所用词语要肯定，忌用强硬或命令的口气，以免对方以证据资料不充分为由，反复地驳回补充，影响索赔的结果。

六、索赔时效

（一）索赔时效的性质

法律上并没有关于索赔时效的长短及适用范围的明确规定。因此，索赔时效可由当事人自由约定，一般按照《建设工程施工合同》（GF-1999-0201）第36条的规定执行。如果发生索赔，发包人可在索赔事件发生后的28天内，向工程师发出索赔意向通知；发出索赔意向通知后28天内，向工程师提出延长工期和补偿经济损失的索赔报告及有关资料；工程师在收到承包人送交的索赔报告和有关资料后，于28天内给予答复，或要求承包人进一步补充索赔理由和证据。

FIDIC合同第20.1条规定：如果承包人根据本合同条件的任何条款或参照合同的其他规定，认为他有权获得任何竣工时间的延长和任何附加款项，他应通知工程师，说明引起索赔的事件或情况。该通知应尽快发出，并应不迟于承包人开始注意到，或应该开始注意到这种事件或情况之后28天。

（二）常见索赔事件引发的索赔时效起算

实践中常见的索赔事件引发的索赔，时效计算如下[1]：

1. 延期发出图纸引起的索赔：当接到中标通知书后28天内，承包人有权获取由发包人或其委托的设计单位提供的全部图纸、技术规范和其他技术资料。如果在28天内，承包人未收到监理工程师送达的图纸及其相关资料，承包人应依照合同提出索赔申请，收到中标通知书后的29天为索赔起算日，收到图纸及相关资料的日期为索赔事件结束日。

2. 工程变更导致的索赔：承包人收到监理工程师书面工程变更指令，或发包人下达的变更图纸日期为起算日，变更工程完成日为索赔事件结束日。

3. 由外部环境而引起的索赔：根据监理工程师批准的施工计划受外部环境影响的第一天为起算日，经发包人协调或外部环境影响自行消失日为索赔时间结束日。

4. 监理工程师指令错误导致的索赔：以收到监理工程师指令时为起算日，按其指令完成某项工作的日期为索赔事件结束日。

5. 因承包人之能力不可预见引起的索赔：承包人未预见的情况开始出现的第一天为起算日，终止日为索赔事件结束日。

七、道义索赔

道义索赔没有合同和法律的直接依据，承包人认为自己在施工中确实遭到很大的损失，要向发包人寻求道义上的额外付款。

承包人在施工过程中为保证项目的顺利施工，在满足发包人要求内容的同时受到了损失，或是在承包人遭遇到非自身原因的环境困难时，如承包人在投标报价时报价失误、现场环境调查失误或在参与发包人组织的一些社会活动时而造成了意外损失，可向发包人提出基于道义上的

---

[1] 郭军. 建设工程施工合同法律适用与疑难释解，北京：中国法制出版社，2008.

索赔或补偿要求。道义索赔没有合同条款或法律规定的支撑，成功的概率非常小，但基于公平原则某些发包人，还是有可能给予承包人一定的补偿。因此，承包人不可轻易放弃道义索赔。

第三节　合同履行法律风险管理

一、合同交底制度

（一）合同交底的意义

建设工程施工合同交底，是指为了使合同执行人员更好地了解合同内容、履行合同条款，承包人（下称公司）相关管理部门和人员通过专题会议等多种形式，对合同的签订背景、主要内容及执行合同过程中需要注意的事项等相关信息，向合同执行人员（主要指项目管理人员或参与项目建设的其他人员）进行介绍、通报或讲解的活动。按管理层级划分，可将合同交底分为一级交底和二级交底。合同一级交底，指市场营销部门牵头组织专题会议对具体执行合同的单位和个人交底，促使执行合同的单位和个人充分理解合同条款的活动。合同二级交底，指项目部在接受一级交底后，执行合同的单位负责人（项目经理）组织项目部再次全面研究合同，由项目部相应部门负责人对项目部人员全面交底，并明确各自的分工与职责。其意义在于：

1. 合同交底是项目管理人员全面深入了解合同内容的重要途径；

2. 合同交底是合同谈判人员向合同执行人员移交资料和传递合同关键信息的主要方式；

3. 合同交底是公司各职能部门与合同执行人员之间沟通和交流的重要机会；

4. 合同交底是统一认识、提高履约意识和分解合同管理责任的重要手段。

（二）合同交底的组织

1. 合同交底小组。根据工作需要，结合建设工程合同的特点，公司应成立专门的合同交底小组。合同交底小组一般由与建设工程施工合同交底内容有关的市场、商务、法务、质量、安全、工程、技术等相关部门组成。

2. 合同交底职责。合同交底小组中的各职能部门负责人及参与人员向合同执行人员全面合同交底，应当准确深入地陈述合同基本情况、本部门的管理要求、合同责任及执行要点、合同风险防范措施等，及时耐心地回答接受交底人员提出的问题。

3. 交底流程。公司在合同签订后五日内组织对具体执行合同的单位和人员合同交底，交底分为一级交底和二级交底。执行合同的单位负责人为合同一级交底的第一接受人；执行合同的单位负责人为合同二级交底的第一责任人。

（三）合同交底的实施

1. 一级交底

（1）交底人：合同管理部门人员牵头，会同法律事务、工程管理、质量管理、安全管理、投标报价人员、合同谈判人员等相关人员。

（2）接受交底人：项目经理、合约商务经理等项目部主要管理人员。

（3）交底依据：发包人的资信情况、招标文件、投标文件、答疑文件、现场踏勘记录、谈判策划书、合同评审记录、总包合同及与施工合同有关的其他文件。

（4）交底要点：发包人的资信状况、承接工程目的、项目背景情况；投标策略、投标报价分析、预计主要盈亏点等；合同谈判过程中重点考虑的主要风险点、双方的争议焦点、谈判策划及谈判结果；合同评审中已明确需要调整或修改的内容，经协商后仍未作调整或修改的条款；合同的主要条款，包括但不限于承包范围、质量、工期、工程价款及支付条款、材料设备供应、双方权利与义务、设计变更、工程结算办法、违约责任、总分包责任划分、履约担保、保修范围、合同解除和终止、合同履行中的主要法律风险及履约过程中应重点关注的其他事项等。具体形式见表1：

表1：合同交底示范表

序号	主要风险项	合同约定	谈判情况	分析与应对措施
1	工期			
2	工程价款及支付条款			
3	双方权利与义务			
4	工程结算办法			
5	总分包分供责任划分			
6	合同履行中的主要法律风险			
7	……			

（5）交底的注意事项：合同一级交底应形成书面交底记录（合同一级交底书），参加交底人员在交底书上签字；合同一级交底书一式两份，公司合同管理部门与项目部各存一份；合同管理部门应做好一级交底台账记录。

2. 二级交底

项目部在接受公司总部的一级交底后，在认真理解一级交底内容的基础上，结合项目的特点、施工组织设计及现场具体情况，组织对全体管理人员进行合同二级交底。

（1）交底人：项目主要负责人为第一责任人，可由项目合约商务经理（法务经理）具体实施。

（2）接受交底人：项目全体管理人员。

（3）交底依据：合同文件、经发包人批准或监理批准的施工组织设计、监理合同、设计图纸情况、勘察资料、一级交底记录、现场具体条件、环境情况及项目目标责任书。

（4）交底要点：总包合同中关于承包范围、质量、工期、工程款支付、分包分供许可、材料供应、人员到位、资料管理、函件管理和违约责任等方面的约定，重点说明履约过程中的主要风险点，确定主要责任人员、主要应对措施和处理时间等；根据项目目标责任书的规定，向项目部全体管理人员说明除了应当满足总包合同约定外，项目还应满足质量、环境、职业健康安全的目标责任要求，并实现公司内部的其他管理要求；签证索赔的有关事项和时限，交底说明发包人、监理的权限，重点说明签证办理的时间要求、审批权限、格式及签章要求，确保履行过程中文件的合法性；其他风险，包括但不限于劳务用工风险、安全风险等有关事项及处理时限，说明劳务用工的管理标准和要求、出现劳务用工风险的应对措施。

（5）交底中的注意事项：合同二级交底应形成书面交底记录（合同二级交底书），参加交底人员在交底书上签字；合同二级交底书在项目商务管理部保存一份原件，并报公司合同管理部门备案，合同管理部门应做好二级交底台账记录。

二、合同法律风险管理策划制度

（一）法律风险管理策划

项目法律风险的综合管理是指项目主要负责人作为项目法律风险第一责任人，项目风险管理工作由项目部的专、兼职风险管理人员具体牵头实施，项目部全体管理人员共同参与，针对项目法律风险的预防和处理的一项综合性管理工作。在公司组织的一级交底的基础上，由项目的专职、兼职风险管理人员起草编制《项目风险管理策划书》，报所在项目部主要负责人和公司法务管理部门审核，由总法律顾问审定，并由项目部根据审定的《项目风险管理策划书》要求组织实施。

（二）法律风险管理策划内容与实施

1. 风险管理策划内容

（1）合同风险识别。根据合同一级交底情况，针对合同主要条款作识别与分析，包括但不限于对工程质量、安全、工期、价款、付款方式、保证金、验收、结算、保修等各种风险统计和分类。

（2）建立合同风险控制机制。针对合同中已识别的主要法律风险，制订风险控制对策与目标，并落实相关责任人员，报请项目负责人审批后实施。

2．风险管理策划的组织和实施

（1）《项目风险管理策划书》经批准后，由项目部专、兼职风险管理人员参与建设工程施工合同二次交底；有条件的项目部可由项目部专、兼职风险管理人员牵头组织二次交底工作。《项目风险管理策划书》作为项目二次交底的重要组成部分。

（2）根据《项目风险管理策划书》的要求交底和实施，策划内容按项目部岗位职责分解到项目岗位责任书中，项目部风险管理人员负责对策划书动态管理，并及时调整。

三、合同法律风险的过程管理

（一）合同法律风险动态监控

1．合同法律风险动态管理是指在制作完成《项目风险管理策划书》后，由项目专、兼职风险管理人员负责对项目风险管理分类整理，建立风险动态监控管理机制，按月、季和年度制作完整的"风险动态变化台账"，及时更新并向公司风险管理部门报送风险变化情况。如表2所示。

表2：风险动态变化台账

序号	风险因素	风险情况综述	责任部门及人员	拟应对措施	风险等级	变化情况	备注
1.	工期						
2.	质量						
3.	工程款						
4.	设计变更						
5.	……						

2．项目专、兼职风险管理人员负责对策划全程动态管理，当外部条

件发生变化时，相应的策划内容也需要对应地做出调整，并及时做好调整记录。

3. 项目专、兼职风险管理人员每月按期制作《风险动态变化表》报送至公司风险管理部门或合同管理部门，《风险动态变化表》中应当对当期策划完成情况总结，制定下月策划实施重点及相应调整措施，落实相应责任人员。

（二）合同法律风险防范的动态监控责任划分

1. 项目部每月生产例会或成本分析会上应对当期的风险情况分析和通报，对当期策划完成的情况总结，制定下月策划实施和控制的重点。

2. 项目部应将相应的风险分类，划归相应责任部门处理，根据各项目风险内容制定责任目标、责任人员和责任时间，责任人员定期整理和分析；对于重大风险内容应召开专题会议专题研究，在必要情况下，可由项目部与相关责任人员签订单项责任状，制定奖惩办法。对于重大的风险管理，可作为责任人员的月、季或年度的绩效考核内容。

（三）合同法律风险管理的报告、考核与总结

1. 在项目的实施过程中，项目部应当按季、半年或年度制作项目的《风险评估报告》，并报送至公司风险管理部门或合同管理部门；对于突发性风险，项目部应立即制作《风险评估报告》，并报送至公司风险管理部门或合同管理部门。

2.《风险评估报告》反映的重大法律风险或需公司协商解决的事宜，由公司风险管理部门或合同管理部门针对项目部报送的《风险评估报告》出具法律意见报送公司总法律顾问审批后实施，及时协调项目部化解风险。

3. 项目竣工验收合格后，项目部应整理完备的工作计划、工作记录、项目风险管理资料，并最终形成书面的风险管理总结报送至公司风险管理部门或合同管理部门。

4. 项目结算完毕或项目竣工验收合格6个月后，公司组织风险管理

部门及时对项目的法律风险管理的策划、实施和成果全面考核，落实奖惩制度。在条件允许的情况下，可在项目实施过程中作季度考核。

四、项目法律顾问制度

项目法律顾问制度是中国建筑结合本行业特征与企业实际而在法律管理方面作出的一大创新与贡献。项目法律顾问制度具体指在一线项目层面设置法律顾问、法务经理、法务联络员岗位，在企业法律事务部门的指导下开展法律事务工作。项目法律顾问主要由企业委派，由企业法律事务岗位人员担任，采取常驻项目或定期赴项目的方式，全面开展项目法律事务工作。项目法务经理、法务联络员主要由项目商务管理岗位人员在接受法律培训后担任，主要进行项目与企业之间法律事务工作联络和法律文书资料管理等基础性工作。

项目法律顾问制度的矩阵式工作模式非常符合企业实际，且有利于法律事务工作融入项目生产经营过程，避免工作浮于表面、"两张皮"问题。项目法律顾问、法务经理、法务联络员岗位人员一方面对企业法律事务部门负责和报告工作，接受企业法律事务部门的指导和监督；另一方面，项目法律事务岗位人员工作纳入项目工作流程，向项目经理提出工作意见、建议及报告工作，接受项目经理具体工作安排指派。

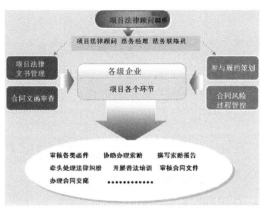

图1：中国建筑项目法律顾问制度结构图示

项目法律顾问制度的创立与中国建筑所处的行业特点密不可分。对建筑行业来说，工程项目是企业基本组成单元，是效益的来源，也是风险的源头。工程合同一般履约期长、履约过程中各方合同法律关系复杂，这些因素决定了工程项目内在的、固有的法律风险特征，这就要求企业加强工程项目合同法律事务管理。另外，我国当前建筑市场尚不规范，发、承包双方地位不平等，这个不平等体现在工程施工承包合同中，对施工承包人来说一般合同条件都比较苛刻，也增加了项目合同法律风险。

针对这个行业特点，中国建筑把从源头控制风险、保障履约、合理增效、提高全员法律意识作为出发点，创造性地建立了项目法律顾问制度。公司结合企业实际，建立了项目法律顾问、法务经理、法务联络员工作机制，通过完善制度和机制，保障法律事务工作从企业机关延伸到广大项目一线，法律管控及服务融入企业生产经营的过程中。

（一）明确项目法律事务工作的范围与标准

项目法律事务工作体系架构主要为两种类型：

第一种类型，在法律风险比较大的项目设法律顾问，项目法律顾问作为企业专业法律人员，负责协助项目全面开展项目合同法律风险防范管理工作。在传统的施工工程项目中，中国建筑对第一层面的界定为："合同额3亿元以上的项目；因合同法律关系复杂、合同条件苛刻或工程施工过程中发生重大变化，项目合同法律风险比较突出的项目"。中国建筑改制上市后，各类投资项目大量增加，而投资项目比传统施工承包项目有更为复杂的法律关系和风险，公司决定各类投资项目均属于第一层面，要求设置项目法律顾问，具体包括房地产投资项目、基础设施融资建造、房建工程融资建造及其他投资项目。鉴于各单位情况不同，制度同时灵活规定各级企业可以在不低于上述标准的情况下，根据本企业实际情况制定设置项目法律顾问的具体标准。

第二种类型，对项目商务经理进行一定的法律知识培训，由其兼任法务经理；项目较小、未设商务经理的，由项目合同管理岗位人员兼任法务联络员。中国建筑工程项目按管理规范和内控要求，在工程项目普遍设置了商务经理岗位，商务经理同时兼任法务经理，结合本职工作开展法律事务相关工作。项目法务经理及法务联络员作为兼职岗位因受精力和专业限制，主要作项目基础性的法律事务工作。

另外，这两种类型在一定情况下也可以结合运用，即在一个项目中既设置项目法律顾问，又设置项目法务经理或法务联络员，以达到综合防控项目法律风险的目的。

（二）明确项目法务人员的选任条件与程序

1. 项目法律顾问的选任

公司规定，项目法律顾问岗位人员需具备企业法律顾问执业资格或法律职业资格，或满足法律专业毕业、在建筑施工企业工作三年以上的条件。考虑到当前阶段企业法律人才仍比较缺乏的现状，同时灵活规定虽不符合以上条件，但有相应工作能力的，可以暂任为项目法律顾问助理。公司内部法律顾问人员不足、不能胜任，或因公司与项目分处两地，不便开展项目法律顾问工作的，公司可以聘请社会律师等担任项目法律顾问。对投资项目来说，除满足以上条件，还应当熟悉宏观经济政策和投资相关法律，具备一定投资建设项目专业管理基本知识和能力。规定企业对项目发文任命项目法律顾问，保障项目法律顾问工作有章、有序开展。新承接的项目，企业在项目经理部成立1个月内完成发文任命程序。另考虑到企业法律人员数量不足的问题，规定项目法律顾问可以兼任，但同一名法律人员不得同时兼当超过三个项目的法律顾问。对投资项目来说，一名法律人员只能担任一个城市综合体开发项目的法律顾问，房地产投资类不能兼任超过两个项目。公司可以根据项目情况决定设置项目总法律顾问、执行法律顾问等多层级的项目法律顾问岗位。项目总法律顾问一般可由公司总法律顾问或者法律事务部门负责人担任。

2. 项目法务经理、法务联络员的选任

项目法务经理直接由商务或合约经理兼任。项目法务联络员的选任

基本条件适度放宽，要求须在工程项目工作满两年，一般不能由刚毕业的学生来担任。符合这个条件的，由项目推荐，公司法律部门审查确定。项目法务经理和法务联络员岗位人员在项目施工管理过程中进行岗位调动的，须征求公司法律事务部门的意见。

（三）明确项目法务人员的权责与工作方式

1. 项目法律顾问的工作职责

项目法律顾问对公司负责，就工程项目管理从合同法律风险防范角度提供法律专业服务和指导，向项目部提供法律专业意见和建议，并具体履行下列职责：开展项目法律文书管理，对项目施工管理过程中发生的重要的合同文件、往来函件等审查，参与起草制定有关合同法律文件，指导收集整理、建立法律文书资料案卷，定期评估项目法律风险；对项目合同法律风险及应对措施分析，参与起草、编写合同履行策划书，指导建立项目合同法律事务管理工作流程；开展与项目生产管理有关的法律咨询，及时收集提供有关法律信息；参与处理项目重大风险事件及有关经济纠纷事宜，提供法律专业意见，防范发生法律纠纷特别是被诉案件；协助项目索赔及反索赔管理，参与制定索赔及反索赔方案以及有关具体工作；组织开展普法工作，进行法律宣传和培训，提高项目管理人员法律意识；办理项目其他有关法律事务。

2. 项目法务经理、法务联络员的工作职责

项目法务经理和法务联络员职责按务实、简要、易行的原则设置，主要为两个方面的基础工作：一是法律文书管理工作，即从法律风险防范角度进行有关合同文件及函件资料的法律审查，起草制定、收集整理以及建立法律文书案卷等。他们从法律风险防范角度，有章有序地去做这些资料的管理工作，就有可能从整体上解决工程项目合同履约资料缺失混乱这个最基本的法律风险问题；二是就法律风险事件及时向企业法律事务部门报告，我们在制度中规定法务经理及法务联络员至少每月向企业作一次书面报告，日常及时向企业法律部门报告法律风险事件。这

样做保障了企业对项目法律风险的及时了解和介入，改变了对工程项目风险信息了解滞后和被动介入的状况。需要说明的是，由于兼职法务经理和法务联络员一般都不是法律专业，对其工作的法律精准性不作要求，这与对项目法律顾问的要求有较大区别。

3. 项目法务人员的工作职权

项目法务人员享有下列与履行职责有关的权利：根据工作需要了解工程项目生产管理情况信息，查阅有关文件资料，询问有关岗位人员，参加有关会议；对项目不符合法律法规的行为提出纠正意见和建议；项目或公司对提出的意见或建议不予采纳，可能造成重大经济损失的，可以向公司或上级公司反映。相应工作职权，对项目法务人员提出以下方面工作要求：对所提出的法律意见、起草的法律文书以及办理的其他法律事务的合法性负责；加强学习工程管理专业知识，深入了解项目实际情况，尽量结合项目实际提供有操作性、建设性的法律意见；保守公司及项目商业秘密。

4. 项目法务人员的工作方式

在工作方式要求上，项目法律顾问一般应定期赴项目现场工作，有条件的应参加项目工作例会。项目与公司机关不在同一地区的，项目法律顾问可以通过电话、电子邮件、传真等方式灵活机动地开展项目法律事务工作，加强与项目的联络，保证项目法律顾问职责的履行。公司也可以根据需要派出法律顾问驻项目开展工作。项目法律顾问与项目法务经理及法务联络员之间工作定位为工作协调配合关系，但项目法律顾问从法律专业方面对项目法务经理及法务联络员进行业务指导。

（四）建立多层级长效培训机制

项目法务经理和项目法务联络员大多不是法律专业出身，对相关法律专业知识一般比较缺乏，因而对他们需要加强培训，这是做好项目法律事务工作的必要条件。中国建筑将项目法务人员培训作为推动开展工程项目法律事务管理的重头戏，建立了多层级、多种形式的、常规培训与个别辅导相结合的、长效的培训机制。

中国建筑总部负责建立公司系统项目法律事务常规培训机制，二级企业负责建立本单位常规培训机制，并保证一定的培训强度，年度培训工作方案需向总部备案。三级及以下企业直接管理项目，以个别辅导培训方式为主。2007年以来，中国建筑总部以及各二级企业每年都分别举办针对项目法务人员的集中交流培训，培训内容涉及法律知识、案例分析、项目管理等，对一线项目法务培训覆盖面达到100%。针对培训对象不同，培训内容相应有所侧重，表现在：对法律人员侧重项目管理理论知识及商务操作实务培训，对项目商务人员侧重法律理论知识及操作实务的培训。

（五）建立项目法务工作考核激励机制

为检查项目法务工作是否落实到位，项目法务工作是否为项目法律风险防范发挥作用，中国建筑建立了项目法务考核机制。考核工作的目的就是通过对一线工程项目进行全面考核，切实落实每个项目法务岗位人员的职责，切实发挥项目法律事务工作体系风险防范作用。

第四章
竣工验收、结算与保修

第一节　竣工验收

一、竣工验收的定义

所谓竣工验收，是指工程完工以后，承包人自检合格后，向发包人提出竣工验收报告，由发包人组织勘察、设计、监理、施工等单位及专家验收并签署验收合格证明的过程。

实践中，一般说竣工，多是指竣工验收。"竣工验收"与"完工"不同，对承包人来说，按合同约定完成工程所有工作内容，达到竣工验收条件，等待发包人、质量监督部门验收的状态即是完工。

二、竣工验收的法律意义

按《房屋建筑工程和市政基础设施工程竣工验收暂行规定》（2000年），竣工验收是由发包人对符合竣工验收要求的工程，组织勘察、设计、施工、监理等单位和其他有关方面的专家及工程质量监督机构对工程验收，即行业内通常所说的"四方验收"。从合同法上讲，完工是承包人严格按照合同完成约定义务的行为，是承包人取得合同相对方（发包人）工程款的对价行为。竣工验收是发包人对承包人按合同约定完成的工作检查认可的行为。

竣工验收具有以下法律意义：①竣工验收标志了发包人、质量监督部门对承包人合同义务完成及工程质量的认可；②竣工验收标志了承包人合同义务的完成，双方进入到工程结算与移交阶段；③竣工验收区分了工程的施工阶段与保修阶段。在竣工验收前，承包人的施工行为是取得合同工程款的对等义务，在竣工验收后，承包人的施工行为是履行保修义务，取得工程保修金的对等义务。

三、竣工日期的相关问题

由于工程项目建设时间一般比较长，验收环节、手续比较多，合同双方对工程何时竣工经常达不成一致意见。涉及纠纷时，确定工程的实际竣工日期非常关键，具有重要的法律意义，将在很大程度上影响工期是否违约、工期奖罚数额、工程款利息数额等的认定。

工程实际竣工日期的确认原则：如果经双方签字确认竣工日期的，应以双方确认的日期为竣工日期。当双方对实际竣工日期有争议的，最高人民法院《解释》第十四条规定，应分别情况进行处理：（一）建设工程经竣工验收合格的，以竣工验收合格之日为竣工日期；（二）承包人已经提交竣工验收报告，发包人拖延验收的，以承包人提交验收报告之日为竣工日期；（三）建设工程未经竣工验收，发包人擅自使用的，以转移占有建设工程之日为竣工日期。

作为承包人，在竣工方面应注意以下几点：

第一，建设工程竣工，不仅是验收合格，还包括向发包人移交完整的工程技术资料等竣工资料。

第二，延期竣工时的诉讼时效起算。比如，发承包双方在施工合同中约定了竣工日期，但承包人实际竣工日期比合同约定的竣工日期晚了一年甚至更长时间。发包人起诉要求按合同约定追究承包人逾期竣工的违约责任。承包人能否认为，发包人在合同约定的竣工日期那天就知道或应当知道工程没有竣工侵害了自己的权利，诉讼时效应当从合同约定的竣工日期起算，至发包人起诉时已经超过两年的诉讼时效，进而驳回发包人的要求。司法实践中一些法官认为，由于承包人违约的状态一直在持续，究竟承包人违约多少天，发包人要等工程实际竣工时才能计算出来，故诉讼时效的起算点应是工程实际竣工之日，而不是合同约定的竣工日期。[1]

第三，工程体量很大的项目，虽整体可能逾期竣工，而发包人同意先行接受已完工程的，承包人只承担未完部分工程的逾期违约责任。

第二节　结算

一、结算的程序与分类

结算是指"竣工结算"，即建设工程合同双方就工程合同价款进行最后计算、协商并确认的过程。竣工结算的程序一般包括三个步骤：第一，工程竣工验收合格后一定时限内，承包人向发包人报送竣工结算报告及完整的结算资料；第二，发包人收到承包人递交的竣工结算报告及结算资料后进行核实，给予确认或者提出修改意见；第三，双方确定无异议后确认结算结果。为规范竣工结算过程及提高结算效率，防止发承包双方恶意拖延结算时间，应在合同中明确约定承包人报送结算资料的时间与发包人核实确认结算的时间。原国家建设部、国家工商行政管理局制定的《建设工程施工合同》（示范文本1999版）通用条款第三十三条规定，承包人报送结算资料的时间和发包人核实确认结算的时间均为28天。《建设工程价款结算暂行办法》第十四条，明确规定了发包人对不同规模项

[1] 黄松有：《最高人民法院建设工程施工合同司法解释的理解与适用》，北京：人民法院出版社，2004年11月第1版，第141–142页。

目进行核对（审查）并提出审查意见的结算审查时限，最长时限不超过60天。

结算、年度结算等。预结算和进度款结算，都是在工程进行过程中，为了计算中间付款数额而进行的中间结算，一般不作为最后结算依据。

二、结算的法律意义

建设工程施工合同与其他合同的一个明显不同之处，就是需要一个复杂的结算环节来确定合同最终价款数额。一般的买卖合同、租赁合同、承揽合同等合同，合同价格在合同履行过程中基本固定，合同标的物的数量在合同订立时基本确定或即使不确定也没有关系，最后成交的标的物量价之和能比较清楚得出，合同的价款计算比较简单，一般不会产生很大争议。在建设工程施工合同中，由于工程项目一般体量比较巨大，承包人的施工行为及过程非常复杂，涉及人工、材料与机械设备等。其工作内容的量化需要具有专业知识的不同领域专业人员分工合作完成，包括有土建工程造价专业人员、安装工程造价专业人员、装饰装修造价专业人员等。同时，一般施工合同履行周期（即工期）比较长，合同价格在整个合同履行过程中经常会发生变化，需要分情况确定具体价格或调整价格。再者，施工合同的标的额一般都比较大，对合同工作内容的不同认识，对合同履行期间价格变化的不同看法，对其中单项价格的不同计算方法，均会且很容易在最后合同价款确定过程中产生不能忽视的价款差额。另外，施工合同履行期间，经常会发生设计变更、洽商索赔等合同外价款，需要专门确定并计入最终合同价款中。建设工程施工合同以上几个特点，决定了合同履行中结算环节的存在必要性和重要意义。

结算具有以下法律意义：

1. 结算是建设工程施工合同履行期间不可缺少的一个环节，如果缺少结算环节，整个施工合同将不能履行完毕。

2. 按相关规定，办完竣工结算是工程交付使用，办理权属登记的前提。建设部与财政部联合印发的《建设工程价款结算暂行办法》第二十一条规定，工程竣工后，发、承包双方应及时办清工程竣工结算，否则，工程不得交付使用，有关部门不予办理权属登记。为解决建筑行业工程款拖欠问题，有不少省市将竣工结算情况表作为竣工验收备案必须提交的资料之一。

3. 一般来说，工程价款结算的完成是承发包双方合同价款，即工程价款数额的确定，是发包人债务数额的固定，也是承包人债权数额的固定。在建筑行业内，未结算项目的拖欠是发包人拖欠承包人工程款的一种主要形式。结算一旦完成，就不能再以债权债务数额未确定为由拖延支付。

4. 结算完成时间一般也决定了拖欠的工程价款利息的起算日期。一般来说，结算完成后双方的应付工程款数额确定，付款时间按合同约定执行，未按时付款的开始起算拖欠利息。但合同对付款时间没有约定或约定不明的，提交竣工结算文件之日亦可作为利息起算时间。

5. 在施工合同中明确约定取得竣工验收备案证是付款条件之一的，如未取得或未按期取得验收备案证，承包人请求支付工程款将不被法院支持，有可能还须赔偿误期违约金。[1]

三、竣工与结算的关系

竣工是结算的前提，结算是付款的依据。从合同法角度来讲，结算一般是合同双方就合同标的最终价款达成一致的合意行为，是使合同标的价款固定、明确的双方行为，是合同双方的义务。如双方就结算达不成一致意见，往往由第三方机构进行造价争议调解，或诉诸法律在诉讼

---

[1]《最高人民法院关于审理建设工程施工合同纠纷案件适用法律问题的解释》第十八条规定，利息从应付工程价款之日计付，当事人对付款时间没有约定或者约定不明的，下列时间视为应付款时间：（一）建设工程已实际交付的，为交付之日；（二）建设工程没有交付的，为提交竣工结算文件之日；（三）建设工程未交付，工程价款也未结算的，为当事人起诉之日。

中以司法造价鉴定方式解决。

第三节　竣工结算资料的移交

一、竣工结算资料移交的时限和签收

在工程具备竣工验收条件时，承包人应按国家工程竣工验收有关规定，向发包人提供完整的竣工资料及竣工验收报告。工程竣工验收合格后，承包人应当在合同约定期限内提交竣工结算报告及完整的竣工结算资料。结算资料是施工单位编制决算书的依据，同时也是建设单位审核批准或委托的中介审价单位审价的依据。因此，承包人送交完整的结算资料非常重要。根据建设工程的实际情况，一份完整的结算资料通常包括：竣工结算报告书、施工合同、补充协议、招标文件、投标报价、中标通知书、设计施工图、竣工图、图纸会审纪要、施工组织设计、洽商变更、涉及工程价款的签证资料等。

竣工结算资料移交的时限以施工合同约定为准，如果发承包双方采用的是《建设工程施工合同（示范文本）》（GF-1999-0201），则承包人向发包人递交竣工结算报告及完整的结算资料的时限为工程竣工验收报告经发包人认可后28天内。目前，法律法规对竣工结算资料移交的时限未做明确规定，仅在建设部发布的《建筑工程发包与承包计价管理办法》中规定"若施工合同对提交竣工结算资料的期限未约定，可认为约定期限为28天"，但此《办法》系部门规章，其效力低于法律法规，能否直接适用尚值得商榷。为避免工程结算久拖不决，建议在签订施工合同时，对此期限做出明确约定或在合同中约定适用《建筑工程发包与承包计价管理办法》。

竣工结算资料移交的时限，对发包人审定期限的起算等有着至关重要的意义。因此，应确保竣工结算资料送达时有发包人方的签收。为避免事后的相互扯皮，承包人在送交结算资料时，应当在结算报告上分别写明送审资料的编号、名称、页数及送审结算总额，并写明"送审资料齐全"，同时要求发包人有资格的人员签收或加盖发包人单位公章。此处的签收人可以是合同中约定的发包人代表或发包人另行授权的签收人。但实践中签收人可能另有其人，因文件的签收只表示收到相关文件并不等于认可或确认文件的内容，在合同对签收人无明确约定时，只要是发包人负责工程的相关人员或者授权签收的代表签收，均可视为发包人已经收到相应文件。但这并不代表发包人任一工作人员的签收均能起到送达的效果，实践中对承包方报送给发包人的相关资料，签收人可能为发包人的资料员，甚至前台人员等，若发包人方对上述人员的行为不予认可，则承包人将难以举证竣工结算资料已送达。

遇到发包人拒绝签收竣工结算资料的情况时，若合同中有约定可以邮寄送达的，则挂号信和特快专递都应视作有效的送达方式，但是挂号信和特快专递送达对方的是什么文件往往产生争议，因此，可以采取公证送达的方式送达。公证送达，是指在送达竣工结算资料时，同时邀请公证处两名公证人员一同前往，一旦发生发包人拒签的情形，由公证人员在送达回证上记明拒收事实并签字作证，而后将相关材料留置于发包人处，从而完成送达。如果是异地发送文件还可以采取"挂号办公证"的方式，即在寄挂号信的同时办理公证，由公证人员将寄信人、收信人、寄信时间、寄出材料内容等记载于公证书上，同时将寄出文件的复印件和挂号凭证附于公证书内。

二、发包人对竣工结算资料的审定期限

目前我国工程竣工结算的流程是：工程竣工验收之后，由承包人编制工程竣工结算报告和结算资料，并报送至发包人自行或者委托审价单位对竣工结算报告审价，审价结论经承包人认可后作为支付工程款的最终依据。实践中发包人可能对承包人递交的工程竣工结算报告和结算资

料迟迟不予答复，或者以"工程造价结算未能审定"为由拖延结算和付款。因此，明确发包人对竣工结算资料的审定期限，对承包人及时回收工程款尤为重要。

在我国现行的法律、行政法规当中，对工程竣工结算问题未见具体的、有针对性的规定。仅在建设部第107号令《建筑工程发包与承包计价管理办法》及财政部、建设部《建设工程价款结算暂行办法》中对竣工结算的程序、审核期限等做出了规定。《建筑工程发包与承包计价管理办法》对工程竣工结算程序规定了五个期限，分别为：①承包方应当在工程竣工验收合格后的约定期限内提交竣工结算文件；②发包方应当在收到竣工结算文件后的约定期限内予以答复；③发包方对竣工结算文件有异议的，应当在答复期内向承包方提出，并可以在提出之日起的约定期限内与承包方协商；④发包方在协商期内未与承包方协商或者经协商未能与承包方达成协议的，应当委托工程造价咨询单位进行竣工结算审核；⑤发包方应当在协商期满后的约定期限内向承包方提出工程造价咨询单位出具的竣工结算审核意见。该《办法》同时规定，发承包双方在合同中对上述事项的期限没有明确约定的，可认为其约定期限均为28日。

《建设工程价款结算暂行办法》对工程竣工结算的审查期限作了更为细化的规定。根据该《办法》，单项工程竣工结算时，发包人应根据结算报告金额的大小，从接到竣工结算报告和完整的竣工结算资料之日起一定期限内审查完毕。其中竣工结算报告金额在500万元以下的，发包人的审查时限为20天；竣工结算报告金额在500万元—2000万元之间的，发包人的审查时限为30天；竣工结算报告金额在2000万元—5000万元之间的，发包人的审查时限为45天；竣工结算报告金额在5000万元以上的，发包人的审查时限为60天。建设项目竣工总结算在最后一个单项工程竣工结算审查确认后15天内汇总，送发包人后30天内审查完成。

但由于《建筑工程发包与承包计价管理办法》及《建设工程价款结算暂行办法》既不是法律，也不是行政法规，而属于部门规章，不能直接作为人民法院的审判依据，所以两《办法》本应发挥的积极作用在实践中受到很大限制。但两《办法》的规定为承发包双方在合同中约定竣工资料的报送和审查期限起到了很好的指引作用，为避免工程竣工结算久拖不决，在签订施工合同时，承包人可参照两《办法》的规定约定工程竣工结算程序及相关期限。另外，为防止建设工程优先受偿权的丧失，承包人应在合同中对结算资料送审时间的约定最长不超过 6 个月，同时对发包人超过约定期限未予答复的后果也明确约定。

三、发包人拖延结算的应对措施

发包人故意拖延造成工程竣工结算难的现象在建筑行业非常普遍，部分实力不强、资信不佳的发包人，尤其是某些小的房地产开发商为缓解自身资金压力，无偿占用承包人资金，往往采用拖延结算办理时间、增加办理难度的手段来拒付或缓付工程款。另外，因为发包人对成本控制不力使工程造价上升，超出建设单位的预算，承包人在建设过程中管理不善使工程质量和使用功能无法满足建设单位需要等原因，也可能造成发包人故意拖延。

此类工程竣工结算难主要表现为以下几种形式：

1. 延长审价时间。发包人在收到承包人的结算报告后，对审价或委托审价往往不及时，审价时间通常少则半年，多则一年，甚至更长时间。审价机构在接受发包人委托后，也迟迟不予审结。由此导致工程竣工结算无期限拖延，工程竣工结算长期无法办理。

2. 提高审价目标。在审价过程中，一方面，发包人为了降低建设成本，审核的尺度往往比较严厉和苛刻，对承包人报送的结算报告发包人总是认为高估多算，水分太多，要求审价单位反复审价，甚至设定审减比例。另一方面，承包人在施工管理过程中出现漏洞，致使工程签证、索赔资料、认价单等资料办理不及时或者不规范，发包人便利用此漏洞否认。因此，双方在结算金额上难以达成一致，使工程竣工结算工作转入到长期的谈判过程中。

3. 审价、审计不分。如果发包人的资金是国家进行投资的，在结算过程中还要另行编制一份工程决算报告报国资委进行审计。某些发包人往往故意混淆审计与审价的含义，以工程造价正在审计为由拖延结算。

为应对发包人拖延结算，承包人可从以下几个方面入手：

1. 施工合同约定应全面、具体，并约定"默示推定条款"。由于法律法规均未对工程竣工结算作出有针对性的规定，工程结算过程中最重要的依据便是发承包双方签订的施工合同。前文已经提到明确约定发包人对竣工结算资料的审核期限对承包人的重要性，除此之外还应约定"不予答复视为认可"的"默示推定条款"，以制约发包人拖延结算的行为。

最高人民法院《解释》第二十条规定："当事人约定，发包人收到竣工结算文件后，在约定期限内不予答复，视为认可竣工结算文件的，按照约定处理。承包人请求按照竣工结算文件结算工程价款的，应予支持。"适用此条规定应具备三个条件：一是约定"结算答复期限"，二是约定"逾期不答复视为认可结算"，三是发包人在"结算答复期限"内没有答复。本条解释的实质是合同责任，是将当事人的意思自治用司法解释的形式固定下来。如果当事人在施工合同中未对"发包人逾期不予答复即视为认可"做出明确的意思表示，则不能起到直接适用该《解释》的效果。

2. 加强过程中的签证索赔，提交完整的结算资料。承包人在提交竣工验收报告的同时，也要提交竣工结算资料，而且要完整全面，避免因缺项、漏项造成发包人对结算资料不予认可。《建设工程价款结算暂行办法》规定的审查期限也是从提供竣工验收报告及完整的竣工结算资料之日起算的。除此之外，承包人在施工过程中应及时有效地签证、索赔，确保结算时对设计变更、签证和索赔事项要有明确的依据。

3. 行使履约抗辩权，暂不移交工程。一方面，如果合同中约定在发包人支付工程价款后，承包人将工程移交给发包人，则在发包人拖延结算的情况下，工程价款必然无法支付，承包人可以此为由不予移交工程。另一方面，承包人不移交工程对发包人会起到督促的作用，特别是一些房地产项目，发包人为避免向购房人延期交房会加快结算进程。但采取此条措施的时候应保留发包人拖延结算和付款的相关证据，防止因此承担违约或侵权责任。

4. 结算久拖不决时，及时诉诸法律。如果发包人一直拖延不予结算，双方对工程造价争议又无法达成一致的，为避免陷入僵局，同时也为避免丧失优先受偿权或超过诉讼时效，承包人可及时提起诉讼或仲裁，请求法院或仲裁机构指定具有司法工程造价鉴定资质的机构进行造价鉴定，同时请求确认承包人的优先受偿权。在确认工程价款之后，承包人还可以对发包人欠付的工程款主张逾期利息。根据最高院《解释》第十七条、第十八条的相关规定，发包人拖欠工程款的，承包人可以对欠付的工程价款主张利息。利息从应付工程价款之日计付。当事人对付款时间没有约定或者约定不明的，建设工程已实际交付的，应付款时间为交付之日；建设工程没有交付的，应付款时间为提交竣工结算文件之日；建设工程未交付，工程价款也未结算的，应付款之日为当事人起诉之日。

5. 明确审价与审计的区别，避免陷入发包人"圈套"。实践中，遇到发包人以工程正在审计或审计结果与审价结论不一致为由拒绝支付工程款时，承包人应了解相关法律的规定，维护自身合法权益。"审价"是指工程项目通过竣工验收之后，发包人和承包人依据合同、国家定额及工程有关资料在办理工程价款结算以前所作的审查、核对工作，是对建筑产品价格的认定。"审计"是指国家行政主管机关对基本建设项目的投资效益、投资质量、投资过程包括工程造价实行监督、评价。最高人民法院《关于建设工程承包合同案件中双方当事人已确认的工程决算价款与审计的工程决算价款不一致时，如何适用法律问题的电话答复意见》

规定：“审计是国家对建设单位的一种行政监督，不影响建设单位与承建单位的合同效力。建设工程承包合同案件应以当事人的约定作为法院判决的依据。只有在合同明确约定以审计结论作为结算依据，或者合同约定不明确、合同约定无效的情况下，才有可能将审计结论作为判决的依据。”

第四节　结算管理

一、结算管理职能与分工

项目结算管理可以分为企业总部、项目部两个管理层级，有的还分为企业集团总部、企业分公司（子公司）、项目部三个管理层级。企业总部机关（包括企业分公司或子公司机关）在结算管理方面的主要职能有：制定企业全面的结算管理制度、统计分析企业全面的项目结算情况、监督和指导下属单位的结算管理等；项目部在结算管理方面的主要职责是：负责本项目的结算管理，按时按质完成上级结算管理机构下达的结算指标。

施工企业的结算管理，主要是合约商务业务系统的职责，也会涉及企业其他职能部门，需要多个业务部门配合完成。有些竣工项目，由于各种各样的原因，发包人会拖延结算很长时间（有的达两年以上），有的甚至协商结算明显无望（双方结算差距较大或其他原因），需要采取法律手段来促进结算，以司法造价鉴定的形式确定结算数额。这个情形下，需要企业法律系统、财务系统、工程系统等与合约商务系统一起配合完成。

二、结算管理方法

一般来说，结算管理的方法包括结算责任制、指标管理、动态管理。

结算责任制是指将项目结算的任务分解到具体的责任人，并签订目标责任书，明确责任人的具体权责，明确任务完成的奖励机制和未完成的处罚措施。结算责任制是项目目标责任制的一部分，可以作为项目目标责任书的内容之一签订，也可以单独签订结算目标责任书。结算指标管理是指结算管理部门制定分类的结算时限目标和数额目标，并监督落实。施工企业为了控制应收款项总量，加快回收工程款，可以按竣工时间距离制定项目结算率指标，比如竣工半年的项目结算率达到60%，竣工一年的项目结算率达到80%，竣工两年的项目结算率达到100%等。施工企业根据企业自身资金情况、经济实力、承接项目的商务条件和企业管理水平等，制定符合自身实际的结算指标。对项目部的结算指标管理，还可以下达具体的结算数额指标，比如明确结算底线数额，约定底线数额完成与否的奖惩措施，激励项目部较早较好完成项目结算。用动态管理方法结算管理，是指下达结算目标后，结算管理部门定期跟踪结算进程，统计分析结算整体情况，查找结算过程中的问题，并作针对性的改进和纠偏，确保目标完成的动态控制方法。在施工企业的结算管理中，以上三种方法一般是综合起来运用。

第五节　竣工结算中常见问题法律分析

一、合同效力、工程质量对结算的影响

由于建设施工合同的特殊性，建设施工合同如被认定为无效，并不必然导致恢复合同订立前状态的结果，包括返还所支付的款项，退还合同标的物等。[1]相反，根据工程的质量情况，在合同被认定无效时，建筑

---

[1]《合同法》第五十八条规定："合同无效或者被撤销后，因该合同取得的财产应当予以返还；不能返还或者没有必要返还的应当折价补偿。"建设施工合同无效后，多数情况下属于建筑物不能返还的情形。

物常常需要折价补偿，建设工程的结算与价款可能仍然需要参照合同约定进行，或需要按实结算。合同效力与工程质量对工程结算和价款的影响大致有以下四种情况：

（一）合同有效且工程质量合格的结算

合同有效且工程质量合格，是合同双方的目标，对双方是共赢的，是最佳的结果。此种状态下的结算最不容易出现争议，工程款结算也相对简单，不会产生工程款是否支付的问题。合同关于工程结算与价款的约定是有效的，对双方均有约束力，双方严格按合同相关约定结算。在结算过程中，因合同关于结算、计价的范围、方法、程序具体的细化内容约定可能深浅不一，双方可能对最后的结算数额或过程中的部分结算数额容易产生分歧，但关于结算方法、结算范围等工程价款计算的原则性方面的约定是明确清楚的，工程价款的绝大部分能清楚计算，一般只有极少部分存在争议，最后双方协商确定即可。

合同有效且工程质量合格时的结算容易出现的争议，多是关于合同外工程的计价与结算问题，多是设计变更工程或洽商索赔导致的最终工程价款的增减问题。这部分价款结算纠纷是因为合同对这部分计价没有约定或约定不够具体，最后结算时双方仍达不成补充的一致意见。对于这种情况，最高人民法院《解释》第十六条对此有明确的处理规定，可以参照签订工程施工合同时，当地建设行政主管部门发布的计价方法或者计价标准结算工程价款。[1]

（二）合同有效但工程质量不合格的结算

工程质量不合格包括中间验收不合格、竣工验收不合格两种情况。本书所称的工程质量不合格是指竣工验收不合格，包括竣工验收后经返

---

[1]《最高人民法院关于审理建设工程施工合同纠纷案件适用法律问题的解释》第十六条：当事人对建设工程的计价标准或者计价方法有约定的，按照约定结算工程价款。因设计变更导致建设工程的工程量或者质量标准发生变化，当事人对该部分工程价款不能协商一致的，可以参照签订建设工程施工合同时当地建设行政主管部门发布的计价方法或者计价标准结算工程价款。

修多次仍不合格的情况。工程质量不合格，包括工程部分不合格和工程整体不合格。

合同有效情形下，工程质量不合格是指工程质量不符合国家强制性合格标准要求，即工程质量存在严重的问题，经修复后仍然不合格，不能发挥使用功能，没有利用价值。

这种情形下，承包人向发包人交付合格的建设工程的主要合同义务没有完成，致使发包人订立合同的目的无法实现，发包人不仅可以拒绝接收该工程，而且也可以不支付工程价款。承包人没有达到竣工结算的前提要求，无权向发包方要求竣工结算。

需要区别的是：由于建设部 2001 年颁布的《建筑工程施工质量验收统一标准》取消了原来施行的关于建设工程质量"优良"、"合格"的等级规定，统一规定为"合格"与"不合格"两种质量情况。而《建筑法》又明确规定了未经验收或验收不合格的工程不得使用。这样会出现，工程质量验收合格（达到国家强制性合格的最低标准）但未达到合同约定的质量创奖等更高质量要求的工程仍然可以投入使用。对此，工程结算仍应按合同约定结算，未达到创奖等更高质量要求的，除非是十分特殊的工程项目以外，均应视合同约定处理。有的合同约定质量创奖只是鼓励性约定，没有达到创奖要求不影响结算与价款。有的合同约定质量创奖是约束性约定，设定了奖罚条款，没有达到创奖要求则是承包人违约，按违约处理，在最后结算时，减少或扣除这部分的工程价款。

对于存在质量部分不合格情形的工程，应区分工程的合格部分与不合格部分结算。其合格部分应该依合同约定结算，不合格部分的价款不会得到支持。

（三）合同无效但工程质量合格的结算

实践中，很多成立甚至已履行的合同，常常会被法院认定为无效。在建筑行业中，由于国家强制招标投标和建设施工合同强制备案规定，经常会出现建设施工合同被法院认定为无效合同。导致建设施工合同无

中国建筑管理丛书

法律实务卷

效的因素，除存在与一般合同无效的因素相同之外[1]，还存在以下几种导致无效的特殊因素：

1. 承包人未取得建筑施工企业资质或者超越资质等级的；
2. 没有资质的实际施工人借用有资质的建筑施工企业名义的；
3. 建设工程必须招标而未招标或者中标无效的；
4. 承包人非法转包建设工程的；
5. 承包人违法分包建设工程的。

建设施工合同被认定为无效但工程质量合格的，依据《合同法》第五十八条规定应该折价补偿。如何折价补偿，最高法院司法解释采用的是参照合同约定工程结算和价款支付方式。[2]"参照合同约定进行结算和价款支付"如何理解？简单说，就是按合同关于造价的约定进行结算与价款支付。为什么司法解释的规定选用"参照"而不是"依照"或"按照"？按逻辑，合同有效时才可能产生"依照"或"按照"，而合同无效时是不存在"依照"或"按照"。考虑到合同有效状态与无效状态的结果是完全不同的，而又为了平衡合同无效时双方的利益，避免明显失衡，在某些情况下按照合同约定结算是合理的。因此，司法解释起草者选用了"参照"字眼。参照合同约定结算与按照合同约定结算是有细微差别的，当合同无效时存在非法所得的，会被司法机关收缴。施工单位在理解时应注意以下几个问题：第一，参照合同约定结算工程价款不代表认可了施工合同的效力，更不是将整个无效的施工合同有效化了，而仅仅

---

[1]《合同法》第五十二条规定了合同无效的五种法定情形：（一）一方以欺诈、胁迫的手段订立合同，损害国家利益；（二）恶意串通，损害国家、集体或者第三人利益；（三）以合法形式掩盖非法目的；（四）损害社会公共利益；（五）违反法律、行政法规的强制性规定。

[2]《最高人民法院关于审理建设工程施工合同纠纷案件适用法律问题的解释》第二条规定：建设工程施工合同无效，但建设工程经竣工验收合格，承包人请求参照合同约定支付工程价款的，应予支持。第三条规定：建设工程施工合同无效，且建设工程经验收不合格的，按照以下情形分别处理：（一）修复后的建设工程经竣工验收合格，发包人请求承包人承担修复费用的，应予支持；（二）修复后的建设工程经竣工验收不合格，承包人请求支付工程价款的，不予支持。

是没有直接否定合同关于造价方面的约定，要参照使用，间接造成合同关于造价的约定有效化了。[1]第二，参照合同约定结算的工程价款不仅仅是工程成本，还可能包括管理费、利润和税金等。第三，如果工程质量合格但无效合同中关于造价与结算的规定没有或者不够具体，则工程价款是按实结算。按实结算就是按定额计算。第四，工程质量合格但合同无效时存在非法所得的，须依法收缴。"非法所得"要视合同约定和具体情况来认定，与管理费、利润等不完全相等。第五，不论合同效力如何，工程质量合格对施工单位取得工程价款至关重要，施工企业须高度重视工程质量。

（四）合同无效而工程质量不合格的结算

据前文分析，合同无效时作为不能返还原物建设工程的处理措施是折价补偿，而折价补偿的前提是工程质量合格。如果工程质量不合格，根据《合同法》第二百七十九条和《建筑法》第六十一条的规定，工程不合格不得交付使用。工程不能交付使用致合同根本目的不能实现，工程也没有了使用价值，不存在折价补偿。

工程质量不合格造成损失的承担。一般来说，保证工程质量合格是承包人的主要义务，造成质量不合格的主要过错一般都在承包人。因此，质量不合格造成的损失一般都由承包人承担。但发包人对造成工程质量不合格有过错的，也应当承担过错责任。最高院《解释》第三条规定：因建设工程不合格造成的损失，发包人有过错的，也应承担相应的民事责任。

二、黑白合同的结算

"黑白合同"的存在有两个特点：第一，黑白合同现象只存在于按照法律规定实行强制招标投标的项目领域；第二，黑白合同是彼此同时存

---

[1] 司法解释规定参照合同约定结算也是平衡双方利益、维护建筑市场秩序的折中做法，具体参见黄松有：《最高人民法院建设工程施工合同司法解释的理解与适用》，北京：人民法院出版社，2004年11月第1版，第33-39页。

在的，没有"白合同"，就不存在"黑合同"。

对于工程项目存在"黑白合同"的结算，最高法院《解释》第二十一条规定，应当以备案的中标合同作为结算工程价款的根据。[1]承包人在理解黑白合同结算的司法解释规定时，应注意以下几个方面：

1. 最高人民法院《解释》第二十一条的规定，只对"黑白合同"能否作为结算依据上作了规定，并未直接判断"黑白合同"的效力，也没有明确确定"黑合同"无效。

2. "黑白合同"中两个合同在签订时间上有三种情况。即"黑合同"在"白合同"之前签订，"黑合同"与"白合同"同时签订，"黑合同"在"白合同"之后签订。对于后两种情形，双方签订"黑合同"的目的均在于规避中标合同，不影响对合同性质的认定，工程价款的结算仍应以备案的中标合同为根据。对于"黑合同"在"白合同"之前签订的情形，依据《招标投标法》第五十三条和《招标投标法实施条例》第四十一条规定，属于在中标之前的串标行为，中标是无效的，中标合同也无效。此处不涉及"黑合同"，亦未涉及"黑合同"的效力认定。工程价款的结算可能仍以备案的中标合同为根据，也可能以双方实际履行的"黑合同"为根据，适于合同无效但工程质量合格时参照合同约定结算的规定，只不过这种情形下参照的合同可能是"黑合同"。浙江省高院民一庭《关于审理建设工程施工合同纠纷案件若干疑难问题的解答》第十六条规定，当事人违法进行招投标，当事人又另行订立建设工程施工合同的，不论中标合同是否经过备案登记，两份合同均为无效。

3. "黑白合同"认定须是两份合同实质性内容的不一致。所谓合同的实质性内容，是指影响或者决定当事人基本权利义务的条款。根据建筑行业特点，建设工程施工合同的实质性内容一般包括三个方面的内容：

---

[1]《最高人民法院关于审理建设工程施工合同纠纷案件适用法律问题的解释》第二十一条规定：当事人就同一建设工程另行订立的建设工程施工合同与经过备案的中标合同实质性内容不一致的，应当以备案的中标合同作为结算工程价款的根据。

工程价款相关的计价、结算约定，工程质量标准或质量要求的约定，工程期限的约定。这三个方面的内容不一致到什么程度，才可以认定为实质性内容不一致，要根据具体合同实际情况予以判定，这里存在一个裁判者自由裁量的问题。只是在工程价款稍有调整、工程期限略有变化、工程质量有点不同的情形，不宜一概认定为属于签订"黑白合同"情况，必须是会导致双方当事人利益失衡的情况才能认定。[1]

4. 注意认定"黑白合同"与双方正常的依法变更合同加以区别。如果在合同履行中存在设计变更导致工程量增加等影响中标合同的实际履行情况时，承发包双方经过协商修改中标合同的内容，属于正常的合同变更情形，也可以按照当事人实际履行的合同作为结算工程价款的依据。浙江省高级人民法院对这方面亦有印发认定意见可供参考。浙江省高院民一庭《关于审理建设工程施工合同纠纷案件若干疑难问题的解答》第十五条规定，认定"黑白合同"时所涉及的"实质性内容"，主要包括合同中的工程价款、工程质量、工程期限三部分。对施工过程中，因设计变更、建设工程规划指标调整等客观原因，承发包双方以补充协议、会谈纪要、往来函件、签证等洽商记录形式，变更工期、工程价款、工程项目性质的书面文件，不应认定为《招标投标法》第46条规定的"招标人和中标人再行订立背离合同实质性内容的其他协议"。[2]

5. 合同备案的性质及对合同效力的影响。对于必须招标的项目，为了有效地监督项目的招标投标情况，《招标投标法》规定由招标人向有关行政监督部门提交招标投标情况书面报告并备案。但由招标人向行政监督部门将招标情况和中标合同提交书面报告备案，并不意味着合法的中标合同必须经过行政监督部门的审查批准才能生效。中标合同备案不是合同生效的条件，不影响合同效力，司法解释仅仅规定在"黑白合同"

[1] 黄松有：《最高人民法院建设工程施工合同司法解释的理解与适用》，北京：人民法院出版社，2004年11月第1版，第189-194页。
[2] 参见浙江省高级人民法院民事审判第一庭《关于审理建设工程施工合同纠纷案件若干疑难问题的解答》，2012年4月。

存在时，以经过备案的中标合同作为结算工程价款的依据。相反，未经过备案也可能不影响中标合同作为结算依据。浙江省高院民一庭《关于审理建设工程施工合同纠纷案件若干疑难问题的解答》第十六条规定，当事人就同一建设工程另行订立的建设工程施工合同与中标合同实质性内容不一致的，不论该中标合同是否经过备案登记，均应当按照最高法院《解释》第二十一条的规定，以中标合同作为工程价款的结算依据。

三、工程结算与政府审计、工程决算的关系

工程结算是承发包双方对工程建设的合同价款进行最终确认并核算，就合同工程应支付的结算造价进行最终确定的活动。工程决算是建设单位就工程建设项目的全部建设费用归集汇总，核算新增固定资产价值，考核分析投资效果，并最终由监督部门（多是政府审计部门）批准的活动。工程结算与工程决算不同，工程结算是工程决算的一部分，工程结算在前，工程决算在后，工程结算是合同双方依据合同进行的民事法律行为，工程决算往往是含有政府审计监督的政府行政行为。政府审计机关的审计监督与建设单位聘请造价咨询单位进行结算审价亦完全不同。

一般多在政府投资的项目中存在政府审计与工程决算问题。因为，在我国政府资金投资的项目中，工程造价的最终确定存在一个政府审计部门的审计监督认可环节。按审计署颁布的《政府投资项目审计规定》第二条、第四条规定，政府投资和以政府投资为主的项目须接受政府审计机关的审计监督。[1] 使用政府投资的建设单位，为了能顺利通过工程决算，或转嫁工程项目投资控制的压力，往往会将工程结算与工程决算混同，有的甚至在建设施工合同中约定工程价款以最后政府审计报告为准。

承包人在承接政府投资项目时，须注意以下几个问题：

[1]《政府投资项目审计规定》（2011）第二条：审计机关对政府投资和以政府投资为主的项目实施的审计和专项审计调查适用本规定。第四条各级政府及其发展改革部门审批的政府重点投资项目，应当作为政府投资审计重点。

1. 工程结算结果与审计机关的审计结果有差异的，以工程结算结果为准。双方对工程造价结算后，发包人又以审计机关的审计结论要求调整结算价款，该如何处理？以双方签字确认的工程结算为准。最高法院《关于建设工程承包合同案件中双方当事人已确认的工程决算价款与审计部门审计的工程决算价款不一致时如何适用法律问题的电话答复意见》规定：审计是国家对建设单位的一种行政监督，不影响发包人与承包人的合同效力。建设工程承包合同案件应以当事人的约定作为法院判决的依据。只有在合同明确约定以审计结论作为结算依据或者合同约定不明确、合同约定无效的情况下，才能将审计结论作为判决的依据。江苏省高级法院《关于审理建设工程施工合同纠纷案件若干问题的意见》第十三条规定，由国家财政投资的建设工程，当事人未在合同中约定以国家财政部门或国家审计部门的审核、审计结果作为工程价款结算依据的，承包人要求按照合同约定结算工程价款的，人民法院应予支持。北京市高级人民法院《关于审理建设工程施工合同纠纷案件若干问题的指导意见》（讨论稿）第二十二条关于财政投资工程的结算依据，作了类似的规定。[1]

2. 不宜轻易接受"审计机关的审计报告作为工程结算的依据"的合同约定。如前所述，政府审计机关的审计决算与工程结算是不同的，如果接受这样的合同约定，将对承包人产生合同约束力，承包人不得不接受发包人转嫁过来的投资控制压力和风险，而且承包人要承担政府审计时间不可控的风险。

3. 注意双方的工程结算、政府审计结果与司法造价鉴定的关系。司

---

[1] 北京市高级人民法院《关于审理建设工程施工合同纠纷案件若干问题的指导意见（讨论稿）》第二十二条：由财政投资的建设工程，承包人要求按照合同约定结算工程价款，发包人以财政评审机构或审计部门未完成竣工决算的审核、审计为由拒绝支付工程款，或者要求以财政评审机构或审计部门出具的审核、审计结果作为工程款结算依据的，不予支持，但合同明确约定以财政评审机构或审计部门审核、审计结果作为工程价款结算依据的除外。

法造价鉴定一般是在双方对结算有争议且达不成一致时，由法院委托造价咨询鉴定机构进行工程价款鉴定。如果双方就工程结算或部分结算达到一致，就不应该对达成一致部分再申请法院进行造价鉴定，法院也不能主动再委托造价鉴定。只要一方不同意，便不能对抗原双方达成的工程结算结论。政府审计结果与双方结算结论的关系亦如此。

四、按合同约定结算与按实结算

按合同约定结算是最常见的结算方式。当合同没有约定，或合同约定的无效，或合同约定的不够具体，产生纠纷时双方又无法达成一致的，会采用按实结算方式。存在以下两种情况：第一，合同关于结算计价的约定缺失或不够具体，比如产生了较大设计变更工程量；第二，工程进行了一部分后，合同被确认无效，承包人需要撤场结算。关于合同无效，如果工程质量合格，最高法院司法解释规定参照合同约定结算。当合同没有约定时，与第一种情况相同。

按实结算，简单地说，就是按定额计算。最高法院《解释》第十六条第二款规定，因设计变更导致建设工程的工程量或者质量标准发生变化，当事人对该部分工程价款不能协商一致的，可以参照签订建设工程施工合同时，当地建设行政主管部门发布的计价方法或者计价标准结算工程价款。此处所述的按签订合同时，当地建设行政主管部门发布的计价方法或者计价标准结算工程价款，基本是指我国建筑行业传统的定额计价模式。

五、结算默认条款

结算默认条款是指，发包人在收到竣工结算文件后的约定期限内未予以答复的，视为承包人报送的竣工结算文件已被认可。建设部2001年《建筑工程施工发包与承包计价管理办法》第十六条有此规定："发包方应当在收到竣工结算文件后的约定期限内予以答复。逾期未答复的，竣工结算文件视为已被认可。"建设部、国家工商行政管理局联合制定的格式合同《建设工程施工合同（示范文本）》（1999版）第33.3条也有类似规定："发包人收到竣工结算报告及结算资料后28天内无正当理由不支付工程竣工结算价款，从第29天起按承包人同期向银行贷款利率支付拖欠工程价款的利息，并承担违约责任。"如果合同中未约定结算默认条款，或未明确约定结算的程序和时限，承包人能否直接援引《建筑工程施工发包与承包计价管理办法》第十六条的规定，或《建设工程施工合同（示范文本）》（1999版）第33.3条的规定，要求发包人按承包人报送的结算文件作为付款依据。答案是否定的。《建筑工程施工发包与承包计价管理办法》第十六条的规定基本没有被援用过，条款本身的法律效力未被司法部门认可。因为根据相关法律规定，关于合同默认条款的效力，只有国家法律法规的规定才有效。我国《合同法》、《建筑法》等法律未规定建设工程施工合同的结算默认条款。而建设部制定的《建筑工程施工发包与承包计价管理办法》属于部门规章，效力低于国家法律法规，它关于结算默认条款的规定未被司法机关认可。《建设工程施工合同（示范文本）》（1999版）虽是原国家建设部和国家工商行政管理局联合制定的，但仅仅是示范作用，由当事人自由选择使用，对未选用的当事人没有强制效力。

最高人民法院《解释》第二十条规定："当事人约定，发包人收到竣工结算文件后，在约定期限内不予答复，视为认可竣工结算文件的，按照约定处理。承包人请求按照竣工结算文件结算工程价款的，应予支持。"从本条规定看，国家司法机关认可合同双方自由约定的结算默认条款，但对双方未在合同中约定，而直接援引《建筑工程施工发包与承包计价管理办法》或《建设工程施工合同（示范文本）》（1999版）相关条款，要求认可结算默认条款的，司法机关不会支持。浙江省高级法院《关于审理建设工程施工合同纠纷案件若干疑难问题的解答》第十四条对此有明确规定，建设工程施工合同虽约定发包人应在承包人提交竣工结算文件后一定期限内予以答复，但未约定逾期不答复则视为认可竣工结算文件的，承包人不能请求按照竣工结算文件确定工程价款。还明确规定，建设工程施工合同中对此未明确约定，承包人不能仅以 GF-1999-0201《建设工程施工合同（示范文本）》通用条款 33.2 条为依据，要求按照竣工结算文件结算工程价款。安徽省高级法院《关于审理建设工程施工合同纠纷案件适用法律问题的指导意见》第十条、[1]福建省高级法院《关于审理建设工程施工合同纠纷案件疑难问题的解答》第十四条、[2]江苏省高级法院《关于审理建设工程施工合同纠纷案件若干问题的意见》第十条也有类似规定。[3]

　　承包人在合同签订过程中，可争取将结算默认条款写进书面合同。如前所述，只有将结算默认条款明确写入合同才会对发包人有制约力，才会得到司法机关支持。如不能在合同中约定结算默认条款，也要清楚约定结算时限，包括发包人收到结算文件后的审核确认时间、结算后工程款的支付时间等。

---

［1］　安徽省高级法院《关于审理建设工程施工合同纠纷案件适用法律问题的指导意见》第十条：建设工程施工合同约定发包人应在承包人提交结算文件后一定期限内予以答复，但未约定逾期不答复视为认可竣工结算文件的，承包人请求按结算文件确定工程价款的，不予支持。
［2］　福建省高级法院《关于审理建设工程施工合同纠纷案件疑难问题的解答》第十四条：问：当事人约定发包人收到竣工结算文件后一定期限内应予答复，但未明确约定不答复即视为认可竣工结算文件，发包人未在约定的期限内答复，承包人请求以其提交的竣工结算文件作为结算依据的，应否支持？承包人提交的竣工结算资料不完整，发包人未在约定期限内答复的，如何处理？如果当事人未约定答复期限，能否根据建设部《建筑工程施工发包与承包计价管理办法》第十六条第一款第二项和第二款的规定，认定双方约定的答复期限为 28 日？答：当事人约定发包人收到竣工结算文件后一定期限内应予答复，但未明确约定不答复即视为认可竣工结算文件的，若发包人未在约定的期限内答复，承包人提交的竣工结算文件不能作为工程造价的结算依据。承包人提交的竣工结算资料不完整的，发包人应在约定的期限内告知承包人，发包人未告知的，视为在约定的期限内不予答复、当事人未约定发包人的答复期限的。不应推定其答复期限。
［3］　江苏省高级法院《关于审理建设工程施工合同纠纷案件若干问题的意见》第十条：建设工程施工合同中明确约定发包人收到竣工结算文件后，在合同约定的期限内不予答复视为认可竣工结算文件，当事人要求按照竣工结算文件进行工程价款结算的，人民法院应予支持；建设工程施工合同中未明确约定，当事人要求按照竣工结算文件进行工程价款结算的，人民法院不予支持。

六、工期对结算的影响

在工期拖延的项目中，工期对工程价款结算数额，特别是在涉诉过程中的结算数额有很大影响。发包人经常会以工期问题为由，要求承包人降低工程结算价款，或要求高额违约赔偿金。关于工期对结算的影响，有以下几个问题应当注意：

（一）工期的认定

一般以合同约定日期为工程的开工与竣工日期。工程开工或竣工的实际日期与合同约定的日期不同的，以实际开竣工日期为准。当事人对实际竣工日期有争议的，最高法院《解释》规定按以下情形处理：

1. 建设工程经竣工验收合格的，以竣工验收合格之日为竣工日期。

2. 承包人已经提交竣工验收报告，发包人拖延验收的，以承包人提交验收报告之日为竣工日期。

3. 建设工程未经竣工验收，发包人擅自使用的，以转移占有建设工程之日为竣工日期。对于开工日期认定，浙江省高级法院《关于审理建设工程施工合同纠纷案件若干疑难问题的解答》第五条规定："建设工程施工合同的开工时间以开工通知或开工报告为依据。开工通知或开工报告发出后，仍不具备开工条件的，应以开工条件成就时间确定。没有开工通知或开工报告的，应以实际开工时间确定。"另外，未取得施工许可证不影响实际开工日期的认定。

（二）工期误期罚款的性质

施工合同中经常会约定工期误期时，发包人有权罚款，而且有的数额很高。虽然合同字面上使用的是"工期罚款"，但其法律本质是合同违约金。与《合同法》第一百一十四条关于违约金的规定一样，如果施工合同中约定的工期罚款过分高于实际损失，承包人有权向法院申请适当减少数额。浙江省高级法院《关于审理建设工程施工合同纠纷案件若干疑难问题的解答》第十九条规定："建设工程施工合同关于工期和质量等奖惩办法的约定，应当视为违约金条款。当事人请求按照《中华人民共和国合同法》第一百一十四条第二款，以及最高人民法院《关于适用＜中华人民共和国合同法＞若干问题的解释（二）》第二十七条、第二十八条、第二十九条的规定调整的，可予支持。"江苏省高级人民法院亦有类似规定。[1]

（三）工期顺延的认定与结果

只有关键线路上的工期延误才会有工期顺延的问题。关于工期顺延与否，《建设工程施工合同（示范文本）》（1999 版）通用条款第十三条约定了以下原因造成工期延误的，经工程师确认可以顺延工期：

1. 发包人未能按专用条款的约定提供图纸及开工条件；

2. 发包人未能按约定日期支付工程预付款、进度款，致使施工不能正常进行；

3. 工程师未按合同约定提供所需指令、批准等，致使施工不能正常进行；

4. 设计变更和工程量增加；

5. 一周内非承包人原因停水、停电、停气造成停工累计超过 8 小时；

6. 不可抗力；

7. 专用条款中约定或工程师同意工期顺延的其他情况。

第十三条第二款同时约定工期顺延的程序，承包人在上述情况发生后一定期限内，就延误的工期以书面形式向工程师提出报告。工程师在收到报告后在一定期限内予以确认，逾期不予确认也不提出修改意见，视为同意顺延工期。

如果承包人未在规定期限内提出工期顺延书面报告，是否就丧失工

---

[1] 江苏省高级法院《关于审理建设工程施工合同纠纷案件若干问题的意见》第二十七条：建设工程施工合同约定发包人可以因工期、质量、转包或违法分包等情形对承包人处以罚款的，该约定应当视为当事人在合同中约定的违约金条款，当事人要求按照《中华人民共和国合同法》第一百一十四条的规定予以调整的，人民法院应予支持。

期顺延的权利？一般情况下，承包人未在规定期限内提出工期顺延报告，不会必然导致丧失工期顺延的权利，承包人仍然可以在两年的诉讼时效内主张工期顺延。如果当事人在合同中明确约定不在规定时间内提出工期顺延申请视为工期不顺延，则承包人未在规定时限内提出申请报告，就丧失工期顺延的权利。浙江省高级法院《关于审理建设工程施工合同纠纷案件若干疑难问题的解答》有类似规定，其中第六条规定："发包人仅以承包人未在规定时间内提出工期顺延申请而主张工期不能顺延的，该主张不能成立。但合同明确约定不在规定时间内提出工期顺延申请视为工期不顺延的，应遵从合同的约定。"

尽管一般情况下承包人未在规定期限内提出工期顺延报告不必然导致丧失工期顺延的权利，但承包人在规定时限内提出工期顺延申请报告的程序仍然非常重要。履行了报告申请程序，承包人是按合同履约了，涉诉时承包人不致会陷入被动地位，有些情况下还成为工期能否顺延的决定因素。安徽省高级法院有相关规定，当承包人以发包人未按合同约定支付工程进度款要求工期顺延，发包人以承包人未按合同约定办理工期顺延抗辩的，只要承包人在合同约定的期限内向发包人提出过顺延工期的要求，法院就会支持承包人的工期顺延主张，而且法院支持的顺延工期长度对承包人非常有利，自发包人拖欠工程进度款之日起至进度款付清之日止。[1]

（四）诉讼或仲裁中发包人提出工期赔偿的应对

当承包人以诉讼或仲裁方式要求发包人支付工程欠款时，发包人大多数情况下会提出工期误期损失赔偿或误期违约金。一般而言，当发包

---

[1]　安徽省高级法院《关于审理建设工程施工合同纠纷案件适用法律问题的指导意见》第十五条：承包人以发包人未按合同约定支付工程进度款为由主张工期顺延权，发包人以承包人未按合同约定办理工期顺延签证抗辩的，如承包人举证证明其在合同约定的办理工期顺延签证期限内向发包人提出过顺延工期的要求，或者举证证明因发包人迟延支付工程进度款严重影响工程施工进度，对其主张，可予支持。因发包人迟延支付工程进度款而认定承包人享有工期顺延权的，顺延期间自发包人拖欠工程进度款之日起至进度款付清之日止。

人只提出工期误期为拒不支付工程欠款的抗辩理由而不提出误期损失赔偿或误期违约金的，或另外提出了误期损失赔偿或误期违约金的反诉但未交诉讼费用的，法院会只当做针对承包人提出的诉讼请求的抗辩审理。如果发包人以反诉的形式提出了误期损失赔偿或误期违约金且按时交了诉讼费用的，法院会以反诉来审理，而且大多数情况下反诉和本诉会合并审理，最后以支持的本诉工程欠款与支持的反诉的误期损失赔偿或误期违约金相抵后的债务予以判决。作为承包人应注意两点：一是在起诉要求发包人支付工程欠款时，注意发包人提出的工期误期事由是以抗辩理由出现，还是以反诉出现，进而采取相应针对性措施；二是在起诉发包人要求支付工程欠款时，最好一并提起因发包人原因而导致的工期顺延或工期索赔的诉讼请求，防止发包人提起工期误期违约金反诉时处于被动地位。

七、人工、材料等涨价对结算的影响

施工合同履行期间，人工、材料等价格发生较大上涨，在签订了固定总价、固定单价的合同时，或者合同规定的调价幅度远远低于价格涨幅时，最终结算时能否计入此部分调价影响，曾经引起很大的争论。反对调价方的主要观点是严格遵循意思自治原则，合同中相应条款必须得到遵守。支持调价方主要有四种观点：一是这种情况对于承包人来说属于显失公平，属于可撤销的合同条款；二是依据建设施工合同的性质，承包人不应当承担材料价格上涨的风险；三是根据法律规定的公平原则，应当允许调价；四是参照情事变更原则，承包人的合同目的无法实现，应当调整价格。

2009 年 2 月 9 日，最高人民法院通过了《关于适用〈中华人民共和国合同法〉若干问题的解释（二）》，其第二十六条规定"合同成立以后客观情况发生了当事人在订立合同时无法预见的、非不可抗力造成的不属于商业风险的重大变化，继续履行合同对于一方当事人明显不公平或者不能实现合同目的，当事人请求人民法院变更或者解除合同的，人民法院应当根据公平原则，并结合案件的实际情况确定是否变更或者解除。"这一条款被学术界普遍认同为正式确立了情事变更原则。

但是在各级法院对该条款具体应用上，出现了前松后紧的局面，前期往往无条件调价，而完全不顾合同的具体规定。后期则出现调整很难或调整幅度有限的情况。2012年北京市高级人民法院出台的《关于审理建设工程施工合同纠纷案件若干疑难问题的解答》规定："建设工程施工合同约定工程价款实行固定价结算，在实际履行过程中，钢材、木材、水泥、混凝土等对工程造价影响较大的主要建筑材料价格发生重大变化，超出了正常市场风险的范围，合同对建材价格变动风险负担有约定的，原则上依照其约定处理；没有约定或约定不明，该当事人要求调整工程价款的，可在市场风险范围和幅度之外酌情予以支持；具体数额可以委托鉴定机构参照施工地建设行政主管部门关于处理建材差价问题的意见予以确定。因一方当事人原因导致工期延误或建筑材料供应时间延误的，在此期间的建材差价部分工程款，由过错方予以承担。"这一规定既遵循了合同的规定，也考虑了合同的公平原则，同时对支持的依据和除外条件作出了规定，操作性很强，也代表了各级法院对价格异动时调价问题的主流处理意见。

八、工程签证、索赔对结算的影响

工程签证是工程结算的重要依据之一。签证是承包人就合同外的工作内容向发包人要求价格补偿并获得发包人签字确认。从法律性质上讲，签证是承包人和发包人就施工合同外就某些事项达成的补充协议，是双方协商一致的结果。通常情况下，工程签证所涉及的费用最后都可计入工程结算中。

关于工程索赔，我国《建设工程施工合同（示范文本）》（1999版）通用条款第1.21条规定："指在合同履行过程中，对于并非自己的过错，而是应由对方承担责任的情况造成的实际损失，向对方提出经济补偿和（或）工期顺延的要求。"工程索赔包括费用索赔和工期索赔。

与工程签证不同，索赔仅是一个过程，一个程序要求，即单方主张权利的要求，其结果是不确定的，其主张的利益是一种期待中的权益。索赔主张能否成立必须依赖于证据来证实，而且多数情况下双方有争议，往往会出现在诉讼或仲裁中。工程签证是一个结果，双方达成一致的状态，双方已经没有争议。工程签证事项在发生前，承包人和发包人会有联系与沟通，比如发包人指令、联系单、会议纪要等；工程索赔事项在发生前，承包人和发包人大多数时候没有沟通过，出现损失对双方都是意料之外。当承包人报送的工程签证得不到发包人签认时，工程签证可能转变成工程索赔。工程索赔能否纳入最后结算，要视索赔请求得到发包人认可或法院支持的程度和数额。

九、拖欠工程款利息的计取

发包人拖延工程预付款、进度款或结算尾款时，对拖延工程款的利息计取问题，包括利息计取标准和计取起算点，双方合同有约定的应按约定执行。如果合同没有约定或双方有争议的，按以下方式处理：1. 对利息计取标准没有约定的，按照中国人民银行发布的同期同类借款利率计算。2. 利息从应付工程价款之日起算。双方对付款时间没有约定或约定不明的，建设工程已经实际交付的，交付之日为应付款时间；建设工程没有交付的，提交竣工结算文件之日为应付款之日；建设工程未交付，工程价款也未结算的，提起诉讼或仲裁之日为应付款之日。[1] 3. 即使合

---

[1] 最高人民法院《关于审理建设工程施工合同纠纷案件适用法律问题的解释》第十七条：当事人对欠付工程价款利息计付标准有约定的，按照约定处理；没有约定的，按照中国人民银行发布的同期同类贷款利率计息。第十八条：利息从应付工程价款之日计付。当事人对付款时间没有约定或者约定不明的，下列时间视为应付款时间：（一）建设工程已实际交付的，为交付之日；（二）建设工程没有交付的，为提交竣工结算文件之日；（三）建设工程未交付，工程价款也未结算的，为当事人起诉之日。

同对工程欠款是否支付利息没有约定，承包人起诉追索工程欠款利息也会得到法院支持。

第六节　不移交现场的法律分析

一、承包人不移交现场的依据

按照施工惯例，在通过竣工验收程序，办完竣工结算后，承包人应在规定期限内，向发包人办理工程移交手续，将工程现场移交给发包人。但实践中可能存在因发包人未按时支付工程价款等原因，致使承包人不按合同约定时间移交现场的情况。为避免承担违约责任等不利后果，承包人选择不移交现场时应有相关的法律依据或合同依据。

承包人不移交现场的依据主要有：

1. 工程尚未通过竣工验收

《合同法》第二百七十九条规定"建设工程竣工经验收合格后，方可交付使用；未经验收或者验收不合格的，不得交付使用"。若工程未经竣工验收或竣工验收未通过，发包人要求承包人移交工程（现场）的，承包人可根据此条规定予以拒绝。若发包人强行使用的，由此发生的质量问题及其他问题应由发包人承担责任。

2. 发包人拖延结算或不支付工程价款的，承包人行使履约抗辩权

《合同法》第二百七十九条规定"（建设工程）验收合格的，发包人应当按照约定支付价款，并接收该建设工程"。《建设工程竣工结算暂行办法》第21条也规定："工程竣工后，发、承包双方应及时办清工程竣工结算，否则，工程不得交付使用，有关部门不予办理权属登记。"在施工合同中，双方通常也会约定在竣工结算完毕，由发包人支付工程价款后，承包人将工程（现场）移交给发包人。《建设工程施工合同（示范文本）》（GF-1999-0201）第33.2条约定"发包人确认竣工结算报告通知经办银

行向承包人支付工程竣工结算价款。承包人收到竣工结算价款后14天内将竣工工程交付发包人"。若施工合同采用此文本，则竣工结算完毕发包人的付款义务在先，承包人移交现场的义务在后。并且，只有通过竣工结算，才能确认发包人应支付的工程价款，若发包人拖延结算则必然导致其无法支付工程价款，发包人未按合同约定支付工程价款的，承包人可按照《合同法》第六十七条的规定行使履约抗辩权，不予移交现场。

3. 承包人行使留置权

按照《物权法》的规定，留置权是指债权人按照合同的约定占有债务人的动产，债务人不按照合同约定的期限履行债务的，债权人有权依照法律规定留置财产，以该财产折价或者以拍卖、变卖该财产的价款优先受偿。对于在建（竣工）工程能否适用留置权的问题，理论上还存在争议。如果将在建（竣工）工程看成是一种不动产，则不能适用留置权的有关规定。

目前，学界有一种观点认为在建工程与商品房不是一个概念，其本身并不是一种不动产。在建工程属于一种特殊的加工承揽物品，可以适用留置权的有关规定。[1] 按照这种观点，在建设工程尚未交付之前，加工人，即承包人是加工物的实际占有人。在发包人未支付对价或者拖欠工程款的前提下，承包人依法享有留置该工程的权利，并就该工程行使优先受偿权。但目前无相关法律法规对此观点明确印证，实践中，承包人应审慎利用此观点留置竣工工程。

4. 发包人拒绝接收工程的

实践中，发包人可能会基于工程质量、付款等原因拒绝接收已竣工的工程。此种情形下，承包人可免除因不移交工程可能产生的违约责任。在发包人拒绝接收时，承包人可代为保管工程，同时留存相关证据材料，要求发包人支付保管费用。

[1] 朱树英. 工程合同实务问答（第二版）. 北京：法律出版社，2011.

除以上理由之外，若发承包双方在施工合同中，明确约定了工程竣工后承包人移交现场的时间，以及可不移交现场的情形，则以合同约定为准。

二、承包人不移交现场的法律后果

承包人无合理依据在工程竣工后拒不移交现场的，或因承包人的原因致使发包人拒绝接收工程的，承包人应承担相应的责任和法律风险。

1. 违约责任

如果施工合同中约定了承包人移交工程的条件和时间，则承包人应当严格按照合同约定履行义务。若无合理的抗辩理由，承包人拒绝移交现场的，则要承担违约责任，这里的违约责任通常是继续履行（即将工程移交给发包人）、赔偿损失（赔偿因不移交工程给发包人造成的直接和间接损失）等。

2. 保管义务

承包人不论基于何种理由不移交工程（现场）给发包人，均应承担保管责任。施工合同中有明确约定的，保管责任是承包人应当履行的合同义务，施工合同中未明确约定的，相对于将工程交付给发包人的主合同义务而言，保管义务属于承包人应履行的附随义务。

《建设工程合同示范文本》第9.1条和第33.5条对承包人不移交工程的保管义务作了相应的约定，第9.1条约定"已竣工工程未交付发包人之前，承包人按专用条款约定负责已完工程的保护工作，保护期间发生损坏，承包人自费予以修复"。第33.5条约定"（因）承包人未能向发包人递交竣工结算报告及完整的结算资料，造成工程竣工结算不能正常进行或工程竣工结算价款不能及时支付，发包人不要求交付工程的，承包人承担保管责任。"

承包人的保管责任主要有以下几个方面：

（1）妥善保管工程的义务；

（2）若保护期间建筑物发生损坏，由承包人承担修复费用；

（3）若保护期间建筑物发生毁损灭失，则由承包人承担相应风险。

第七节　建设工程价款优先受偿权

一、建设工程价款优先受偿权的定义

建设工程价款优先受偿权是指承包人对于其承包施工的建设工程折价或者拍卖的价款，享有优先受偿的权利，是法律赋予承包人保障自身利益的重要权利。《合同法》第二百八十六条规定："发包人未按照约定支付价款的，承包人可以催告发包人在合理期限内支付价款。发包人逾期不支付的，除按照建设工程的性质不宜折价、拍卖的以外，承包人可以与发包人协议将该工程折价，也可以申请人民法院将该工程依法拍卖。建设工程的价款就该工程折价或者拍卖的价款优先受偿。"

二、建设工程价款优先受偿权的适用条件

根据我国《合同法》及最高人民法院相关司法解释的规定，行使优先受偿权需具备如下条件：

1. 发包人未按照约定支付工程价款。该价款应当是确定的且应当是已届清偿期的，如果发包人因失去清偿能力被宣告破产，即使未到期的建设工程价款也应视为已届清偿期。

2. 承包人催告后，在合理期限内发包人仍不支付。根据《合同法》的相关规定，这里的"催告"非必经程序，但进行催告是司法介入之前安排发包人与承包人和解的机会，符合社会经济活动和工程施工的惯例。实践中，承包人应保留好相关往来函件。

3. 工程价款包括承包人为建设工程应当支付的工作人员报酬、材料款等实际支出的费用，不包括承包人因发包人违约所造成的损失，也就

是说发包人逾期付款的利息、停窝返工损失、材料设备闲置损失等均不属于优先受偿的范围。

4. 建设工程承包人行使优先受偿权的期限为 6 个月，自建设工程竣工之日或者建设工程合同约定的竣工之日起计算。该期限是除斥期间，无法中断或延长，如果工程结算时间过长，可能会妨碍优先受偿权的行使。

5. 建设工程性质适合于折价、拍卖。法律并未明确规定不宜折价、拍卖建筑工程的范围，实践中应包括学校、医院、政府机关办公楼、道路、桥梁等公益建筑工程。

三、行使建设工程价款优先受偿权的方式

根据《合同法》第二百八十六条的规定，可以理解为行使优先受偿权的方式有两种：一是双方协议将工程折价；二是申请人民法院拍卖。

1. 关于协议折价

经验告诉我们，发包人在不能支付工程欠款的情况下，一般是不愿意与承包人协商将工程折价转让给受让人的。实践中这类情况不太普遍。如果能够协商折价抵债的，其中也包含一些法律技巧问题。如果承包人自己并不实际占有、使用该工程，将来要转移房屋所有权的时候就一定要考虑房屋二次交易需要缴纳的税费。当然，由于法律上并没有规定工程只能直接折价给承包人。因此，如果在协议折价时有潜在房屋买主的，最好将房屋折价给潜在买主，承包人向买主收取折价款。

2. 关于申请拍卖

从《合同法》第二百八十六条字面上理解，只要符合可以行使优先受偿权的三个条件，承包人即可直接申请法院拍卖。但法院委托拍卖机构对建筑物进行拍卖，显然是法院强制执行措施的一种。按照我国《民事诉讼法》的规定，人民法院只有在申请人依据生效法律文书申请执行时，才采取执行措施。换言之，没有生效法律文书，按《民事诉讼法》的规定，

人民法院是不能采取执行措施的。承包人的优先受偿权是按照普通程序还是执行程序，在现行的《民事诉讼法》里面没有相应的规定。因此，承包人是否可以直接申请法院拍卖建筑物的问题，目前还存在认识上的争论和不统一。实践中比较稳妥有效的办法是在优先受偿权行使期限内提起诉讼，同时申请法院对所施工工程采取财产保全措施。

3. 关于发催告函算不算已经行使了优先受偿权的问题

目前，有一种观点认为"发催告函是承包人已经行使优先受偿权"，此种认识是不符合法律规定的。《合同法》第二百八十六条规定的催告，实质上是行使优先受偿权的前提，优先受偿权是否已经行使，取决于是否协议折价了，或者从拍卖价款中是否优先得到了清偿。从功效上，催告函并不就是行使了优先受偿权。还有一种观点认为，"发催告函可以起到保留优先受偿权的作用"。这种观点也是不成立的。承包人行使优先受偿权的 6 个月期限，应当为除斥期间而非诉讼时效，发催告函事实上是承包人行使优先受偿权的前置条件，其本身并不是行使优先受偿权。如果在期限内没有协议折价，或者没有申请法院拍卖，在 6 个月后就不能再行使了。

四、建设工程价款优先受偿权的效力

《最高人民法院关于建设工程价款优先受偿权问题的批复》（以下简称《批复》）第一条规定："人民法院在审理房地产纠纷案件和办理执行案件中，应当依照《中华人民共和国合同法》第二百八十六条的规定，认定建筑工程的承包人的优先受偿权优于抵押权和其他债权。"工程价款优先受偿权源自法律的直接规定，不以登记或者占有为要件，效力上优先于当事人双方意定的抵押权和其他债权。

《批复》第二条规定了对优先受偿权的限制，即"消费者交付购买商品房的全部或者大部分款项后，承包人就该项商品房享有的工程价款优先受偿权不得对抗买受人。"可见购房人享有的特定债权是优于工程价款优先受偿权的。但是这种特定债权应当具备两个条件：一是购房需用于消费，购买商业经营用房者不应适用本条；二是购房者已支付全部或者大部分房款，未支付房款或仅付少许房款的购房者不在此列。

五、承包人放弃优先受偿权的应对措施

在当前形势下，发包人为了能顺利将在建工程向银行抵押贷款，往往利用自己的强势地位要求承包人签署含有声明预先放弃工程价款优先受偿权的书面文件。同时，房地产开发企业还往往通过在合同条款中设置陷阱，故意延长审价时间，从而达到延长付款时间的目的。这两种情况都必须引起注意，前者因承包人明确放弃而丧失优先受偿权，后者因审价时间的人为延长，而导致承包人未能在法定的6个月期限内，行使优先受偿权而无法得到法院的支持。

涉及放弃优先受偿权的项目，承包人应该注意以下几个方面：

1. 认真审核合同文件

在审核包含要求承包人放弃建筑工程优先受偿权的条款时，要综合分析项目属性、发包人的商业信誉和资信情况、以往的履约情况、合同付款的条件以及优先受偿权实现的可能性。施工合同中应明确约定工程竣工时间，工程价款结算方法及结算时限，以避免发包人拖延工程结算时间。

2. 对于在履约过程中，发包人提出要求承包人放弃优先受偿权的项目，承包人应充分运用商务谈判，提出相应条件：一是要求发包人提供相应的担保；二是要求改变付款条件，降低合同风险；三是签署发包人、承包人、银行参加的三方协议或者备忘录，对银行贷款实行专款专用；四是遇到发包人无正当理由延迟付款，且经合理催告后仍不支付工程款的情况，及时行使停工的权利；五是组织、收集相关证据，包括招标文件、投标文件，发包人要求放弃的函件、承包人不同意的书面答复、会议纪要等文件，在发包人财务状况不好时，向法院申请撤销权。

六、"烂尾楼"工程价款优先受偿权的行使

所谓"烂尾楼"工程是指已办理用地、规划手续，项目开工后，因开发商无力继续投资建设或陷入债务纠纷，停工一年以上的房地产项目。"烂尾楼"工程往往在施工过程中反复停工、复工，工期延续很长时间，等到最后一次停工时，已远远超出合同约定的竣工日期。最高人民法院关于优先受偿权的行使期限又规定为竣工或约定竣工之日起6个月。由于"烂尾楼"工程没有竣工，因此，只能以合同约定的竣工之日作为起算点，这样施工单位往往在提起诉讼时，发现早已过了合同约定竣工之日起6个月，已丧失行使优先受偿权。

这种情况下，发生因发包人原因造成工期延误的，承包人一定要申请顺延工期并办理好工期签证。如果因发包人资金困难不得不停工，则要和发包人签订补充协议，变更合同工期，确定新的竣工日，以确保发生诉讼时仍享有优先受偿权。

另外，发包人在解决"烂尾楼"工程欠款时，主要寄希望于有人接盘或者重新启动。新接盘人接盘往往发生项目转让，或者拍卖。在项目转让时，接盘人要一并支付承包人的欠款，即项目转让费应优先用于清偿承包人的工程款。在项目拍卖时，拍卖价款也应优先清偿承包人的工程款。需要承包人注意两点：一是以判决、执行的方式保留优先受偿权；二是保持警惕和敏感，掌握最新动态，行使优先受偿权。

七、装修装饰工程价款优先受偿权的行使

对于装修装饰工程能否适用建设工程优先受偿权的问题，最高人民法院民一庭于2004年12月8日作出《关于装修装饰工程款是否享有合同法第二百八十六条规定的优先受偿权的复函》（民一他字［2004］第14号），指出"装修装饰工程属于建设工程，可以适用《中华人民共和国合同法》第二百八十六条关于优先受偿权的规定，但装修装饰工程的发包人不是

该建筑的所有权人或者承包人与该建筑物的所有权人之间没有合同关系的除外。享有优先受偿权的承包人，只能在建筑物因装修装饰而增加价值的范围内优先受偿。"

对此问题的理解和适用应当注意以下几点：

1. 装修装饰工程本质上属于建设工程，应当适用《合同法》第二百八十六条关于优先受偿权的规定。《建设工程质量管理条例》第二条规定："本条例所称建设工程，是指土木工程、建筑工程、线路管道和设备安装工程及装修工程"。国家技术监督局发布的《国民经济行业分类与代码》国家标准，建筑业按从事工程建设的不同专业划分为"土木工程建筑业"、"线路、管道和设备安装业"和"装修、装饰业"三大类。因此，将装修装饰工程纳入建设工程的范围符合国家规定和行业标准。装修装饰工程适用优先受偿权的原则，符合《合同法》第二百八十六条的立法本意。

2. 装修装饰工程款的优先受偿权，仅限于因装修装饰而使建筑物增加的价值范围内。装修装饰工程是以已经建造的建筑物为基础而进行的一种二次加工和修缮，故其优先受偿权的范围应当限定在装修装饰使建筑物增加的价值的限度之内。在司法实践中，因装修装饰而使建筑物增值的范围一般应当根据当事人双方的合同约定来判断，如果合同中约定了洽商变更的条件及例外情形，则常常需要借助于司法鉴定来综合判定。

3. 装修装饰工程的发包人必须是该建筑的所有权人，或者发包人虽然不是所有权人，但建筑的所有权人与装修装饰工程的承包人之间已经形成合同关系。装修装饰工程总是依附于已经完成或基本完成的建筑物之上。因此，装修装饰工程的发包人一般应当是该建筑的所有权人，这是装修装饰工程的承包人行使优先受偿权的前提和基础。在司法实践中，常常有一些发包人并不是装修装饰工程所依附的建筑物的所有权人，而是以租赁、联营等方式实际占有和使用该建筑物的占有人，对这些装修装饰工程承包人的优先受偿权应当合理限制，即该装修装饰工程未征得建筑物所有人同意担保的前提下，该装饰装饰工程的承包人不享有优先受偿权。

第八节 工程保修

一、保修义务

保修义务，是指施工、勘察、设计、材料供应方等在建设工程竣工验收合格后的规定期间内，对相关工程出现质量问题时，进行修缮的责任。工程竣工验收合格后，承包人必须向发包人出具质量保修书。对建设工程承担保修义务，是出于建筑工程质量及安全的需要，也是维护公共安全和公众利益的需要。保修义务是法定义务，但发包人和承包人可以在符合国家有关规定的前提下，自行在工程质量保修书中约定保修范围、保修期限和保修责任等。

二、保修期限

保修期限，指在工程竣工结算后，勘察设计、施工、材料供应方等，应对相关工程出现质量问题时承担责任的时间段。《房屋建筑工程质量保修办法》规定"房屋建筑工程保修期从工程竣工验收合格之日起计算"，而《建筑法》仅规定"建筑工程实行质量保修制度"，"具体的保修范围和最低保修期限由国务院规定"，未明确规定保修期限的起点时间和结束时间，《建筑工程保修办法（试行）》第四条规定："建筑工程的保修期自办理交工手续之日起计算"，该法规虽已被废止，但该条文仍有借鉴意义。实践中发包人与承包人签订合同规定保修义务，或在《保修服务卡》中多约定保修期间从工程竣工验收合格之日起起算。

发包人与承包人可自行约定保修期限，但不得违反法律规定，我国行政法规或地方规章对某些保修期限有明确规定，如建设部《房屋建筑工程质量保修办法》规定房屋建筑工程供热与供冷系统，最低保修期限为 2 个采暖期、供冷期；而《北京市建筑工程质量保修实施办法》规定建筑安装工程在正常使用条件下，供冷与供热保修期为一个采暖或供冷期。

三、缺陷责任期

缺陷责任期因也与建设工程质量及修缮相关，业界有人将其与保修期混为一谈，两者都是从应付工程款中由发包人预留一部分，作为对建设工程出现的缺陷作维修的基金，但两者存在很大不同。

（一）期限不同

缺陷责任期一般为 6 个月、12 个月或 24 个月，具体可由发、承包双方在合同中约定，无最低缺陷责任期要求；而保修期限双方虽可以自由约定，但不得违反法律所规定的最低保修期限。

（二）预留金额比例不同

《建设工程质量保修金管理暂行办法》规定："全部或部分使用政府投资的建设项目，按工程价款结算总额5%左右的比例预留保证金；社会投资项目采用预留保证金方式的，预留保证金的比例可参照执行"；而菲迪克条款规定，工程质量保修金（quality warranty fund for the engineering）比例一般为建设工程款的 3%~5%。

（三）承包方责任不同

在缺陷责任期内，由于他人原因造成的缺陷，由发包人负责组织维修，承包人不承担费用，且发包人不得从保证金中扣除费用；而在保修期限内，出现质量缺陷，承包人接到报修通知，应当到现场核查情况并在保修书约定的时间内予以修缮，而保修费用由质量缺陷的责任方承担。

四、保修金的处理

保修期限届满后，存在保修金的处理问题。依据不同保修情形，保修金的处理也有所不同：

（一）返还保修金

1. 建设工程在约定保修期内未出现任何质量问题，不影响正常使用功能，应将保修金返还承包人。

2．建设工程在保修期限内出现质量缺陷，发包人或建筑物所有人向承包人发出保修通知，承包人应在保修书约定的时间内予以保修，保修合理及时，保修期满，也应将保修金返还承包人。

3．保修金的返还。1999 合同示范文本也仅规定"质量保证金待保修期满后一次性付清"。2004 年财政部、建设部发布的财建［2004］369 号文件关于印发《建设工程价款结算暂行办法》中规定"发包人、承包人应当在合同条款对涉及工程价款结算的下列事项进行约定……（七）工程质量保修金的数额、预留方式及时限"；2005 年《建设工程质量保证金管理暂行办法》第三条规定"发包人……与承包人在合同条款中对涉及保证金的下列事项进行约定：保证金预留、返还方式"。由此可见，就保证金的返还，法律法规倾向于就此问题双方能够在施工合同或保修合同中事先作出明确的约定，以减少双方争议的发生。

（二）扣减保修金

建设工程在保修期内出现质量缺陷，承包人拒绝承担保修义务或保修不及时、不合格，发包人有权按照约定比例在返还保修金时扣减必要费用。根据《房屋建筑工程质量管理办法》的规定，承包人接到保修通知后，应当立即到达现场抢修或在保修书约定的时间内予以保修，而保修费用由质量缺陷的责任方承担。因保修不及时造成新的人身、财产损害，由造成拖延的责任方承担赔偿责任。这意味着，承包人对于保修期内的质量缺陷，无论是否是自身原因造成的，都必须承担及时保修义务，但保修费用应由责任方承担。因此，承包人不及时履行保修义务，发包人有权扣减保修金。

（三）将保修金支付第三方

建设工程保修期内出现质量缺陷，承包人不按工程质量保修书约定履行保修义务，发包人可以另行委托其他单位保修，由承包人承担相应保修责任。此时因保修发生的费用，应从预留保修金内直接支付给第三方，不足部分由承包人承担责任。

五、保修责任承担

（一）保修免责

承包人仅对因自身原因在保修期内出现的质量缺陷承担保修责任，下列情况不属于承包人的保修范围：（1）因使用不当或第三方造成的质量缺陷；（2）不可抗力造成的质量缺陷。因不可抗力造成的质量缺陷，承包人应当在合理范围内修缮，但不承担保修责任和费用。

（二）消极保修

指承包人在保修期内不积极履行保修义务，此时发包人可另行委托其他单位保修，承包人承担相应责任。因保修不及时造成新的人身、财产损害，由造成拖延的责任方承担赔偿责任。

六、保修管理

在工程合同中，承包人约定预留的工程质量保修金不应超过工程价款的百分之五，合同或保修条款应明确约定返还工程质量保修金的具体时间，明确承包人收款账号，明确约定拖欠保修金的违约利息。在质量保修责任管理方面，承包人应制定企业内部的管理措施，明确保修责任人、收款责任人及相应的奖罚办法，及时催讨到期的工程质量保修金并防范保修风险。

承包人在接到质量保修通知之后，应立即按照约定的要求勘查工程质量现场，自身评估质量缺陷责任人。如系自身因素造成的质量保修问题应及时修复质量缺陷，并保存相关资料。如经勘查、评估非承包人自身因素导致的质量问题，应建议发包人或房屋建筑所有人组织相关单位进行责任认定，固定有关证据。质量保修书或工程合同应对质量争议问题中涉及的责任人认定约定明确具体的程序和内容，便于合同双方操作和处理。

一旦出现质量保修争议，如果是保修责任人的认定问题，承包人应依法申请发包人组织进行认定质量问题责任人，根据认定的结论，由责任人承担保修费用。承包人应及时完成保修任务，如拒绝承担，对保修费用数额产生争议，如协商解决不成，任何一方均可提出诉讼，申请法院或仲裁委进行司法鉴定和裁决，由败诉方承担相关的费用及损失。

第五章
分包合同法律热点问题

工程建设总承包企业，利用自身资质、品牌、市场、管理等优势，通过依法工程施工分包，对社会资源整合、利用，达到降低成本、提高效益的目的。这不仅是社会分工的继续细化，也是企业实现持续发展的必然选择。但是，由于当前建筑市场尚不够规范，分包企业鱼龙混杂，工程施工分包也给工程项目实施和企业经营带来较多风险。因此，对工程施工分包进行有效法律风险控制显得尤为重要。

第一节　专业分包与劳务分包

一、专业分包

（一）概念

专业工程分包是工程承包人将建设工程施工中，除主体结构施工外的其他专业工程发包给具有相应专业资质的施工企业施工的行为。我国《建筑法》第五十五条规定："建筑工程实行总承包的，工程质量由工程总承包单位负责，总承包单位将建筑工程分包给其他单位的，应当对分包工程的质量与分包单位承担连带责任。分包单位应当接受总承包单位的质量管理。"我国《合同法》第二百七十二条第二款、第三款规定："总承包人或者勘察、设计、施工承包人经发包人同意，可以将自己承包的部分工作交由第三人完成。第三人就其完成的工作成果与总承包人或者勘察、设计、施工承包人向发包人承担连带责任。承包人不得将其承包的全部建设工程，转包给第三人或者将其承包的全部建设工程肢解以后，以分包的名义分别转包给第三人。禁止承包人将工程分包给不具备相应资质条件的单位，禁止分包单位将其承包的工程再分包。建设工程主体结构的施工必须由承包人自行完成。"

（二）专业分包的法律特征

1. 分包必须在总包合同中有约定或者取得发包人的同意或认可。

2. 分包工程是总包工程的一部分非主体结构工程、次要部位或附属部分的勘察设计施工业务。施工总承包项目中建设工程主体结构的施工必须由总承包人自行完成。

3. 分包人必须具有相应的资质，如《建筑法》第二十九条第三款的规定，分包人必须具有相应的资质条件，禁止个人承揽分包工程业务。

4. 分包人不能再进行专业工程分包。《建筑法》第二十八条规定，分包只能发生一次，禁止分包单位将其承包的建设工程再次分包。

5. 分包人以其自己的劳动力、设备、原材料、管理等独立完成分包工程。工程分包计取的是直接费、间接费、工程税金和利润，结算的是工程价款，包括预付款、进度款、签证款、结算款、保修金，以及各种费用不同的利息起算日期。

6. 工程分包的本质是总分包人之间的管理关系和合同关系，总包人对分包工程必须管理。分包人就其完成的工作成果按照分包合同的约定，与总包人向发包人承担连带责任。

二、劳务分包

（一）概念

劳务分包是指总承包人或专业工程承包人（劳务作业发包人）将其

施工任务中的劳务作业，交由法定资质的劳务企业（劳务作业承包人）完成的活动。劳务分包合同，就是指劳务作业发包人就劳务作业内容与劳务作业承包人签订的合同。劳务作业承包人对其承包的劳务作业向劳务作业发包人负责；承包人向发包人就建设工程负责，但其中的劳务作业部分由劳务作业承包人与承包人共同向发包人负责。

（二）劳务分包的法律特征有以下几点：

1. 劳务分包是在工程施工合同的前提下产生的，劳务分包合同属于总承包施工合同的从合同，没有建设工程施工合同，就没有劳务分包合同。

2. 劳务分包的发包人可以是总承包人，也可以是专业工程承包人。工程的劳务分包，无需经过发包人同意，发包人也不得指定劳务分包人，而且劳务作业承包人就承包的劳务不得再次分包。

3. 劳务承包人必须为企业，有独立法人资格，具有由建设主管部门认可的相应资质。劳务分包企业资质设一至两个等级、13个资质类别，其中常用类别有：木工作业、砌筑作业、抹灰作业、油漆作业、钢筋作业、混凝土作业、脚手架作业、模板作业、焊接作业、水暖电安装作业等。如同时发生多类作业，可划分为结构劳务作业、装修劳务作业、综合劳务作业。

4. 劳务分包的内容或标的，仅为建设工程施工中的劳务，材料、机具及技术管理等工作，仍由劳务作业发包方负责。在扩大化的劳务分包中，劳务作业队伍也只提供小型机具和辅助材料。

（三）劳务分包模式

1. "包清工"模式。"包清工"也叫劳务清包，指劳务作业分包企业自行购买所有材料，劳务作业队伍只提供劳务的分包模式。"包清工"模式是劳务分包最基本的模式，在此种分包模式下，劳务分包单位的自由度和控制力比较高，而且利润率也较高，但对项目管理人员的配置，以及施工现场管理人员的素质，均提出了很高的要求。

2. 劳务扩大化分包模式。这是最常见的一种分包模式，在此种分包模式下，劳务作业队伍不仅包劳务，还包括提供辅助机具、材料以及一些基本的辅助管理工作。分包单位可以相对减少项目管理人员的配置，有助于工程成本的控制。

三、专业分包与劳务分包的区别

（一）分包主体的资质不同

《建筑业企业资质管理规定》把建筑业企业资质分为施工总承包、专业承包和劳务分包三个序列，其第六条规定："取得专业承包资质的企业，可以承接施工总承包企业分包的专业工程和建设单位依法发包的专业工程。专业承包企业可以对所承接的专业工程全部自行施工，也可以将劳务作业依法分包给具有相应资质的劳务分包企业。取得劳务分包资质的企业，可以承接施工总承包企业或专业承包企业分包的劳务作业"。这可以看作是对专业承包和劳务分包从资质上的区分。《建筑业企业资质等级标准》规定了60种专业承包企业的资质，13种劳务作业企业资质。

（二）专业分包与劳务分包合同标的不同

专业工程分包合同的标的是分部分项的工程，计取的是工程款，其表现形式主要体现为包工包料；劳务分包合同的标的是工程施工的劳务，计取的是人工费，其表现形式为包工不包料，俗称"包清工"。

（三）分发包人不同

专业分包的分发包人只能是总承包人；劳务分包的分发包人可以是总承包人，也可以是专业工程承包人

（四）是否需经发包人同意

分包专业工程，除施工总承包合同中有约定外，必须经发包人认可；分包劳务作业无需发包人同意。

（五）承担责任的范围不同

专业工程分包条件下，总包人要对分包工程实施管理，总分包双方

要对分包的工程以及分包工程的质量缺陷向发包人承担连带责任；而劳务分包条件下，分包人可自行管理，并且只对总包人或者工程分包人负责，总包和工程分包人对发包人责任，劳务分包人对发包人不直接承担责任。

（六）有偿对价支付对象不同

专业分包合同中，发包人对价支付给分包人的是工程款（由人工费、材料费、机械台班费、管理费、利润以及相关税费组成）；劳务分包纯粹属于劳动力的使用，其他一切施工技术、物质等均完全由总包人负责，劳务分包是通过工日的单价和工日的总数量进行费用结算的，发包人对价支付给分包人的是劳务报酬（由人工费、简易机械设备费、管理费、利润以及相关税费组成）。

第二节　违法分包与转包

一、违法分包

分包行为本身是法律所允许的，但必须遵守一定的法定条件，否则，就会构成违法分包行为。综合《建筑法》第二十九条、《合同法》第二百七十二条第3款及《建设工程质量管理条例》第七十八条第2款的规定，具有下列行为之一的即可认定为违法分包：

1. 总承包人将建设工程分包给不具备相应资质条件的单位；

2. 建设工程总承包合同中未有约定，又未经发包人认可，承包人将其承包的部分工程交由其他单位完成；

3. 施工总承包人将建设工程主体结构的施工分包给其他单位的；

4. 分包人将其承包的工程再行分包。

二、转包

转包，是指承包人承包建设工程后，不履行合同约定的责任和义务，将其承包的全部建设工程转给他人，或者将其承包的全部建设工程肢解以后以分包的名义分别转给其他单位承包的行为。承包人具有下列行为的，可以认定为非法转包：

1. 承包人不履行合同约定的责任和义务，将其承包的全部工程转给他人承包的。

2. 承包人将其承包的全部工程肢解以后以分包的名义转给他人承包的，俗称化整为零。

3. 承包人将主体结构工程转给他人承包的。

4. 承包人将工程分包给不具备相应资质条件的单位。

5. 承包人将部分专业工程分包后，未在施工现场设立项目管理机构和派驻相应人员组织管理。

转包危害很多。例如，容易造成投机行为。由于层层剥皮，致使真正投入工程上的资金不足，容易发生建筑工程质量与安全事故等，因此，转包一向是我国法律明令禁止的行为。《建筑法》第二十八条规定："禁止承包单位将其承包的全部建筑工程转包给他人，禁止承包单位将其承包的全部建筑工程肢解以后以分包的名义分别转包给他人"；《合同法》第二百七十二条第 2 款规定："承包人不得将其承包的全部建设工程转包给第三人或者将其承包的全部建设工程肢解以后以分包的名义分别转包给第三人"。

三、违法分包和转包的法律后果

1. 发包人可以解除总包合同，并追究承包人的违约责任。最高人民法院《关于建设工程施工合同纠纷案件适用法律若干问题的解释》第八条规定，承包人将承包的建设工程非法转包、违法分包的，发包人请求解除建设工程施工合同的，应予支持。承包人要承担因违法分包而给发包人带来的质量、工期延误、重新选定合法承包人的损失。

2. 违法分包、转包工程可能据实结算。如果分包合同无效，合同对价格和结算方式约定也不明确，双方又不能协商一致的，可以参照签订建设工程施工合同时，当地建设行政主管部门发布的计价方法或者计价标准结算工程价款，即据实结算。在据实结算的情形下，承包人的分包费用将大大增加。

3. 当事人依据上述无效合同取得的利益为非法所得，人民法院可以收缴。这一法律后果的依据是《民法通则》一百三十四条规定："人民法院审理民事案件，可以收缴进行非法活动的财物和非法所得。""非法所得"包括承包人转包、违法分包建设工程取得的利益，出借法定资质的建设施工企业因出借行为取得的利益，以及没有资质的建设施工企业因借用资质签订建设工程施工合同取得的利益。在实践中如何贯彻和执行"收缴非法所得"这一法律规定，审判实务界一直有很大争议并存在不同观点。最高人民法院对上述争议虽没有给出明确的意见，但其作出的相关判例则明显倾向于第二种观点，即"非法所得"仅指当事人已经实际取得的财产。

4. 违法分包、转包合同被认定为无效后，在满足一定条件的情形下，违法分包、转包人应当对实际施工人的债务承担责任。最高人民法院关于《关于审理建设工程施工合同纠纷案件适用法律问题的解释》中规定，实际施工人以转包人、违法分包人为被告起诉的，人民法院应当依法受理。另外，《建设领域农民工工资支付管理暂行办法》也规定，工程总承包企业不得将工程违规发包、分包给不具备用工主体资格的组织或个人，否则应承担清偿拖欠工资连带责任。

例如，某省第二建筑公司与某房地产开发有限公司签订了房屋建设合同后，将该工程的一部分，以劳务分包的形式分包给方某。方某在施工过程中，私自以某省第二建筑公司工程项目部的名义与某建筑设备器材租赁有限公司签订租赁合同，租赁工程所需的机械设备。工程完工后，因方某欠付部分租金，出租方起诉要求某省第二建筑公司与方某给付租金及违约金。法院经审理后判决方某在10日内向某建筑设备器材租赁公司支付租金及违约金，某省第二建筑公司承担连带责任。

第三节　甲指分包

一、甲指分包的定义

建筑工程中的"甲指分包"是指，在实行建筑工程施工总承包的工程中，对于列入总承包合同暂估价中的专项（专业）工程，由甲方（发包人）选定专项（专业）分包单位施工的行为。承包人须对甲方指定分包单位进行工期、质量、技术、安全等方面的综合管理，并承担协调、配合、服务等责任，发包人须向承包人支付总包管理服务费。上述"甲指分包"定义包含以下几层含义：

1. 发包人有权选定专项（专业）分包单位的范围只限于列入总承包合同暂估价的内容。对于属于总承包单位自行施工或采购的内容，非另有约定，发包人无权擅自选定专项（专业）分包单位。

2. 专项（专业）分包单位是由发包人选定的，或者以发包人为主确定的，而非由承包人完全自主确定的。发包人选定包括发包人独立招标方式、与承包人联合招标方式、发包人独立直接发包或与承包人共同直接发包方式等。

3. "甲指分包"的分包内容，包括包含在承包人承包范围内的、列入暂估价的专项（专业）分包工程（如幕墙工程、消防工程、机电工程等）。

4. 承包人仍需对甲方指定的分包单位在履行"甲指分包"合同中的工期、质量、技术、安全等目标进行管理，原则上应与"甲指分包"单位就分包工程和材料、设备、服务采购向发包人承担连带责任。除此以外，承包人还需承担协调、配合、服务等责任。这类协调、配合、服务职责比较常见的有：为甲指分包单位提供临时水、电、道路、垂直运输设备、脚手架、工作面、办公用房、仓储用地等；技术资料签认、上报；完工资料按相关规定的汇总、整理、上报等。

相应地，发包人须向承包人支付一定金额的总包管理服务费，该费用可能是一笔固定的金额，也可能是按某一比例计算出来的金额。但是，在发包人支付该笔费用后，承包人原则上不得再向"甲指分包"单位另行收取管理费或服务费。

二、"甲指分包"与"甲方直接发包"的区别

"甲方直接发包"是指甲方（发包人）直接发包工程，并与分包人签订承包合同。"甲指分包"与"甲方直接发包"的相似之处在于，无论哪种方式承包人都是由建设工程发包人（甲方）确定的；无论哪种方式，承包人都要按照发包人的指令进行配合；承包人都收到发包人给付的一定金额，并且，在发包人支付该笔费用后，承包人原则上不得再向"甲指分包"单位或发包人直接发包单位另行收取管理费或配合费。"甲方直接发包"也有着与"甲指分包"不同的自身特点，主要表现在以下几个方面：

1. 发包人直接发包的分包内容不在总承包合同范围之内；

2. 分包合同承发包关系的主体是发包人与分包人；

3. 根据实际情况，发包人可以与总承包人约定直接发包是否纳入总承包管理，而在"甲指分包"的情况下，分包人必须纳入总承包管理之下。

三、"甲指分包"的常见模式

实践中，"甲指分包"主要有两种模式。第一种是常规意义上的指定分包模式。在这种模式下，指定分包人的工程款要先经过总承包人的账户，一定程度上有利于承包人对指定分包人的监管。这也是目前对承包人来说相对较好的指定分包模式。第二种为发包人不与指定分包人签订

合同，却将工程款直接支付给指定分包人的模式。在这种模式下，又分为两种情形：一是指定分包工程价款在总包价款内，此时一般先由承包人向发包人开具付款委托，然后发包人将工程款径直支付给指定分包人；二是指定分包工程价款不在总包价款内，承包人审核后，发包人将工程款径直支付给指定分包人。但不管是这种模式的哪种情形，承包人承担的风险都为最大。一旦发包人不及时付款，指定分包人自然会依据合同向承包人追索，发包人则表现得非常超然，事后承包人向发包人索要该款项时颇费周折。因此，发包人往往乐此不疲，喜欢采用这种指定分包模式。

四、"甲指分包"合法性分析

实行施工总承包的工程中，"甲指分包"的合法性问题一直受到关注，其特别性在于该分包是"甲指"的，表面意思即为发包人指定的分包单位。我们先看看法律和行政法规的有关规定：

《建筑法》第二十四条规定："提倡对建筑工程实行总承包，禁止将建筑工程肢解发包。建筑工程的发包单位可以将建筑工程的勘察、设计、施工、设备采购一并发包给一个工程总承包单位，也可以将建筑工程勘察、设计、施工、设备采购的一项或者多项发包给一个工程总承包单位；但是，不得将应当由一个承包单位完成的建筑工程肢解成若干部分发包给几个承包单位。"

《建筑法》第二十九条规定：建筑工程总承包单位可以将承包工程中的部分工程发包给具有相应资质条件的分包单位；但是，除总承包合同中约定的分包外，必须经建设单位认可。施工总承包的，建筑工程主体结构的施工必须由总承包单位自行完成。

《招标投标法》第二十条规定："招标文件不得要求或标明特定的生产供应者。"

《建设工程质量管理条例》第七十八条规定：本条例所称肢解发包，

是指建设单位将应当由一个承包单位完成的建设工程分解成不同部分发包给不同承包单位完成的行为。

上述法律和行政法规并未明确规定"甲指分包"及其处理规定，也没有明确说明何谓应当由一个承包单位完成的建设工程。但是在一系列的部门规章和规范性文件中，却作出了明确规定，如：

《房屋建筑和市政基础设施工程施工分包管理办法》（建设部 124 号令）第七条：建设单位不得直接指定分包工程承包人。

《工程建设项目施工招标投标办法》（七部委第 30 号令）第六十六条：招标人不得直接指定分包人。

《关于禁止在工程建设中垄断市场和肢解发包工程的通知》（建建〔1996〕240 号）：在工程施工中，总包（包括施工总包，下同）单位有能力并有资质承担上下水、暖气、电气、电信、消防工程和清运渣土的，应当由其自行组织施工和清运；若总包单位需将上述某种工程分包的，在征得建设单位同意后，亦可分包给具有相应资质的企业，但必须由总包单位统一进行管理，切实承担总包责任。建设单位要加强监督检查，明确责任，保证工程质量和施工安全。除总包单位外，任何单位和个人不得以任何方式指定分包单位。

在上述部门规章和规范性文件中，态度非常明确，即明确限制或禁止"甲指分包"。

但是按照合同法第五十二条的规定，上述部门规章和规范性文件中的禁止性规范并不能构成"甲指分包"合同无效的依据。该结论也和最高人民法院《解释》第一条的规定相符合。另外，按照最高人民法院《解释》第十二条第一款的规定："发包人具有下列情形之一，造成建设工程质量缺陷，应当承担过错责任：（一）提供的设计有缺陷；（二）提供或者指定购买的建筑材料、建筑构配件、设备不符合强制性标准；（三）直接指定分包人分包专业工程"，即在建设单位指定分包人分包专业工程，造成工程缺陷的，承担过错责任。该规定也间接说明，对于"甲指分包"合同不应直接认定为无效合同。

五、承包人在甲指分包合同下的风险分析

在甲指分包的情形下，由于分包人是由发包人选定的，而按照《建筑法》的相关规定，承包人须与分包人就分包工程对发包人承担连带责任，建筑工程实行总承包的，工程质量由承包人负责，因此，甲指分包的风险其实主要是承包人的风险，主要表现以下几个方面：

1. 甲指分包范围无约定或约定不清

中国目前的建筑市场仍属于发包人市场，很多发包人随便扩大甲指分包范围，对于属于承包人自行施工范围内，利润比较高的分部分项工程（如消防、幕墙、机电等）擅自决定自行分包。在自行选定分包单位后，只是口头通知承包人，将由某施工单位进行某项专业分包，这种情形造成了承包人极大的被动和潜在风险。

2. 甲指分包单位的选定方式、程序不透明或无约定

实践中，一个施工总承包工程甲指分包的内容均比较多，甲指分包选定方式和选定程序的不透明或无约定，必定造成甲指分包过程的混乱。承包人对于发包人选定程序的朝令夕改也是疲于应付，在甲指分包单位进场施工后，也容易造成承包人与甲指分包人之间的摩擦与矛盾。

3. 招标主体（直接发包的主体）与合同签约主体不一致，这种情况在采用招标方式的情况尤为普遍，如发包人独立招标，但要求承包人根据招标文件和投标文件，与甲指分包单位人签署分包合同。因此，在这种情况下，根据合同的相对性原则，承包人就成为相对于甲指分包人的，在甲指分包合同的唯一的义务主体，除非有特别约定，这将对承包人极其不利。如在发包人拖欠工程款的情况下，也不能免除承包人对甲指分包人的付款义务。

4. 甲指分包合同对合同签约主体在该合同中的权利义务约定不明或无约定，该情形以发包人、承包人和甲指分包人签署三方合同的为多。

在三方的甲指分包合同中，若对发包人的权利义务、承包人承担的综合管理职责、承包人为甲指分包人提供的配合、协调、服务范围、标准等责任、甲指分包合同付款主体及程序、结算方式、各方违约责任的承担等约定不明或无约定，就会引起诸多争议。

5. 对于一般的施工总承包企业而言，并不具备对专项（专业）分包工程进行全面管理的能力，尤其对于一些较为复杂的工程，如酒店工程、医院工程，在专项（专业）分包施工和精装修阶段会存在大量的设计变更，会导致大量的拆改和再拆改，承包人根本无从管理，甲指分包工程逾期完工、质量不合格，往往会引起承包人在总承包合同下对发包人的违约，特别是在发包人、管理公司、咨询公司之间权责划分不明确的情况下，于是就引起了承包人、发包人、管理公司、咨询公司、甲指分包人之间，对该等责任承担的争议和纠纷。

六、"甲指分包"的风险防范

1. 建议发包人应在招投标阶段将指定分包内容明确化，发包人招标文件不明确时应及时提出咨询。应在总承包合同条款中详细约定指定分包工程的具体内容，明确承、发包双方的权利义务和相关费用的收取方法。

2. 作为承包人，应尽量避免与指定分包人签订指定分包合同，争取使发包人与指定分包人直接签订指定分包合同，使指定分包工程变为总包合同外工程。

3. 若必须与指定分包人签订指定分包合同的，争取签订包括发包人、指定分包人在内的三方协议，约定承包人仅履行总包管理之责，付款义务在发包人一方。

4. 若必须只与指定分包人签订指定分包合同的，应和发包人、指定分包人明确约定，应付给指定分包人的资金（工程款），必须先进入总包账户之后再付给指定分包人，力戒发包人直接付款给指定分包人，同时可要求指定分包人提供履约保证金或履约保函。

5. 在指定分包工程的工程款经过总包账户情形下，指定分包合同中还可明确约定，承包人支付指定分包人工程款应以承包人收到发包人的该部分工程款为前提条件，若指定分包人在不具备该前提条件的情况下，以任何形式向承包人主张工程款均视为违约，应承担一定数额的违约金。

6. 应保存好施工过程中与指定分包人之间的往来函件、签证、会议纪要等原始书面的证据资料。

第四节 "背靠背"条款

一、"背靠背"条款的概念、成因

为了预防、转移或者分散因发包人拖欠工程款而带来的风险，承包人经常在分包合同中设定的，以其获得发包人支付作为其向分包商支付的前提条件的条款，这即谓"背靠背"条款。其产生原因在于目前建筑市场中普遍存在的发包人拖欠工程款现象。

虽然"背靠背"条款广泛存在，但我国法律并未对"背靠背"条款的法律性质作出明确规定，在实践中，人们对"背靠背"条款的认识并不统一，争议也日渐增多。对此类条款深入剖析，有助于建筑市场主体正确认识"背靠背"条款的风险，并增加防范意识。

二、"背靠背"条款的基本内容

我国现行的《建设工程施工专业分包合同（示范文本）》（GF-2003-0213）第19.5款规定："分包合同价款与总包合同相应部分价款无任何连带关系。"由此可见，我国建设行政主管部门并不提倡"背靠背"条款。相比之下，《FIDIC 土木工程施工分包合同条件》（第 1 版 1994 年，以下简称 FIDIC 分包合同条件）第 16.3 款，则规定了较为规范的"背靠背"

条款：在下列情况下，承包人应有权扣发或缓发应支付分包商的全部或部分金额：

……

（c）月报表中包含的款项没有被工程师全部证明，而这又不是由于总承包人的行为或违约导致的；（d）总承包人已按照主合同将分包表中所列的款项，包括在总承包人的报表中，且工程师已为此开具了证书，但建设方尚未向总承包人支付上述全部金额，而这不是总承包人的行为或违约引起的；（e）分包商与总承包人之间和（或）总承包人与建设方之间，就涉及计量或工程量问题或上述分包商的报表中，包含的任何其他事宜已发生了争执。……

同时，FIDIC分包合同条件还规定，如果总承包人扣发或缓发任何款项，应及时（但不迟于约定的付款期限）将扣发或缓发的理由通知分包商。

尽管前述FIDIC分包合同条件"背靠背"条款被国内一些总承包人所借鉴使用，但大多数"背靠背"条款仍较为概括，除体现"建设方付款后总承包人才付款"的内容之外，总承包人自身应当谨慎并合理运用该条款，应当及时通知分包商约束性条款等。

三、"背靠背"条款的合法性与合理性分析

（一）合法性分析

根据《合同法》第五十二条"有下列情形之一的，合同无效：（一）一方以欺诈、胁迫的手段订立合同，损害国家利益；（二）恶意串通，损害国家、集体或者第三人利益；（三）以合法形式掩盖非法目的；（四）损害社会公共利益；（五）违反法律、行政法规的强制性规定"的规定以及《最高人民法院关于适用＜中华人民共和国合同法＞若干问题的解释（二）》第十四条"合同法第五十二条第（五）项规定的'强制性规定'，是指效力性强制性规定"的规定。由于目前法律、行政法规并未就以发

包人向承包人支付价款作为承包人向分包人支付分包价款的条件作出效力性强制性规定。因此，可以确认只要承包人与分包人在签订背靠背合同条款时不存在上述第（一）至第（四）种情形，则背靠背条款为合法有效的合同条款，无论对承包人还是分包人均具有法律约束力。

根据《民法通则》第六十二条规定，民事法律行为可以附条件，附条件的民事法律行为在符合所附条件时生效，除非法律另有规定或合同另有约定。实际上，承包人向分包人支付分包价款不仅是附有条件的，而且其条件还相当普遍和明确的。例如，分包人是否按照法律及合同约定按质按期完成了施工任务，是否履行了分包合同约定的其他义务等，均是承包人向分包人支付分包价款的条件。所以，以发包人支付作为前提条件的"背靠背"条款是合法有效的。

（二）合理性分析

在实践中，包含"背靠背"条款的分包合同大致可划分为两类：一种是由承包人在其实际承包范围内与分包人签订的（下称"一般分包合同"）；另一种是由承包人与发包人指定分包人签订的（下称"指定分包合同"）。由于两种分包模式的性质和风险分担不同，对其各自包含的"背靠背"条款应当区别对待：

1. 在一般分包模式下，分包人仅通过承包人获得分包合同，通常与发包人并无实质上的权利义务关系。在这种情况下，承包人通过"背靠背"条款，把本应属于其自身承担的风险不合理的转嫁给分包人，有违公平原则和诚实信用原则。

2. 在指定分包模式下，分包人的选择和定价主要是由发包人完成的，指定分包人与发包人往往有实际的权利义务关系，承包人在指定分包工程中的经济利益通常也很有限，一般仅限于管理费。承包人虽然名义上与分包人签订分包合同，但承包人实际更接近项目管理公司的角色。基于以上这些特点，从权利和义务对等的角度，承包人通过规定"背靠背"条款以规避支付风险，认为是可以理解和接受的。

四、承包人的举证责任

虽然"背靠背"条款具有合法性和合理性，但是，如果承包人滥用背靠背条款，以此对抗分包商付款请求的抗辩理由就不应得到支持。例如，发包人不存在拖欠承包人工程款的情况，或者是承包人为了其自身的利益怠于向发包人主张权利，甚至与发包人达成其他的不正当交易等阻止分包合同项下支付条件的成就，从而损害分包人的合同利益，则根据《合同法》第四十五条"当事人为自己的利益不正当地阻止条件成就的，视为条件已成就"的规定，则分包款支付条件依法应视为已成就，承包人将无权再援引"背靠背"条款对抗分包人的付款请求。为顺利运用"背靠背"条款，承包人需要证明如下事项：

1. 承包人应举证证明发包人尚未就分包工程付款，承包人应当向法院或仲裁机构证明就诉争的分包工程，发包人尚未支付其相应款项。这是"背靠背"条款得以成就的关键事实。这项举证工作看似简单，但在实践中承包人却很难完成。造成承包人举证困难的主要原因在于总承包合同中，关于发包人付款的约定不明确和发包人付款明细难以与分包合同价款对应。

2. 承包人应当举证证明不存在因自身原因造成发包人付款条件未成就的情形。如果因承包人应当承担责任，而背靠背条款中又未约定分包人应当对此与承包人承担风险的原因造成发包人付款条件为成就，则承包人以背靠背条款，对抗分包人付款请求的抗辩理由就不成立。例如，在工期存在误期的情况下，如果承包人对此负有责任，而背靠背条款中又未明确分包人应当对此承担风险，则承包人以背靠背条款对抗分包人付款请求，显然属于极不公平地转嫁责任和风险，其抗辩理由显然不应当得到支持。这里的承包人自身原因不仅包括承包人本身的原因，还应当包括应当视为承包人自身的其他分包人的原因，以及其他在分包合同中未明确约定分包人应当承担风险的其他方面的原因。

3. 承包人应当举证证明自身已积极向发包人主张权利。承包人可能面临的另外一个举证难题是要向法院或仲裁机构证明其已经积极就分包工程的未付款项向发包人提出权利主张，从而尽到了积极有效追索价款的义务，不存在阻止条件成就的行为。承包人要证明自身已积极向发包人主张权利，其主张权利的行为至少应当同时满足期限和方式两个方面的要求。在期限上，承包人至少应当证明在发包人未按照合同约定的情况下，自身已及时向发包人主张了权利。在方式上，承包人应当证明自身向发包人主张权利所采取的方式是积极有效的。通常情况下，承包人主张权利所采取的方式有自力救济方式（付款申请或催告函、律师函、协商谈判、争议评审等）和公力救济方式（诉讼与仲裁）。

在司法实践中，即便法院或仲裁机构认可了"背靠背"条款的合法性，但从公平和诚实信用原则出发，他们仍可能会综合考虑拖欠期间的长短，以及承包人在此期间是否积极作为，并以此作为是否支持"背靠背"条款的事实依据。

第五节　农民工工资问题

农民工作为社会的弱势群体，其法律意识、法律知识、经济能力有限，很多情形下没能力，也不知道如何维护自己的合法权益。若以诉讼维护其权益，也要经过漫长的诉讼程序，并非最经济和及时有效的维权途径。拖欠农民工工资问题的解决，最终还是要靠建筑业企业对法律的遵守和履行其社会责任，尤其是直接使用农民工的专业分包单位和劳务分包单位。本节只从总承包单位的角度，对分包单位拖欠农民工工资问题进行分析。

一、承包人与农民工工资的关系

工程承包人与分包人签订分包合同，分包人与农民工签订劳动合同，依照"谁签约、谁负责"的法律精神，承包人与农民工之间不存在雇佣合同关系，对农民工工资无支付义务，原则上仅负有监督分包商按时、足额支付农民工工资的义务。如果承包人直接支付农民工工资，则存在如下法律障碍和风险：

1. 正常情况下，承包人向其分包人支付工程款，分包人向其雇佣的农民工支付工资。如果承包人越过分包人直接支付农民工工资，突破了合同相对性。按照法律相关规定，合同仅对签署合同的当事人具有约束力，合同一方当事人依照合同仅对其他当事人享有权利，负有义务。承包人直接支付农民工工资，存在不被分包人认可的风险。

2. 存在被法律推定为雇主的风险。由于承包人与农民工不存在直接的劳动合同关系，不是农民工的雇佣者。因此，原则上不负有支付农民工工资的义务。如承包人选择直接向农民工支付工资，存在被法律推定为雇佣农民工的雇主的风险。

二、承包人直接支付农民工工资应完善的合同手续

如果需要承包人直接支付农民工工资，承包人应从以下两点入手防范风险：

1. 合同授权承包人直接支付。在承包人与分包人签署的分包合同中，增加一个合同条款，即在分包人存在拖欠农民工工资时，或承包人认为有必要时，承包人有权直接向农民工支付工资，相应金额视为对分包人支付的工程款，从其应收工程款中扣除。

2. 明确直接支付为代付性质。在直接支付前，由分包人另行向承包人出具申请书，申请代其支付农民工工资，并承诺支付工资总额从其应收工程款中扣除，以此避免可能被法律推定为农民工雇主的风险。

三、"恶意结算"行为

所谓恶意结算，是指实际施工人串通部分农民工，伪造证据，虚报、

冒领工资，或者煽动农民工采取激进手段对承包人进行要挟、勒索，超额索赔以获取非法利益的行为。

（一）"恶意结算"行为产生原因

"恶意结算"行为产生的原因很多，主要有以下几点：

1. 合同相对性的突破，行政部门打破了正常的合同纠纷诉求渠道，给实际施工人提供了可乘之机。

2. 行政部门以政策为指导，以维护社会稳定为原则，对欠薪纠纷的性质不加区分，只想迅速平息事件，这在一定程度上给了实际施工人提供了便利。

3. 实际施工人利用农民工属于弱势群体的便利，走悲情路线，获得媒体的同情，用舆论迫使施工单位息事宁人。

4. 承包人选择分包人不严格或者对分包人履约过程的管理过于松散，致使工程被层层分包或转包，增加了"恶意结算"行为风险的发生。

（二）"恶意结算"行为的界定

如果出现下列行为之一的，可以认定为"恶意结算"行为：

1. 违反社会治安管理规定，采取写标语、拉横幅、堵塞道路交通、封锁出入口等方式，造成严重影响的；

2. 采取爬楼、爬吊塔、切断水电、冲击施工现场等方式，妨碍正常施工现场管理、办公秩序，造成严重损失的；

3. 采取敲诈、勒索、胁迫索取建设领域工程款、材料款、劳务款或农民工工资等方式，涉嫌欺诈或以合同纠纷为由蓄意闹事的；

4. 组织农民工或非施工现场人员参加聚集或闹事的，如围堵国家机关，冲击办公区域等。

（三）"恶意结算"行为是违法行为

首先，堵塞道路、阻碍交通等行为违反了《治安管理处罚法》的规定，情节严重的可能还要受到刑法的制裁；其次，采用敲诈、勒索、胁迫等行为"恶意结算"直接违反了我国刑法的规定；最后，如果实际施工人恶意欠薪也可能违反刑法规定。《刑法修正案（八）》规定，以转移财产、逃匿等方法逃避支付劳动者的劳动报酬或者有能力支付而不支付劳动者的劳动报酬，数额较大，经政府有关部门责令支付仍不支付的，处三年以下有期徒刑或者拘役，并处或者单处罚金；造成严重后果的，处三年以上七年以下有期徒刑，并处罚金。

第六章
争议解决

第一节　工程合同争议产生的原因和常见纠纷

工程合同争议是指合同双方对合同条款理解不一致，或履行合同不符合约定所导致的冲突。由于工程项目的技术经济特点，如单件性、体积大、建设周期长、价值高、形成产品的材料数量大、品种多，在工程建设过程中发生争议是不可避免的，其中既包括承包人与发包人之间的合同纠纷，也包括承包人与分包人、供货商之间的合同纠纷。实践中，引发工程合同争议的因素很多，承包人未按约定进行工程建设，发包人未按约定支付工程价款是建筑工程施工合同发生纠纷的两大根源，而具体表现为以下几种形式：①合同主体的争议，②工程款支付的争议，③工程质量的争议，④工程分包与转包的争议，⑤工程合同变更的争议，⑥工程进度和工程量的争议，⑦合同竣工验收的争议，⑧安全事故赔偿的争议，⑨不可抗力的争议等。

一、建设工程合同争议产生的原因

与其他商业领域相比，建设工程合同纠纷案件数量较多，虽然企业不断提高自身管理水平，建设工程的争议仍然是施工企业管理的重要组成部分。建设工程合同争议的产生与建设工程合同本身的特点和国内的建设市场现状密不可分：

（一）建设工程涉及问题复杂，合同履约期限长

建设工程涉及的环节较多，涉及问题较为复杂。因此，在建设工程施工合同中难以全面清晰地作出明确约定，理解的歧义经常引发纠纷。建设工程活动涉及勘探测量、设计咨询、物资供应、现场施工、竣工验收、维护修理全过程，有些还涉及试车投产、人员培训、运营管理，乃至备件供应和保证生产等工程竣工后的责任；每一项进程都可能牵涉到标准、劳务、质量、进度、监理、计量和付款等有关技术、商务、法律和经济问题。所有这一切要在合同中明确规定，并得到各方严格遵守而不发生任何异议很困难。尽管建设工程合同一般均很详细，有些甚至多达数卷，但仍难免有某些缺陷、考虑不周或各方理解不一致之处，特别是几乎所有条款都同成本、价格、支付和各方责任发生联系，直接影响各方的权利、义务和损益，这就易于使各方坚持己见，由彼此分歧而酿成纠纷。

在漫长的履约过程中，由于建设工程内外环境条件、法律条例以及工程发包人的意愿变化，导致工程变更、履约困难和支付款项方面的问题增多，由此而引起的工期拖延和迟误的责任划分常常引起纠纷。从承包人方面来说，由于工期很长，也难免发生事先对资金、机具设备和材料、劳务安排等估计不足或处置不妥，因而使成本提高，出现亏损或进度拖延。为使工程继续进行，承包人期望从发包人一方获得补偿。在施工过程中的补偿要求或索赔往往会遭到监理工程师和发包人的拒绝，这也是引发纠纷的另一重要因素。

（二）建设工程发包方滥用市场优势，合同双方权利失衡

建设工程合同的特点决定了发包人和承包人的期望值并不一致，而随着我国市场经济的日益深化，建筑行业的竞争更为激烈，始终处于僧多粥少的状态。发包人要求尽可能将合同价格压低并得到严格控制执行，

有许多发包人企图从市场中攫取非正常利益，表现在对承包人提出不合理的要求，承包人尽管知道不尽合理，为了市场生存也只得接受，以免失去中标机会，但希望在执行合同过程中通过其他途径获得额外补偿。这种期望值的差异，以及双方权利的失衡，虽因暂时妥协而签了合同，却埋下了此后发生纠纷的隐患。

（三）建设资金准备不足或资金被挪用

建设工程大致可分为两类：房地产开发工程和政府公共建设工程。房地产业的开发商很少准备足额的自有资金作房地产开发。通常的做法一般只准备前期部分资金，其余建设资金大致来自三个方面：一是融资；二是收取购房户的预付款；三是承包人垫资。无论哪种方式，都不一定能保证建设资金及时支付。因为开发商融资能否成功受国家信贷政策的制约；而预售款的收取受房地产市场大局及该项目设计及宣传力度的影响；承包人中途无力垫资等。任何一个环节的阻滞都容易引发工程款纠纷。

政府公共建设工程一般资金预算并无问题，但是，公共工程的拨款进度经常受到政府办事效率的牵制，有时公共建设工程的专项资金被挪用，某些政府部门因故未能按合同拨付资金，也会引发纠纷。

（四）违法行为遗留的后遗症

1. 工程招投标程序中的不法行为，使得对参与投标的施工单位的资质疏于把关，让无相应资质的承包人以挂靠方式通过资格预审。这些挂靠施工队由于技术、设备或人员素质无法真正按照招投标要求施工建设，其质量可想而知，挂靠行为在建设过程中很容易被发现，一旦发包方人事变动，常常会引起工程质量、违约、取费标准等纠纷之争。

2. 肢解发包工程。发包人将一个工程表面上发包给一个承包人，暗地里又把工程分割为若干部分，指令发包给几个承包人，使整个工程建设在管理和技术上缺乏应有的统筹协调，造成施工现场秩序混乱、责任不清，导致结算纠纷，引发工程欠款。

二、建设工程合同中的常见纠纷

（一）工程量认定纠纷

除非合同另有规定，多数工程承包合同的付款是按实际完成工程量，乘以该项工程内容的单价计算的。尽管合同中已列出了工程量，但实际施工中会有很多变化，包括设计变更、现场工程师签发的变更指令、现场条件变化（如地质、地形等）以及计量方法等引起的工程数量的增减。这种工程量的变化几乎每天或每月都会发生，而且承包人通常在其每月申请工程进度付款报表中列出，希望得到额外付款。但常因与现场监理工程师有不同意见而遭拒绝或者拖延不决。这些实际已完的工程未获得付款的金额，由于日积月累，在后期逐步累积会形成一个很大的数字，发包人更难支付，因而造成更大的分歧和纠纷。

（二）工程质量纠纷

质量方面的纠纷，包括工程中所用材料不符合合同规定的技术标准要求；提供的设备性能和规格不符，或者不能生产出合同规定的合格产品；或者是通过性能试验，不能达到规定的质量要求；施工和安装有严重缺陷等。这类质量纠纷在施工过程中主要表现为：监理工程师要求拆除和移走不合格材料，或者返工重做，或者修理后予以降价处置。对于设备质量问题，则常见于在调试和性能试验后，发包人不同意验收移交，要求更换设备或部件，甚至退货，并赔偿经济损失。承包人则认为缺陷是可以改正的，或者业已改正；对生产设备质量则认为是性能测试方法错误，或者制造产品所投入的原料不合格，或者是操作方面的问题等。质量纠纷往往变成为责任问题纠纷。

（三）工期延误责任纠纷

一项复杂的大型工程的工期延误，往往是由于错综复杂的原因造成的。在许多合同条件（包括国际咨询工程师联合会 FIDIC 的合同条件）中都规定了误期损害赔偿费（Liquidated damages for delay）的罚则，但也有许多条款规定承包人对于非自己责任的工期延误免责，甚至对某些由于发包人原因造成的工期延误，有权要求发包人赔偿该项工期延误造成的损失。例如，由于设计变更使承包人不得不暂时局部停工，承包人不仅有权要求工期延展，还可以要求赔偿停工期间劳力和施工机具的窝工损失，甚至还要求对其现场管理费、总包管理费及利润等损失赔偿。由于工期延误的原因可能是多方面的，要分清各方的责任往往十分困难。

（四）工程付款纠纷

上述工程量、质量和工期的纠纷都可能会导致或者直接表现为付款纠纷。在整个施工过程中，发包人按进度支付工程款时，往往会根据监理工程师的意见，扣除那些他们未予确认的工程量或存在质量问题的已完工程的应付款项，这种未付款项累积起来，可能形成一笔很大的金额，使承包人感到无法承受而引起纠纷，而且这类纠纷在工程施工的中后期会越来越严重。承包人会认为由于未得到足够的应付工程款而不得不将工程进度放慢下来；而发包人则会认为在工程进度拖延的情况下，更不能多支付给承包人任何款项。这就会形成恶性循环而使争端愈演愈烈，甚至引发中止合同。

（五）关于中止合同的纠纷

属于发包人中止合同造成的纠纷有：承包人因这种中止造成的损失严重而得不到足够的补偿；发包人对承包人提出的补偿费用计算持有异议等。属于承包人中止合同造成的纠纷有：承包人因设计错误或发包人拖欠应支付的工程款而造成困难提出中止合同；发包人不承认承包人提出的中止合同的理由，也不同意承包人的责难及其补偿要求等。

（六）关于终止合同的纠纷

除非是人力不可抗拒的因素影响，任何终止合同的纠纷往往是难以调和的矛盾造成的。终止合同一般都会给某一方或者双方造成严重的损害，如何合理处置终止合同后的权利主张和义务，往往是这类纠纷的焦点。终止合同可能有以下几种情况：

1. 属于承包人责任引起的终止合同。例如，发包人认为并证明承包人不履约；承包人严重拖延工程并证明已无能力改变局面；承包人破产或严重负债，致使工程停滞等。在这些情况下，发包人可能宣布终止与该承包人的合同，将承包人驱逐出工地，并要求承包人赔偿工程终止造成的损失，甚至发包人可能立即通知开具履约保函和预付款保函的银行全额支付保函金额。承包人则可能否定自己的责任，并要求取得其已完工程的付款，要发包人补偿其已运到现场的材料、设备和各种设施的费用，还要求发包人赔偿其各项经济损失，并退还被扣留的银行保函。

2. 属于发包人责任引起的终止合同。例如，发包人不履约，严重拖延应付工程款并被证明已无力支付欠款；发包人破产或无力清偿其债务；发包人严重干扰或阻碍承包人的工作等。在这种情况下，承包人可能宣布终止与该发包人的合同，并要求发包人赔偿其因合同终止而遭受的损失。

3. 不属于任何一方责任引起的终止合同。例如，由于免责障碍而妨碍任何一方履行合同规定的义务，不得不终止合同。大部分政治因素引起的履行合同障碍都属于此类。尽管一方可以引用免责障碍宣布终止合同。但是，如果另一方对于免责障碍有不同评价，或者，如果合同中没有明确规定这类终止合同的后果处理办法，也将引起纠纷。

4. 合同一方当事人由于自身需要而终止合同。例如，发包人因改变整个设计方案、改变工程建设地点，或者其他原因而通知承包人终止合同；承包人因其总部的某种安排而主动要求终止合同等。这类由于一方的需要而非对方的过失而要求终止合同，大都发生在工程开始的初期。而且要求终止合同的一方通常会认识到，并且会同意给予对方适当补偿，但是仍然可能在补偿范围和金额方面发生纠纷。例如，在发包人因自身的原因要求终止合同时，可能会承诺给承包人补偿的范围只限于实际损失，而承包人可能要求发包人还应补偿其失去承包其他工程机会而遭受的损失和预期利润。

第二节　争议解决方式

由于上述种种争议存在，在发生纠纷时选择适当的争议解决方式就显得非常重要。《合同法》第一百二十八条规定，"当事人可以通过和解或者调解解决合同争议。当事人不愿和解、调解或者和解、调解不成的，可以根据仲裁协议向仲裁机构申请仲裁。……当事人没有订立仲裁协议或者仲裁协议无效的，可以向人民法院起诉。"所以，争议解决方式主要有和解、调解、仲裁、诉讼4种方式。

一、和解与调解

（一）和解的概念及注意事项

和解是指合同纠纷当事人在自愿互谅的基础上，按照国家法律政策和合同的约定，通过摆事实、讲道理以达成和解协议，自行协商解决纠纷的一种方式。用和解方式解决，程序简便、及时迅速，有利于减轻仲裁和审判机关压力，节省仲裁、诉讼费用，有效防止经济损失进一步扩大，也有利于巩固和加强双方的协作关系。

发生合同纠纷的双方当事人在自行协商解决纠纷的过程中应当注意以下问题：第一，分清责任。协商解决纠纷的基础是分清责任，当事人双方不能一味地推卸责任，否则，不利于纠纷的解决。第二，态度端正，坚持原则。在协商过程中，双方当事人既互相谅解，以诚相待、勇于承担各自的责任，又不能一味地迁就对方，作无原则的和解。对于违约责任的处理，只要合同中约定的违约责任条款是合法的，就应当追究违约责任，过错方应主动承担违约责任，受害方也应当积极向过错方追究违约责任。第三，及时解决。如果当事人双方在协商过程中出现僵局，争议迟迟得不到解决时，就不应该继续坚持和解解决的办法，否则会使合同纠纷进一步扩大，特别是一方当事人有故意的不法侵害行为时，更应当及时采取其他方法解决。

（二）调解的概念及注意事项

调解是指合同纠纷当事人自愿在第三者的主持下，在查明事实、分清责任的基础上，由第三者对纠纷当事人说明劝导，促使他们互谅互让，达成和解协议，从而解决纠纷的活动。调解有以下三个特征：第一，调解是在第三方的主持下进行的，这与双方自行和解有着明显的不同；第二，主持调解的第三方在调解中只是说服劝导双方当事人互相谅解，达成调解协议，而不是作出裁决，这表明调解和仲裁不同；第三，调解是依据事实和法律、政策，合法调解，而不是不分是非，不顾法律与政策地"和稀泥"。

在用调解解决纠纷时要注意以下问题：第一，自愿原则。自愿有两方面含义：一是纠纷发生后，是否采用调解方式解决，完全依靠当事人的自愿。二是调解协议必须是双方当事人自行达成。调解人既不能代替当事人达成协议，也不能把自己的意志强加给当事人。如果当事人对协议内容有意见，则协议不能成立，调解无效。第二，合法原则。根据合法原则的要求，双方当事人达成协议的内容不得同法律和政策相违背，凡是有法律、法规规定的，按法律、法规规定办；法律、法规没有明文规定，应根据党和国家的方针、政策，并参照合同规定和条款处理。

二、仲裁的概念及特征

（一）仲裁的概念

仲裁一般是当事人根据他们之间订立的仲裁协议，自愿将其争议提交由仲裁员组成的仲裁庭裁判，并受该裁判约束的一种制度。《仲裁法》第二条规定："平等主体的公民、法人和其他组织之间发生的合同纠纷和其他财产权益纠纷，可以仲裁"。合同纠纷是指当事人因履行各类合同而产生的纠纷，包括各类经济合同纠纷、知识产权纠纷、房地产合同纠纷、期货和证券交易纠纷、保险合同纠纷、借贷合同纠纷、票据纠纷、抵押合同纠纷、运输合同纠纷和海商纠纷等，还包括涉外、涉港、澳、台的经济纠纷，以及涉及国际贸易、国际代理、国际投资、国际技术合作等方面的纠纷。其他财产权益纠纷，主要是指由侵权行为引发的纠纷。例如，产品质量责任和知识产权领域的侵权行为。仲裁委员会对下列争议或纠纷不予受理：1. 婚姻、收养、监护、扶养、继承纠纷；2. 依法应由行政机关处理的行政争议；3. 劳动争议；4. 农业集体经济组织内部的农业承包合同纠纷。

（二）仲裁的特点

1. 协议仲裁。提交仲裁以双方当事人自愿为前提。选择仲裁形式解决争议，应在订立合同时写明仲裁条款或事后达成书面的仲裁协议。没有仲裁协议，仲裁委员会不予受理。同样，双方已达成仲裁协议，一方又向人民法院起诉，人民法院也不予受理。

2. 仲裁不实行级别管辖和地域管辖。仲裁委员会由当事人协议选定，不受涉案标的、地域的限制，仲裁委员会依法独立办案，不受任何行政机关、社会团体和个人的干涉。

3. 一裁终局。仲裁裁决一经作出，即为终局裁决，当事人不得就同一纠纷再申请仲裁，或向人民法院起诉。

4. 程序有较大的透明度和自主性。如当事人可以依法选定仲裁员和申请仲裁员回避；可以约定仲裁程序；仲裁中可以和解和自愿调解等。

5. 仲裁员从各行业中公道正派的专家、学者中聘任。仲裁员是兼职的，仲裁委员会与仲裁员之间没有固定的人事关系，较好地保证裁决的公正性和权威性。

6. 仲裁裁决具有强制性。仲裁裁决一经作出，即具有法律约束力，当事人一方不履行裁决，另一方可依法向人民法院申请执行，受申请的人民法院应当执行。

三、诉讼的概念和特征

（一）诉讼的概念

合同纠纷诉讼是指人民法院根据合同当事人的请求，在诉讼参与人的参加下，审理和解决合同争议的活动，以及由此而产生的一系列法律关系的总和。它是民事诉讼的重要组成部分，是解决合同纠纷的一种重要方式。

（二）诉讼的特征

1. 诉讼是人民法院基于一方当事人的请求而开始的，当事人不提出请求，人民法院不能依职权主动进行诉讼。

2. 法院是国家审判机关，是通过国家赋予的审判权解决当事人双方的争议的。审判人员由国家机关任命，当事人没有选择审判人员的权利，但是有申请审判人员回避的权利。

3. 诉讼的程序比较严格、完整。例如，《民事诉讼法》规定，审判程序包括第一审程序、第二审程序，审判监督程序等。第一审程序又包括普通程序和简易程序。此外，还规定了撤诉、上诉、反诉等制度，这些都是其他方式不具备的。

4. 人民法院对合同纠纷案件具有法定的管辖权，只要一方当事人向有管辖权的法院起诉，法院就有权依法受理。

5. 人民法院依法对案件进行审理后作出的裁判生效后，不仅对当事人具有约束力，对社会也具有普遍约束力。当事人不得就该判决确认的权利义务关系再行起诉，人民法院也不再对同一案件进行审理。负有义务的一方当事人拒绝履行义务时，权利人有权申请人民法院强制执行。

（三）关于级别管辖和专属管辖的主要规定

最高人民法院关于高级人民法院和中级人民法院管辖一审案件的现行有效规定如下：

根据《最高人民法院关于调整高级人民法院和中级人民法院管辖第

一审民商事案件标准的通知》（法发〔2008〕10号）：

1. 高级人民法院管辖下列第一审民商事案件

北京、上海、广东、江苏、浙江高级人民法院，可管辖诉讼标的额在2亿元以上的第一审民商事案件，以及诉讼标的额在1亿元以上，且当事人一方住所地不在本辖区或者涉外、涉港澳台的第一审民商事案件。

天津、重庆、山东、福建、湖北、湖南、河南、辽宁、吉林、黑龙江、广西、安徽、江西、四川、陕西、河北、山西、海南高级人民法院，可管辖诉讼标的额在1亿元以上的第一审民商事案件，以及诉讼标的额在5000万元以上，且当事人一方住所地不在本辖区或者涉外、涉港澳台的第一审民商事案件。

甘肃、贵州、新疆、内蒙古、云南高级人民法院和新疆生产建设兵团分院，可管辖诉讼标的额在5000万元以上的第一审民商事案件，以及诉讼标的额在2000万元以上，且当事人一方住所地不在本辖区或者涉外、涉港澳台的第一审民商事案件。

青海、宁夏、西藏高级人民法院可管辖诉讼标的额在2000万元以上的第一审民商事案件，以及诉讼标的额在1000万元以上，且当事人一方住所地不在本辖区或者涉外、涉港澳台的第一审民商事案件。

2. 中级人民法院管辖下列第一审民商事案件

中级人民法院管辖第一审民商事案件标准，由高级人民法院自行确定，但应当符合下列条件：

北京、上海所辖中级人民法院，广东、江苏、浙江辖区内省会城市、计划单列市和经济较为发达的市中级人民法院，可管辖诉讼标的额不低于5000万元的第一审民商事案件，以及诉讼标的额不低于2000万元，且当事人一方住所地不在本辖区或者涉外、涉港澳台的第一审民商事案件。其他中级人民法院可管辖诉讼标的额不低于2000万元的第一审民商事案件，以及诉讼标的额不低于800万元，且当事人一方住所地不在本辖区或者涉外、涉港澳台的第一审民商事案件。

天津所辖中级人民法院，重庆所辖城区中级人民法院，山东、福建、湖北、湖南、河南、辽宁、吉林、黑龙江、广西、安徽、江西、四川、陕西、河北、山西、海南辖区内省会城市、计划单列市和经济较为发达的市中级人民法院，可管辖诉讼标的额不低于 800 万元的第一审民商事案件，以及诉讼标的额不低于 300 万元，且当事人一方住所地不在本辖区或者涉外、涉港澳台的第一审民商事案件。其他中级人民法院可管辖诉讼标的额不低于 500 万元的第一审民商事案件，以及诉讼标的额不低于 200 万元，且当事人一方住所地不在本辖区或者涉外、涉港澳台的第一审民商事案件。

甘肃、贵州、新疆、内蒙古、云南辖区内省会城市中级人民法院，可管辖诉讼标的额不低于 300 万元的第一审民商事案件，以及诉讼标的额不低于 200 万元，且当事人一方住所地不在本辖区或者涉外、涉港澳台的第一审民商事案件。其他中级人民法院可管辖诉讼标的额不低于 200 万元的第一审民商事案件，以及诉讼标的额不低于 100 万元，且当事人一方住所地不在本辖区或者涉外、涉港澳台的第一审民商事案件。

青海、宁夏、西藏辖区内中级人民法院，可管辖诉讼标的额不低于 100 万元的第一审民商事案件，以及诉讼标的额不低于 50 万元，且当事人一方住所地不在本辖区或者涉外、涉港澳台的第一审民商事案件。

3. 婚姻、继承、家庭、物业服务、人身损害赔偿、交通事故、劳动争议等案件，以及群体性纠纷案件，一般由基层人民法院管辖。

四、仲裁与诉讼比较

（一）适用范围不同

两者虽然同为民事纠纷的解决机制，但各有其不同的适用范围，并非每一类民事纠纷均可无差别地选择适用其中任何一种。仲裁作为一种带有民间性和准司法性的特殊的社会救济方式，适用范围主要在因财产关系而产生的纠纷领域，而对因人身关系产生的民事纠纷则不能适用。

诉讼作为国家公力救济的形式，适用于任何一类民事纠纷，无论是因财产关系，还是因人身关系产生。

（二）解决机制不同

解决机制问题也就是两者在解决民事纠纷过程中，采用何种方式对纠纷中的权利义务加以确认的问题。由于仲裁、诉讼两种方式的特征和居间第三者的不同，导致了两者在解决机制上的差异的存在。通过仲裁方式来解决民事纠纷，当事人享有充分的自治性，包括仲裁机构的选定、仲裁员的选定、有关审理方式和开庭形式等程序事项，而且在一定情形下，还可选择仲裁所依从的实体法律规范和程序性规范等。仲裁机构和仲裁员无权以国家的强制力来解决纠纷，需以双方的合意为基础，但仲裁作为一种"准司法"形式的纠纷解决机制，仲裁裁决的作出，并不以双方达成合意为必要条件，仲裁机构有权根据纠纷事实适用法律或公平正义原则作出裁决。在诉讼中，人民法院作为国家的审判机关，凭借国家审判权来确定纠纷主体之间的民事权利义务关系及民事法律责任的承担，又以国家强制执行权迫使纠纷主体履行生效的民事判决、裁定等，其对民事纠纷的解决与否起着决定性作用，而不必依赖于双方当事人的合意。

（三）法律适用不同

法律适用问题指在纠纷解决过程中，两者是否适用法律、适用何种法律及如何适用法律的问题。法律适用在内容上包括程序法的适用和实体法的适用。仲裁具有民间性和自治性的特征，但与民间调解相比，这两个特征只是相对的，即相对的民间性和相对的意思自治性，由此，决定了仲裁的另一个特征即司法权性。在仲裁过程中，不能完全排除适用纠纷主体选定或法律规定的仲裁程序法和实体法，尤其是不得排除适用强行法（包括禁止性规范和效力性规范）。由于仲裁的民间性，无权实施强制措施，在仲裁过程中的证据保全、财产保全和仲裁裁决的执行等事项，必须依据《仲裁法》和《民事诉讼法》的相关规定而进行。两者相比而言，诉讼具有最为严格的法律适用规定。在程序法适用方面，民事诉讼的开始、进行、终结及其他程序事项必须严格依照《民事诉讼法》来进行，不得违反其规定，否则将受到法律的否定。同时，作为居间第三者的法院，必须根据民事实体法对纠纷作出裁决，纵然法官在审判过程中可以行使自由裁量权，但也不是恣意的，不得违背法律的整体秩序和精神。由此可见，在诉讼中，虽然纠纷主体也有高度的自治性，可以自由处分程序性权利和实体性权利，但与仲裁相比，它具有严格的规范性制约。

（四）法律后果不同

法律后果指两者对纠纷的解决结果是否具有法律效力的问题。仲裁作为一种国家法律承认的纠纷解决机制，具有核心的司法权性，仲裁裁决具有法律约束力，裁决书自作出之日起发生法律效力，而且根据我国《仲裁法》第六十二条"当事人应当履行裁决，一方当事人不履行的，另一方当事人可以依照《民事诉讼法》的有关规定向人民法院申请执行。受申请的人民法院应当执行"之规定，可以看出作为仲裁结果的仲裁裁决具有强制执行力。对于诉讼，由于作为第三者的人民法院的特殊身份和国家审判权的行使，其所产生的结果无论是民事判决还是民事裁定，都具有法律上的约束力，且民事判决和民事裁定一般由第一审人民法院直接执行。

（五）救济措施不同

救济措施指当纠纷解决结果作出之后，如一方当事人反悔或不服，应当采取何种措施补救的问题。根据我国《仲裁法》第九条第1款"仲裁实行一裁终局的制度。裁决作出后，当事人就同一纠纷再申请仲裁或者向人民法院起诉的，仲裁委员会或者人民法院不予受理"之规定，可以看出，对于仲裁裁决，当事人只有无条件地接受，除非仲裁裁决被人民法院依法裁定撤销或者不予执行，当事人才能就该纠纷根据双方重新达成的仲裁协议申请仲裁或向人民法院提起诉讼。由此可见，除非有

《仲裁法》第五十八条规定的几种情况发生，否则，裁决是终局性的，没有任何救济措施。在诉讼中，如当事人不服各级人民法院尚未生效的一审判决或者裁定的情况下，可以根据我国《民事诉讼法》第一百四十七条之规定，分别在判决书送达之日起15日内和裁定书送达之日起10日内向上一级人民法院提起上诉。而对已经生效的判决和裁定，当事人还可以按我国《民事诉讼法》审判监督程序的规定救济。

（六）管辖原则不同

在仲裁中，对仲裁机构的管辖权没有作级别和地域上的限制。根据我国《仲裁法》第六条"仲裁委员会应由当事人协议选定。仲裁不实行级别管辖和地域管辖"之规定，可以看出在仲裁机构对纠纷的管辖上，以当事人对仲裁机构的共同选定为前提，而在当事人对仲裁机构的选择上，则享有绝对的自主权，也就是仲裁机构对纠纷的管辖权是由纠纷主体通过仲裁协议而授予的。对于诉讼，我国《民事诉讼法》则根据案件的性质、简繁程度、影响范围和案件的发生地等情况，实行级别管辖和地域管辖相结合的管辖原则。

五、建设工程争议评审

工程承发包双方之间如果发生争议，传统的解决方式不外乎和解、调解、仲裁和诉讼，但随着国家2007版标准施工招标文件的颁布实施，"争议评审制度"开始成为另一个可供选择的争议解决方式，而且，这种新的解决方式，对于大型基础设施工程和超高层建筑项目等超大型复杂工程，具有特别明显的优势。

建设工程争议评审制度是介于调解和仲裁之间的一种争议解决方式，是指在工程开始或进行中，由当事人选择业内权威的、与双方无利益关系的评审专家，组成"争议评审委员会"，就当事人之间发生的争议及时提出解决建议或者作出决定的争议解决方式。委员会通常由三名技术专家组成专家小组，争议双方指派一名专家，而主席由另两位专家小组成员指定，但主席的委任必须征得争议双方的首肯。这些都基于争议双方对专家小组成员的专业经验、诚实正直以及中立性抱有信心。

争议评审是一种以"细致分割"方式实时解决争议，及时化解小争议，防止争议扩大造成工程拖延、损失和浪费，保障工程顺利进行。

争议评审小组作出的决定虽然不具有强制力，双方当事人可以遵守，也可以不遵守，但因评审专家本身的权威性，很大程度上预示了争议诉讼或仲裁的可能结果。因此，评审决定对当事双方具有很强的说服力。

我国世界银行贷款项目如小浪底、二滩水电站、万家寨水利工程等大型工程亦采用了争议评审方式，效果良好。在 2007 年版九部委标准施工招标文件和 2010 版《建筑工程施工合同（示范文本）》中也先后正式引入了争议评审机制，推动工程各方通过争议评审方式解决争议。

根据国际大型建筑工程项目的经验，使用争议评审制度对项目发展起了积极作用，尤其是"根据几乎所有的调查与评论显示，项目各方对于争议评审委员会的满意度评价很高。在项目中选用了 DRB 的主体倾向于今后继续选用这一机制。"我们有理由相信，随着中国企业对争议评审制度的逐步了解，会有越来越多的项目选择这一争议解决制度。

六、在合同中约定争议解决的注意事项

为保证合同争议的顺利解决，一般在签订合同时往往在合同中就争议解决进行约定。然而，由于关于争议解决的条款约定不明确，在司法实践中频发争议。因此，在进行争议解决约定时务必要做到详细、准确、合法。

（一）选择最佳的争议解决方式

根据我国《合同法》第一百二十八条的规定，合同争议的解决方式有四种：和解、调解、仲裁和诉讼。其中，和解和调解并非解决合同争议必经的程序，即使合同当事人在合同争议条款中作了相应的规定，当事人也可不经协商和解或调解而直接申请仲裁或提起诉讼。故选择仲裁，

还是诉讼，解决合同争议是订立合同争议条款要解决的一个重要问题。

仲裁与诉讼相比具有以下优点：第一，自愿性。提交仲裁须双方当事人自愿，达成仲裁协议，当事人可以协商选择是否仲裁、由哪个机构仲裁、仲裁什么事项、仲裁员等。第二，及时性。仲裁实行一裁终局制度，仲裁裁决一旦作出即发生法律效力。仲裁程序比较灵活、简便，当事人可以协议选择仲裁程序，避免烦琐环节，及时解决争议；第三，经济性。仲裁可以及时地解决争议，减少当事人在时间和精力上的消耗，从而节省费用。

而诉讼的优点在于：第一，二者回旋余地不一样。对于约定诉讼的合同，如果双方都同意仲裁，还可以通过补签仲裁协议的方法来改走仲裁途径，而如果事先约定了仲裁，法院是一般不会受理原定仲裁的合同纠纷的。这样两者相比，诉讼的回旋余地要比仲裁大。第二，法律效力的不同。仲裁实行一裁终局制，即仲裁委员会一经作出仲裁裁决，随即发生法律效力，双方当事人不得就同一纠纷再申请仲裁或向人民法院提起诉讼；而民事诉讼则实行两审终审制，一审判决作出之后并非立即生效，当事人如不服一审判决可向上一级人民法院提起上诉，二审法院作出的判决才是终审判决。终审不满的，还有申诉的途径。

因此，在遇到具体案件时，要根据实际情况选择争议解决的方式。

（二）选择以仲裁方式解决合同争议应注意的问题

合同当事人将合同争议提请仲裁，必须基于有效的仲裁协议。根据《仲裁法》第十六条第二款的规定，仲裁协议内容必须具备三个要素：一是要有请求仲裁的意思表示；二是要有仲裁事项；三是要有选定的仲裁委员会。其中对第一项和第三项的规定，合同当事人往往会由于不了解仲裁制度和仲裁机构的设置，在合同争议条款中作出以下几种不规范的仲裁协议：

1. 约定了仲裁地点，但没有约定仲裁机构，如：争议在"合同签订地（履行地）仲裁解决"、"争议所在地仲裁解决"、争议由"本市仲裁机关仲裁"、"本市有关部门仲裁"、"当地仲裁委员会仲裁"等。类似这种约定，如果该仲裁地只有一家仲裁机构，则约定是有效的；但如果该仲裁地有一家以上的仲裁机构抑或对仲裁地约定也不明确，则将被视为没有明确约定仲裁机构，仲裁协议无效。最高人民法院在《关于仅选定仲裁地点而对仲裁机构没有约定的仲裁条款效力问题的函》（法函〔1997〕36号）中答复浙江省高级人民法院："本案合同仲裁条款中双方当事人仅约定仲裁地点，而对仲裁机构没有约定。发生纠纷后，双方当事人对仲裁机构达不成补充协议，……。认定本案所涉仲裁协议无效"。

2. 约定的仲裁机构根本不存在或虽然有约定，但约定的仲裁机构名称的方式、术语不规范。例如，约定争议由"××市经济合同仲裁委员会仲裁"等，这是合同当事方最经常犯的错误之一。因为，合同当事人往往并不知道仲裁机构准确的全称，甚至只是知道当地应该有这样一个仲裁机构，就随意写了上去。或是当事人不知道原仲裁机构已更名等情况，其结果可能是名称虽不完全准确，但足以指向唯一的仲裁机构，则可以认定。同时也可能是指向了两个或两个以上符合条件的仲裁机构，则如果当事方无法达成补充协议，仲裁协议无效。

3. 同时约定两个仲裁机构仲裁。如争议可提交"A市有关仲裁机构仲裁"或"B市有关仲裁机构仲裁"。当事人在仲裁协议中约定的两个仲裁机构如果都是明确的，且都是有效存在的，则当事人从二者中选择任何一个仲裁机构即可，仲裁协议应该被视为是有效的。如果双方当事人就"选择约定的仲裁机构之一"进行仲裁没有达成合意怎么办？换句话说，如果一方当事人选择了约定的仲裁机构之一提请仲裁，而另一方当事人不同意在该仲裁机构进行仲裁，而坚持选择另外一家约定的仲裁机构进行仲裁，甚至直接在另外一家约定的仲裁机构提请仲裁，该怎么办？通常认为，应当认定为对仲裁机构约定不明确，仲裁协议无效处理。

在合同当事方约定的两个或以上仲裁机构中只有一个有效存在时，则该有效仲裁机构便成为唯一指向，该仲裁协议可以视为约定了明确的仲裁机构，从而成为有效仲裁协议。

4. 既约定仲裁，又选择诉讼。如：发生争议向"合同履行地（签订地）仲裁机关申请仲裁，也可以直接向人民法院起诉"，争议由"合同履行地仲裁机关仲裁，对仲裁不服，向人民法院起诉"等。

实践中对这种条款效力的认定，有两种观点：其一，认为仲裁协议无效。理由是此类仲裁条款相互矛盾，当事人仲裁的意思表示和诉讼的意思表示并存，因而不能确定仲裁意思表示有效，仲裁意思表示无效。其二，认为对此类仲裁协议不宜一律宣布仲裁协议无效。因为，固然不能说仲裁意思表示当然有效，但同样也不能说诉讼的意思表示当然有效。确认仲裁协议的效力，应结合考虑当事人的行为表现，作出认定。第一，如果一方当事人申请仲裁，另一方当事人在仲裁庭首次开庭前，未对仲裁机构受理该案提出异议，则仲裁庭就取得本案的管辖权。第二，如果一方当事人申请仲裁，另一方当事人在仲裁庭首次开庭前，向人民法院提出异议，人民法院可以要求当事人达成仲裁补充协议，达不成补充协议，则人民法院可以受理。

5. 注意涉外仲裁的法律适用依据。国际商事仲裁具有民间性、跨地域性、意思自治等特点，其法律适用问题比诉讼更为复杂，在行使管辖权、确定仲裁程序、裁决实体争议、裁决执行等诸阶段都需要不同的法律适用。首先是"冲突法问题"，即选择哪一个国家（法域）的法律或规则来适用；其次是"法律查明问题"，即如何查明这些待适用法律（准据法）的确切内容和含义。

我国法院审查国内仲裁协议是否有效当然适用本国法律。但是《仲裁法》对审查涉外仲裁协议（条款）的效力适用哪国法律没有规定。根据仲裁协议的独立审查原则，审查涉外仲裁协议（条款）的法律不等于审查合同效力的法律。最高人民法院关于适用《仲裁法》若干问题的解释第16条规定，"对涉外仲裁协议效力的审查，适用当事人约定的法律；当事人没有约定适用法律但约定了仲裁地的，适用仲裁地法律；没有约定适用的法律，也没有约定仲裁地或者仲裁地约定不明的，适用法院地法律。"

（三）选择以诉讼方式解决合同争议应注意的问题

根据我国《合同法》二百六十九条规定，建设工程合同是承包人进行工程建设，发包人支付工程款的合同，其合同类型包括工程勘察、工程设计及施工合同等类型，实质上它是一种特殊的承揽合同。最高人民法院《解释》明确了建设工程合同区别于不动产纠纷，排除了专属管辖，而是以被告住所地或者合同履行地法院管辖。上述司法解释第二十四条规定了建设工程施工合同纠纷案件以施工行为地为合同履行地。值得注意的是，施工合同的承揽作业地是工地，而勘察设计等合同的履行行为则与工地的联系并非那么紧密。尽管这些承揽工作的一部分或者大部分以工地为履行地，但并非绝对，如设计合同。设计工作必须从工地勘察开始，但设计工作主体实际是在设计单位内完成。勘察合同的履行尽管数据采集等大部分工作在工地进行，但后期作图、报告等也是在承揽单位完成。因此，除施工合同外的其他建设合同，可以认为建设工地是合同履行地之一，如果合同有数个履行地的（特别是设计合同），按照有关司法解释应当以合同主要履行地作为合同履行地确定管辖。

应注意的是，合同当事人的这种自由选择权是有条件限制的，这些限制主要表现在以下几个方面：

1. 协议管辖不得违反级别管辖与专属管辖。此种情况主要是违反级别管辖较为多发，特别是对于合同额度较大的时候，往往会因为协议管辖的约定违反级别管辖而被认定为无效。因此，对于合同额度较大的则不必写清是哪个法院，尽量写明一方当事人所在地或者合同履行地，不宜写明是哪个法院，否则有可能违反级别管辖。例如，根据《北京市高级人民法院关于本市各级法院案件级别管辖的规定》（京高法发〔1997〕232号），争议金额在500万元以上不满5000万元的房地产案件由中级人民法院管辖，那么，如果在合同中约定"有关本合同的一切纠纷，应由北京市某中级人民法管辖"是无效的。又如，海事案件，只能由海事法院管辖，合同当事人约定由普通法院管辖是无效的。

2. 被选择的法院必须与合同有关联，即只能在被告住所地、合同履行地、合同签订地、原告住所地、标的物所在地的法院中选择，而当事人在制订合同争议条款时应做到表述明确，选择的管辖法院是确定、单一的，不能含糊不清，更不能协议选择两个以上管辖法院。如类似"因本合约发生的任何诉讼，双方均可向原告所在地人民法院提起诉讼。"的约定，虽在一般情况下不会被认定为无效，但若发生合同双方当事人同时提起诉讼的情况，则很容易引起管辖争议，造成诉讼程序的延长，诉讼成本的增加，给当事人带来很多麻烦。

3. 合同当事人只能就第一审案件决定管辖法院，而不能以协议决定第二审法院。我国的法院分为基层人民法院、中级人民法院、高级人民法院和最高人民法院四个级别。我国的《民事诉讼法》规定基层人民法院管辖第一审民事案件；最高人民法院管辖认为应当由其管辖的案件；中级人民法院和高级人民法院的管辖由最高人民法院确定。

4. 双方必须以书面方式约定管辖法院，口头约定无效。合同的双方当事人可以在书面合同中协议选择管辖法院。值得注意的是，有些当事人出于种种考虑，在合同中没约定管辖，却在送货单中以附注的形式以很小的字印刷上诸如"如发生纠纷双方协商，协商不成由供方所在地法院管辖"，一般也是原告所在地。但这种表现形式不能被认定为是约定管辖，收货人在送货单上签字不能认为是接受了附注内容，故这种行为最易引起管辖争议，也会被法院认定为约定无效。因为，约定选择管辖法院有效必须满足两个条件，一是必须是双方当事人在协商一致的基础上所作出的真实意思表示，在送货单上签收不能被认为是当事人真实的意思表示；二是选择的法院必须是符合《民事诉讼法》第二十五条之规定。

5. 尽量选择于己有利的法院。根据我国《民事诉讼法》的规定，只有因合同发生的纠纷，可以由双方当事人通过订立合同争议条款自由约定由哪个法院来管辖，这在法律上称协议管辖。合同当事人可以通过约定一个对自己有利的法院（往往规定在本地法院）来管辖案件，以节省费用，避免地方保护主义因素产生的不利影响。

例如，某项目经理部与北京某架管租赁站签订了架管租赁合同，合同文本为该租赁站提供。发生争议时，该租赁站向河北某县法院某派出法庭提起诉讼，项目经理部的管辖异议被驳回。原因是，合同约定的争议解决条款为"如发生纠纷由供货负责人户籍所在地管辖"。该架管租赁站为个体工商户，约定在个体工商户发包人户籍所在地法院管辖即是"原告所在地"法院，不违反协议管辖的规定，而租赁站营业执照注册的发包人为户籍河北某县的农民。因此，由河北某县法院某派出法庭管辖符合法律规定。而该派出法庭也依据合同约定的不公平条款判决项目经理部承担了较大损失。该案例说明，"争议解决条款"应当成为审核、签订合同的重要关注点和必须争取的条款。而且，除避免被动受管辖策略所制之外，我们也应加强主动运用争议管辖策略的能力，从确定管辖法院开始把握诉讼。

第三节　纠纷应对策略

一、起诉的条件

工程款纠纷案件的起诉，要具备三个条件：工程质量经过验收合格；支付价款的时间已届满；工程价款是合法的价款。

（一）工程质量验收合格

《合同法》第二百七十九条规定："建设工程竣工后，发包人应当根据施工图纸及说明书、国家颁发的施工验收规范和质量检验标准及时进行验收。验收合格的，发包人应当按照约定支付价款，并接收建设工程。"该规定表明，建设工程竣工以后，验收合格的，发包人应该按照约定支付价款。

言下之意，如果建设工程竣工了，验收不合格的，发包人就不需要按照约定支付价款，也无需接收建设工程。所以我们说，工程款起诉的条件之一是工程质量经过验收合格。

最高人民法院《解释》第二条规定："建设工程施工合同无效，但建设工程经竣工验收合格，承包人请求参照合同约定支付工程价款的，应予支持。"也就是说，在施工合同无效的状况下，如果工程经过竣工验收合格了，承包人请求支付价款，也是予以支持的。当然，如果合同无效，而建设工程质量经过验收不合格，承包人请求参照合同约定支付价款，不应该支持。

所以，无论从是《合同法》第二百七十九条的规定，还是从《解释》第二条的规定，都能得出一个结论：工程质量验收合格，施工单位起诉要求支付工程款才具备条件。

（二）支付工程价款的时间已经届满

如果起诉时，合同约定的支付尚未届至，则施工单位就起诉要求支付价款，当然会被法院依法驳回，不予支持。

但这里又有两种特殊的情况：

1. 合同无效

《合同法》第五十八条规定："合同无效或者被撤销后，因该合同取得的财产，应当予以返还；不能返还或者没有必要返还的，应当折价补偿。"也就是说，合同无效，可以随时不再履行。履行了怎么办？应当返还。不能返还呢？应当折价补偿。返还或折价随时可以主张。

作为建设工程施工合同而言，施工合同无效以后，实际上是没有办法返还的，只能折价。折价的话，怎么折呢？参照合同约定。而又因为合同无效，所以随时可以主张折价，也就是说，可以不按照合同约定的时间来主张价款，只要确认合同无效，就可以随时主张价款。

2. 合同被解除

《合同法》第九十七条规定："合同解除后，尚未履行的，终止履行；

已经履行的，根据履行情况和合同性质，当事人可以要求恢复原状、采取其他补救措施，并有权要求赔偿损失。"合同被解除了，尚未履行的就终止履行，你不要再履行下去了，已经履行的怎么办呢？要根据履行的情况和合同的性质，当事人可以要求恢复原状，采取其他补救措施，并有权要求赔偿损失。

对于工程施工合同而言，合同解除了以后，因无法恢复原状，只有采取其他补救措施。怎么补救呢？实际上还是一个折价补偿的问题，而且可以随时主张。

（三）工程价款是合法的价款

在司法实践中，有些当事人或者律师常常会就违法所得进行起诉。例如，某挂靠工程款纠纷案。被告是某施工单位。某项目经理起诉某施工单位，称其就某工程挂靠在该施工单位名下进行施工，施工单位与建设单位的结算价款为 260 万元。施工期间，该项目经理通过施工单位名义对外签约方式支付了材料款、设备租赁款，通过转账给另一单位支付了民工工资。后来，在扣除施工单位收取的管理费以及税金总计 6.55%后，他认为施工单位拖欠他剩余挂靠工程款 70 万元。他起诉要求支付剩余挂靠工程款 70 万元。一审法院认为，原告，也就是项目经理，不能证明他和施工单位之间是一个挂靠的关系，既然不能证明是挂靠，要求支付剩余的工程款的请求当然不能得到支持。后来，项目经理上诉到二审法院，二审法院经过审理以后，认为案件事实不清，证据不足，发回重审。实际上，本案可以考虑两种情况，第一种情况：如果不能证明是挂靠，则起诉要求支付剩余挂靠工程款显然是要被驳回的。第二种情况：如果能够证明是挂靠，则起诉要求支付剩余挂靠工程款能被支持吗？事实上，就本案而言，材料、机械设备租赁费、人工费已经支付，不存在项目经理对外拖欠情况，既然不存在，则剩余挂靠工程款是什么？就是挂靠所得，是利润，实质上就是违法所得，法院当然不会支持项目经理的这个违法所得的请求。所以，即使能够证明是挂靠，项目经理的请求也不能获得支持。

二、起诉的注意事项

诉权，是法律赋予每个公民、法人及其他组织的诉讼权利，只要是合法权益受到了侵害，都可以通过提起诉讼的方式来解决。但是，诉讼务必要慎重。诉讼前一定要仔细审查自己是否确为合法权益受到了侵害，自己的主张是否有证据证明，证据是否具有客观性、惟一性、排他性，只有这样做才能更好地维护自己的合法权益，减少不必要的诉讼。

当前建筑施工企业承接业务的方式多种多样，如总承包，联合承包等，加上转包、违法分包、挂靠等，致使施工企业在诉讼中如何确认诉讼主体、诉讼标的、合同效力和裁判执行等各方面带来一定困难，总体来说，要注意以下事项：

（一）诉前资料的准备

企业应当认识到，平时经营活动是要为今后的可能诉讼收集证据，这样管理活动就规范了。《民事诉讼法》规定"谁主张，谁举证"。建设工程合同纠纷的核心证据是建设工程合同本身，《合同法》规定，建设施工合同应采用书面形式。合同的书面形式包括书面合同，但不限于书面合同。双方协商同意并签字认可的有关修改合同文件、洽谈记录、会议纪要、补充纪要、电报以及业务联系单、工程决算审定书等都是合同组成部分，是有效证据。实务操作中，应注意关键证据的保全。合同履行中，因发包人资金不到位，造成停工，在发包人不愿出具任何书面凭证情况下，为了防患于未然，承包人可书面催款。主要内容为"不付工程款，即将停工"。而催告款内容交公证处核对，在其监督下发送给发包人，最后由公证处出具公证文书。

（二）诉讼主体的确认

1. 集团公司的诉讼主体确认

一般而言，建设工程合同纠纷的当事人指发包人与承包人。企业可按合同约定确定相应的对方当事人。但企业本身主体又较为复杂，大多设有子公司、分公司、项目部。其中子公司具备独立法人资格，有权成为民事诉讼的原告或被告。分公司若领有工商部门颁发的执照，属《民事诉讼法》规定的"其他组织"，也享有民诉主体资格。此外，施工企业名称变更情况较多，诉讼中应以变更后的经济实体为诉讼当事人，并向法院提供工商部门的变更登记资料。原告起诉时，如被告属企业法人时，原告不提供企业法人营业执照不影响法院审理判决；如被告属企业法人分支机构，则原告应提交被告已经工商部门注册的依据，否则法院很可能以"原告未充分举证证明被告已经工商部门登记，从而无法证明被告具合格主体资格"为由，驳回原告起诉。

2. 工程转包的诉讼主体确认

（1）转包后发生拖欠工程款纠纷的处理。转包时，经发包人同意的，属于《合同法》规定的合同转让。应将实际施工人列为原告，发包人列为被告，合同承包人不列为当事人。转包时，未经发包人同意的，实际施工人是原告，承包人是被告；发包人一般不列为当事人。

（2）承包人将其承包的建设工程合同转包给实际施工人后，发生质量纠纷处理：发包人是原告，承包人、实际施工人员是共同被告，共同承担质量方面的连带责任。

3. 工程挂靠的诉讼主体确认

（1）工程欠款纠纷。应当以实际施工人、被挂靠单位为共同原告。若被挂靠单位不愿起诉的，实际施工人可单独起诉。

（2）工程质量纠纷。应当以实际施工人，被挂靠单位为共同被告；两单位对质量责任承担连带责任。

4. 联合承包的诉讼主体确认。两个以上的承包人联合承包工程，由其中一方与发包人签订建设工程合同而发生纠纷，则其他联合方应列为本案共同原被告。

5. 合作建设，合作开发的诉讼主体确认。若合作方对合作标的享有共同权益的，且合作一方与承包人签订承包合同纠纷而诉讼的，其他合作建设方为共同原被告。

6. 涉及分包的主体确认。因分包人原因致使发包人发生损失的，发包人以承包人为被告，直接向承包人索赔；而承包人承担责任后，可以有责任的分包人为对方当事人，另行提起诉讼。

7. 产品质量侵权的主体确定。工程质量不合格造成第三人财产人身损害的，受害人为原告，而确认对方当事人时，应区分涉案工程是否已交付。在工程交付前，以承包人为被告；在工程支付后，以发包人为被告。

8. 施工人侵权的主体确认。施工期间因承包人过错致人损害，如在公共场所，道旁或地上挖坑，安装地下设施，未设明显标志和未采取安全措施致第三人损害的，以承包人为被告，而发包人不列为被告。

（三）诉讼请求的确立

诉讼请求确立的基础是合同价款。而不同价款计算方式的约定，导致最终诉讼请求不同。在工程总造价已定，发包人陆续支付部分工程款情况下，若承包人缺少发包人实欠工程款的证据，可以总造价为标的起诉之。庭审中被告为了减轻自己民事责任，必然提供相应证据证明其已付工程款，最终法院会按双方证据综合裁判。

基于承包人被动交易地位，现行立法对承包人权益保护有所加强。《合同法》第二百八十六条规定，建设工程承包人享有工程折价拍卖后的优先受偿权。2002年6月最高院作出了《关于建设工程价款优先受偿的批复》。根据该批复规定，施工企业行使优先受偿权期限从工程竣工之日或合同约定竣工日起算只有6个月，而行使该权利往往通过法院实现。因而承包人在确认诉请时，特别应加上一条"请求判令原告享有对涉案工程的优先受偿权"。

（四）管辖法院的选择

人民法院的管辖，通俗地说，是指当事人在遇到诉讼时，应到哪个法院去打官司。管辖分为级别管辖和地域管辖。前者确定了四级人民法院在审理案件上的级别分工原则，后者则是指案件应由何地的法院负责审理。两个以上人民法院都有管辖权的诉讼，原告可以向其中一个人民法院起诉，由最先立案的人民法院管辖。刑事案件由犯罪地的法院行使管辖权，行政案件由最初作出具体行政行为的行政机关所在地人民法院管辖。经过行政复议的案件，复议机关改变了原具体行政行为的，可以复议机关为被告，由复议机关所在地人民法院管辖。铁路、海事、海商等案件由相应专门法院管辖。本书仅就民事诉讼中的管辖问题阐述。

1. 级别管辖

各级人民法院管理的第一审民事案件分别为：最高人民法院管辖在全国有重大影响的案件和认为应当由本院审理的案件；高级人民法院管辖在本辖区有重大影响的第一审民事案件；中级人民法院管辖重大涉外案件（指争议标的额大，或者案情复杂，或者居住在国外的当事人人数众多的涉外案件），在本辖区有重大影响的案件，专利纠纷案件等最高人民法院确定由中级人民法院管辖的案件；基层人民法院管辖第一审民事案件，但法律另有规定的除外。

2. 地域管辖

一般地域管辖指对法人或者其他组织提起的民事诉讼，由被告住所地人民法院管辖。同一诉讼的几个被告住所地、经常居住地在两个以上人民法院辖区的，各人民法院都有管辖权。法人的住所地是指法人的主要营业地或者主要办事机构所在地。

特殊地域管辖是指特定的纠纷除由被告住所地法院管辖之外，还应考虑纠纷的其他因素。例如，因合同纠纷提起的诉讼，由被告住所地或者合同履行地人民法院管辖。如果合同没有实际履行，当事人双方住所地又都不在合同约定的履行地的，应由被告住所地人民法院管辖。建设工程施工合同的合同履行地为工程所在地。

除法定的合同纠纷管辖地之外，《民事诉讼法》规定了双方当事人可以约定管辖地。即合同的双方当事人可以在书面合同中协议选择被告住所地、合同履行地、合同签订地、原告住所地、标的物所在地人民法院管辖，但不得违反《民事诉讼法》对级别管辖和专属管辖的规定。合同的双方当事人选择管辖的协议不明确或者选择两个以上人民法院管辖时，选择管辖的协议无效。

三、应诉的注意事项

在与发包人的施工合同纠纷中，承包人多作为原告起诉，而应诉案件中绝大多数都是分包人、分供商起诉拖欠工程款、材料款、设备租赁款纠纷的，债权人动辄以加工定作合同纠纷、设备租赁合同纠纷、购销合同纠纷等案由，在债权人所在地法院起诉，并利用合同中一些违约条款来获取利益，造成承包人在此类案件诉讼过程中屡屡败诉，给企业造成了很大的经济损失。这种情况下，除了要注意在签订合同和项目履约过程中加强风险防范外，在应诉过程中也要注意相关事项。具体包括以下几方面：

（一）应诉资料准备

1. 在应诉前核实对方的企业资质、业绩、技术装备、财务状况和拟派出的项目负责人与主要技术人员的简历、业绩、资质证书等证明材料与实际情况是否属实，该情形可能涉及招投标及合同的效力，进而影响到责任的承担及工程价款的计算。

如果确实存在阴阳合同，则应查明来龙去脉，并分别权衡利弊，以利于制定相应的对公司有利的诉讼应对策略。

2. 对于发包人提起诉讼的，如果是工程量发生争议，应按照施工过程中双方之间达成的补充协议、会议纪要、工程变更单、工程对账签证等书面文件形成确认；若没有签证等书面文件，在承包人能够证明发包人同意其施工时，其他非书面的试图证明工程量的证据，在经过举证、质证等法定程序后，足以证明该证据所证明的实际工程量事实的真实性、合法性和关联性的情况下，在一定条件下也可作为计算工程量的依据。

　　3. 考虑到工期中开工、竣工时间对造价及违约责任的承担有重大影响，应重点考虑是否存在如下导致工期顺延的情形：①发包人未按约提供图纸及开工条件；②发包人未能按约支付工程预付款、进度款，致使施工不能正常进行；③发包人指定的代表未按约定提供所需指令、批准等，致使施工不能正常进行；④设计变更和工程量增加；⑤一周内非承包人原因停水、停电、停气造成停工累计超过约定时间；⑥不可抗力；⑦隐蔽工程在隐蔽前，承包人通知发包人检查，发包人没有及时检查；⑧发包人未按约定的时间和要求提供原材料、设备、场地等。

　　另外，承包人在发包人接到通知后，未及时对隐蔽工程验收时，不仅可以顺延工期，而且有权要求发包人赔偿停工、窝工等损失。

　　4. 发包人义务的履行。应当注意发包人是否全面履行如下义务，并收集相关证据：①做好施工前的准备工作，如按时办理施工许可证，技术、施工场地等条件的具备等；②按照约定的分工及时向承包人提供各种材料和设备；③解决施工中的有关问题，组织工程竣工验收；④接收竣工工程。

　　（二）其他注意事项

　　1. 实践中，有人对于别人的起诉采取回避的态度，试图通过不予理睬摆脱诉讼。然而，殊不知，如果被告不到庭，法院有权缺席审判，甚至判决。当然，应诉是一项具有技巧性的工作，必须做到"以事实为依据，以法律为准绳"，制定行之有效的应诉策略。

　　2. 管辖异议、反诉。如果认为，原告立案起诉的法院没有管辖权，应当在收到起诉状之日起 15 日内提出异议。如果认为被告也应当承担责任，那么可以对原告提出反诉，要求原告依法承担责任，给对方有力的反击。当然，反诉要缴纳一定的反诉费用。

第四节　建设工程争议解决的专项法律问题

一、关于建设工程领域的时效问题

（一）关于时效的法律规定

1. 追索工程款、勘察费、设计费，仲裁时效和诉讼时效期间均为2年，从工程竣工之日起计算，双方对付款时间有约定的，从约定的付款期限届满之日起计算。

2. 工程因发包人的原因中途停工的，仲裁时效和诉讼时效期间一般应当从工程停工之日起计算。

3. 工程竣工或工程中途停工，承包人应当积极主张权利。实践中，承包人提出工程竣工结算报告或对停工工程提出中间工程竣工结算报告，系承包人向发包人主张权利的基本方式，可引起诉讼时效的中断。

4. 追索材料款、劳务款，仲裁时效和诉讼时效期间亦为2年，从双方约定的付款期限届满之日起计算，没有约定期限的，从购方验收之日起计算，或从劳务工作完成之日起计算。

5. 出售质量不合格的商品未声明的，租用建筑材料或机器设备的，仲裁时效和诉讼时效期间均为1年，从商品售出之日和应付租金之日起计算。

（二）应对措施

诉讼时效因提起诉讼、债权人提出要求或债务人同意履行债务而中断。从中断时效时起，诉讼时效期间重新计算。因此，对于债权，具备申请仲裁或提诉讼条件的，应在诉讼时效期限内提请仲裁或提起诉讼。尚不具备条件的，应设法引起诉讼时效中断。具体应对措施有：

1. 工程竣工后或工程中间停工的，应尽早向发包人或监理单位提出结算报告，对于其他债权，亦应以书面形式主张债权。

2. 债务人不予接洽或拒绝签字盖章的，应及时将要求该单位履行债务的书面文件制作一式数份，自存至少一份备查后，将该文件以邮件形式或其他妥善的方式将请求履行债务的要求通知对方。

3. 主张债权已超过诉讼时期期间的补救办法。在这种情况下，应设法与债务人协商，并争取达成履行债务的协议，只要签订该协议，债权人仍可通过仲裁或诉讼途径使债务人履行债务。

二、建设工程质量争议

（一）建设工程施工当事人所承担的质量责任

建设工程项目，具有投资大、规模大、建设周期长、生产环节多、参与方多，影响质量的因素多等特点，不论是哪个主体出了问题，哪个环节出了问题，都可能导致质量缺陷，甚至重大质量事故的产生。《建筑法》、《合同法》、《招标投标法》、《建设工程质量管理条例》等法律法规建立健全了质量责任制，有关各方对其本身工作成果负责。

1. 承包人作为建筑工程产品的生产者，承担着较重的质量责任。根据《建筑法》第八十条、《合同法》第二百八十二条规定，在建筑物的合理使用寿命内，因建筑工程质量不合格受到损害的，有权向责任者要求赔偿。因施工单位原因造成人身财产损害，施工单位应承担损害赔偿责任。上述规定明确了施工单位的工程质量责任。具体为：建筑施工企业对工程的施工质量负责。建筑施工企业必须按照工程设计图纸和施工技术标准施工，不得偷工减料。工程设计的修改由原设计单位负责，建筑施工企业不得擅自修改工程设计。建筑施工企业必须按照工程设计要求、施工技术标准和合同的约定，对建筑材料、建筑构配件和设备进行检验，不合格的不得使用。建筑物在合理使用寿命内，必须确保地基基础工程和主体结构的质量。建筑工程竣工时，屋顶、墙面不得留有渗漏、开裂等质量缺陷；对已发现的质量缺陷，建筑施工企业应当修复。

2. 建设单位的质量责任：建设单位在工程建设过程中承担着隐蔽工

程隐蔽前的检查责任，竣工时的质量验收责任，未经验收或质量验收不合格工程不得交付使用，并且，建设单位不得要求设计单位、施工单位降低工程质量。

3. 勘察设计单位的质量责任：勘察设计单位在工程勘察、设计的质量不符合要求并造成损失的，应继续完成勘察、设计，减收或免收勘察、设计费并赔偿损失。

4. 监理单位的质量责任：监理单位不履行合同义务，不依规定检查质量而造成损失的，要承担相应的赔偿责任。监理单位与建设单位或施工单位串通降低工程质量，造成损失的，监理单位要承担连带赔偿责任。

（二）工程质量争议的举证责任

根据《关于民事诉讼证据的若干规定》，工程（产品）质量缺陷致人损害的侵权诉讼举证责任倒置，由产品生产者就法律规定的免责事由承担举证责任。建设工程交付使用后如果出现工程质量问题，即产品缺陷造成他人损害引起赔偿纠纷时，承包人须提出证据证明：自己没有过错，依法不承担责任，否则，承包人就要承担对自己不利的法律后果。因此，承包人不但承担着较重的质量责任，而且在工程质量纠纷中承担着较重的举证责任。承包人对工程质量的管理不仅要确保工程的产品质量，而且要保管好依法施工的证据。施工企业要未雨绸缪，防患于未然，在合同履行过程中，将施工资料的搜集整理作为日常管理工作的一部分予以重视。对自己严格"按照工程设计图纸和施工技术标准施工"留下证据。相关的证据资料，包括所有隐蔽工程验收手续的证明，设计变更的签收记录、实施记录，所使用工程材料的质量证明等。

（三）工程质量司法鉴定

发生工程质量争议时，人民法院往往认为属于"专门性问题"而交由鉴定部门鉴定，对质量缺陷的性质、出现质量事故的原因和过错责任等关键事实，通过鉴定结论作为证明效力较高的证据运用，确定各方当事人的责任。在司法鉴定活动中，鉴定机构的确定非常重要，应注意：

1. 工程质量问题应提交法定的鉴定部门鉴定。根据《建筑工程质量检测工作规定》，建筑工程质量检测机构是对建筑工程和建筑构件、制品以及建筑现场所用的有关材料、设备质量进行检测的法定单位。其所出具的检测报告具有法定效力。国家级检测机构出具的检测报告，在国内为最终裁定，在国外具有代表国家的性质。另一类法定的鉴定部门，是具有相关工程质量鉴定资质的司法鉴定机构。

2. 当事人如果在合同中约定了鉴定单位，应按照合同约定。订立施工合同时，有的合同范本会要求约定质量鉴定部门，以便于发生争议后的妥善处理。

3. 紧急情况下，一方当事人应该及时委托有资质的鉴定部门作出鉴定结论。因为，鉴定结论是一份效力较高的证据，能够证明案件的真实情况。

三、建设工程价款争议

最高人民法院《解释》，第十六条第一款规定："当事人对建设工程的计价标准或者计价方法有约定的，按照约定结算工程价款"。建设工程造价鉴定应当以当事人约定的合同价格条件作为依据，除非案件中没有可以援引的具体合同条款，或者没有其他可以印证构成价格条件的相关诉讼证据，法官才可以按照以专业技术方法推算的价格，来解决工程造价争议。

（一）三种价款计价方式的认定规则

根据工程价款约定的具体方式不同，相应的认定规则也会发生变化。工程价款约定的方式一般包括三种：固定价格、可调整价格和成本加酬金。对此，《建筑工程施工发包与承包计价管理办法》第十二条，《建设工程施工合同（示范文本）》第23.2条有明确规定。现分别说明这三种确定工程价款方式的认定规则：

1. 固定价格之认定规则

固定价格就是双方在合同中约定合同价款包含的风险范围和风险费

用的计算方法，在约定的风险范围内合同价款不再调整。如果当事人因此发生争议，则合同约定的固定价格就是认定工程价款的依据。司法实践中大多也是如此认定，最高人民法院《解释》第二十二条规定，当事人约定按照固定价结算工程价款，一方当事人请求对建设工程造价进行鉴定的，不予支持。但需要特别说明的是，合同当事人对风险范围以外的合同价款调整方法约定的，则应按约定的方法来认定。对固定价以外的部分，应当另行确定工程价款。

2. 可调整价格之认定规则

可调整价格就是双方在合同中约定价格调整的方法。根据《建设工程施工合同（示范文本）》第 23.3 条规定，可调价格合同中合同价款的调整因素包括：（1）法律、行政法规和国家有关政策变化影响合同价款；（2）工程造价管理部门公布的价格调整；（3）一周内非承包人原因停水、停电、停气造成停工累计超过 8 小时；（4）双方约定的其他因素。因此，根据合同约定的工程价款调整方法来认定工程价款当无异议。需要特别说明的是，如果合同中对价格调整的方法没有约定或者约定不明，是不是就直接适用上述示范文本中规定的调整因素而认定工程价款呢？回答是否定的。根据最高人民法院《解释》第十六条第 2 款的规定，因设计变更导致建设工程的工程量或者质量标准发生变化，当事人对该部分工程价款不能协商一致的，可以参照签订建设工程施工合同时，当地建设行政主管部门发布的计价方法或者计价标准结算工程价款。据此，如果当事人对工程价款的确定不能达成一致，则直接适用签订建设工程施工合同时，当地建设行政主管部门发布的计价方法或者计价标准来认定工程价款。对于固定价格确定工程价款以外的工程价款的认定，也可以适用这种认定规则。

3. 成本加酬金之认定规则

工程价款包括成本和酬金两个部分，成本一般包括直接费和间接费两个部分，酬金一般指利润。由双方在合同中具体约定。如果双方因此发生争议，合同中的约定就是认定工程价款的依据。如果没有约定或者约定不明之认定规则，同上述可调整价格之认定规则。

（二）工程价款司法鉴定

根据最高人民法院《解释》第二十三条的规定，当事人对部分案件事实有争议的，仅对有争议的事实进行鉴定，但争议事实范围不能确定，或者双方当事人请求对全部事实鉴定的除外。该条中的鉴定当然包括工程价款鉴定。根据最高人民法院法发［2001］23号《人民法院司法鉴定工作暂行规定》中第一章第二条的定义可解释为：是指在诉讼过程中，为查明案件事实，人民法院依据职权，或者当事人及其他诉讼参与人的申请，指派或委托具有工程造价专业知识的人或机构，对待裁决的工程造价问题进行检验、鉴别和评定的活动。

1. 法官应审查鉴定的必要性。申请鉴定是当事人的权利，但鉴定与否决定权在法院。法官不能放弃鉴定必要性审查，否则造成案件不必要拖延和增加诉讼成本，还有可能出现否定当事人有效约定和结算，影响实体公正。例如，合同约定固定价，履行完毕后，承包方以没有施工资质主张合同无效申请工程造价鉴定，法院应不予同意。因为，合同约定工程价款以固定价结算，虽然因承包人不具备施工资质致合同无效，如果工程经竣工验收合格，依照最高人民法院《解释》第二条的规定，工程价款仍应参照合同约定确定，无须委托鉴定。当事人虽未在举证期限内提出工程造价鉴定申请，但讼争工程价款无法确定，为查清事实，法官应向负有举证责任的当事人行使释明权，征询当事人是否申请工程造价鉴定，而不应直接适用举证不能驳回当事人的诉讼请求。这有利于实现实体公正，也是法院保护当事人行使举证权利应有的程序。例如，承包人以与发包人未授权的工程现场人员的结算起诉要求发包人支付工程款，法院经审查确认结算无效，案件又无其他证据证实工程价款。此时，法官有必要向承包人行使释明权，征求其是否申请工程造价鉴定，以便查明工程价款，公正判决。法官应尽可能利用已有证据自行判断，只要案件已有证据能够确定的，不应委托鉴定，只有已有证据不足以证实才有必要委托鉴定。

2. 鉴定范围的确定。决定委托鉴定后，法官应先圈定鉴定范围，确定工程价款争议的项目，排除无争议和已有证据可以判断的项目，在尽可能小的范围内鉴定。这既节约诉讼成本，又尊重当事人的约定。切忌全盘委托，把本来无须鉴定部分也一概委托了事，把合同约定、双方确认撇在一边。

3. 单价及计算方法的确定。法院委托鉴定机构对工程造价实施鉴定，目的是为了让鉴定机构利用其专业知识协助法院确定工程价款，但并不是让鉴定机构替法院确认案件事实，鉴定机构只就法院委托的事项应用其专业知识向法院提供鉴定报告。因此，法院委托时除应尽可能明确鉴定的范围和目的外，还应立足合同的约定，明确计算工程款的方法和单价。对于当事人已约定的单价或计算方法应当作为鉴定的依据，鉴定单位不能撇开合同另行以定额作计算标准或以其他计算方法结算。这有违当事人的约定和违背公平原则，不论合同有效或是合同无效经竣工验收合格，均应依照或参照合同确定工程价款。就算合同部分未约定单价，鉴定机构也应参照有约定单价与定额的浮动比例幅度作适当调整。

4. 鉴定机构与鉴定人的资格审查。法院委托的建设工程造价鉴定是司法鉴定的一种，要求鉴定机构和鉴定人具备相关的鉴定资格，并经省级人民政府司法行政部门核准。司法鉴定实行鉴定人负责制度，鉴定人应在鉴定报告上签名或盖章。因此，法院委托鉴定机构从事工程造价鉴定时，应审查鉴定机构和鉴定人是否具备相关资格，工程造价鉴定报告作出后，法院应审查是否附有相关资格证明，以及鉴定人有否签名或盖章。

法院同意当事人工程造价鉴定申请后，应尽可能由双方当事人协商确定有资格的鉴定机构、鉴定人。协商不成的才由法院指定，法院指定鉴定机构、鉴定人后，应征询双方当事人是否对鉴定机构、鉴定人申请回避。

5. 鉴定资料的移交以及争议项目的现场勘验。鉴定资料是证明当事人权利、义务的主要证据，是鉴定主要依据。选定鉴定机构、鉴定人后，法院应限定当事人在一定期限内一次性提交鉴定资料，然后组织双方当事人对鉴定资料进行质证，法院依据双方当事人的质证意见对鉴定资料进行审核认定。在鉴定资料质证、认证后，法院才将鉴定资料以及法院的认证意见一并移送给鉴定机构、鉴定人。未经法院确认的证据材料鉴定单位、鉴定人不能作为鉴定依据。对证据的认证是司法行为，鉴定人无权就此判断。法官不能将对证据的审核认定让渡给鉴定单位、鉴定人实施。

法院应组织双方当事人和鉴定人对争议工程进行现场勘验，对工程项目应作设计图纸与实际施工逐一核对，并做好记录，尤其是存在增减工程项目，更应如此。

6. 鉴定预报告的异议制度及鉴定人出庭接受质询。工程造价鉴定常因工程施工时间长，项目多，资料繁杂且时有资料不完整情况，致工程造价鉴定比其他鉴定难度更大，当事人对鉴定报告更是异议多多。因此，鉴定单位、鉴定人在出具正式报告之前应先出具鉴定预报告，由法院将鉴定预报告送达双方当事人并限定在一定期间内由双方当事人针对鉴定预报告提出异议并可补充相应资料，以便鉴定单位、鉴定人有针对性进行修正，最后出具正式报告。开庭时，法院应通知鉴定人出庭接受当事人质询。

7. 鉴定报告的审查。法院对工程造价鉴定报告在适用前应进行形式审查和实质审查。形式审查主要针对鉴定结论的形式要件的合法性审查，如鉴定机构、鉴定人是否具备鉴定资格，鉴定程序有否违法，是否违反回避制度，鉴定单位、鉴定人是否签名盖章等。实质审查主要是针对鉴定结论的依据是否充分，如推理是否科学、公正等进行实质审查。法官应当正确运用鉴定结论，鉴定单位、鉴定人出具的鉴定报告只不过是帮助法官查明事实，只是起证据作用，鉴定报告不能被当作案件事实。

Chapter

02

新型业务的法律分析

第一章
融投资建造（政府还款）业务

第一节　业务模式概述

基础设施是国民经济发展的基础，是衡量投资环境的一项重要内容，也是提高城乡人民物质文化生活水平的基本保障。长期以来我国基础设施建设存在投融资体制不合理、融资渠道单一、财政负担重等问题，严重制约了我国基础设施的发展。因此，通过政策引导与利益驱动等杠杆，有效地调动政府财政资金以外的资本，以解决政府基础设施投资不足，势在必行。在此大背景下，众多基础设施投融资模式应运而生。

按照投融资主体及资金来源划分，基础设施投融资模式可分为政府投融资模式和市场化投融资模式，其中 BOT、BT 作为基础设施市场化投融资模式的典型代表，能够有效缓解政府财政压力，降低城市基础设施建设工程成本、提高运营效率。但由于国内尚没有专门的法律法规对该类模式作出界定，业界对其具体的含义、操作模式、管理标准等问题也出现了很多争议。故有必要对 BOT、BT 模式产生背景、发展过程作简要介绍。

一、关于 BOT 模式

（一）产生背景

20 世纪 80 年代初期是项目融资发展的一个低潮时期，大量基础设施项目急需建设资金，为增强项目抗政治风险、金融风险、债务风险的能力，提高项目的投资收益和经营管理水平，一些国家，特别是发展中国家积极引入民间资本参与基础设施建设，BOT 模式就是在这样的背景下发展起来的用于基础设施建设的项目融资模式。BOT 方式主要用于发展收费公路、电厂、铁路、废水处理设施和城市地铁等大型资本、技术密集的基础设施项目。

（二）含义

BOT 是（Build—Operate—Tran—sfer）（建设—运营—转让）三个英文单词的缩写。BOT 的概念是由土耳其总理厄扎尔于 1984 年讨论土耳其公共项目的私营问题时提出的，并制订了世界上第一个 BOT 法（土耳其法律 NO.3096），随即在美国、土耳其、马来西亚、泰国、巴基斯坦、菲律宾、澳大利亚等国家得到广泛推广。根据世界银行《1994 年发展报告》中对 BOT 模式的解释，其内涵可表述为：指政府和作为项目发起人的私营机构就特定的基础设施或公共工程项目，通过签订特许协议方式，授予私营机构为项目经营成立项目公司，承担项目的融资、设计、建设、运营和维护的义务，并准许项目公司在项目的特许期内拥有项目的占有、使用和收益权能，通过运营的收入以收回投资、偿还融资债务及赚取合理的利润，特许期满，项目公司将项目无偿移交政府或政府指定机构的一种投资经营行为。1996 年联合国工业发展组织公布了《通过建设—运营—转让 BOT 项目发展基础设施的指南》。

BOT 融资方式在我国称为"特许权融资方式"，是指国家或者地方政府部门通过特许权协议，授予签约的项目投资人承担公共性基础设施（基础产业）项目的融资、建造、经营和维护；在协议规定的特许期限内，项目投资人通过设立的项目公司拥有投资建造设施所有权，向设施使用者收取适当的费用，由此回收项目投资并获得合理的利润；特许期满后，项目公司将特许权项目的设施无偿地移交给签约的政府部门。

二、关于 BT 模式

根据世界银行《1994 年发展报告》的定义，BOT 投资模式可衍生出 BOOT、ROT、POT、TOT、BT 等。BT 作为基础设施市场化投融资模式的一种，一般认为它是从 BOT 模式发展演变而来的。由于 BT 模式在国际上并不是很典型和普遍的基础设施投融资模式，其具体操作也并没有形成统一、完整、明确的国际惯例。所以，虽然该模式已经在公共建设领域广为应用，但国内外工程理论界对这种新型项目融资建设模式的定义尚未给出统一的规范界定。

（一）BT 模式自 20 世纪 80 年代开始出现，一些国家已通过专门立法对 BT 项目进行规范。如越南在 1987 年制定了《越南社会主义共和国外国在越南投资法》，历经 1990 年、1992 年、1996 年、2000 年、2003 年五次修订补充，于 2006 年 7 月 1 日开始生效，是目前越南最新的关于规范外国投资行为的法律，根据该法第 16 条至 23 条的规定，建设—移交（即 BT 合同形式）是特别投资方式的一种，并将 BT 项目的合同定义为"获得授权的越南国家机关与外国投资者为建设基础设施而签署的书面文件"、"项目建设完成后外国投资者将该设施转让给越南政府，而越南政府另创造条件给外国投资者去实施其他投资项目，以偿还投资人 BT 项目中的投资及应获得的利润"。

菲律宾在 1990 年颁布了共和国法律（Republic Act）No.6957，当时只定义了 BOT、BT 两种方式。1994 年菲律宾国会重新颁布了 BOT 法（RA No.7718）定义了 BOT、BT 共 9 种方式（这是世界上第一个关于 BT 的法律定义）。该法第 1 条〔C〕款将 BT 定义为：建设—转让——一种契约性安排，项目建议人据此承担授予的基础设施或发展设施的融资和建设，并在建成后将其转让政府机关或地方政府有关单位，后者按商定的分期付款时间表，支付建议人在项目上花费的总投资，加上合理比例的利润。这种安排可应用于建设任何基础设施或发展项目，包括关键设施，由于安全或战略的原因，这些设施必须由政府直接经营。

（二）BT 业务被引入我国并应用于基础设施建设是近十几年才开始的，目前缺乏明确的法律法规规定，各地政府对 BT 的理解和操作模式不一。一般将其表述为：BT 模式是指政府利用非政府资金实施建设工程项目的一种投资建设方式，即政府通过合同约定，将拟建设的基础设施项目授予相应单位，由该单位负责项目的投融资和施工，项目建成后移交给政府，由政府按合同约定支付投资款项。

（三）由于 BT 模式缺乏国家层面的立法规范和制度建设，各地方政府实际操作的 BT 模式并不完全等同于国外所指的 BT。为避免概念混淆，通过借鉴国内外学术界对 BT 模式核心要素的表述，并结合笔者对 BT 模式实践运作经验的总结，本书将该具有中国特色的"BT 模式"概括为融投资建造（政府还款）模式，其定义确定为：项目发起人通过对选定的项目投资人予以授权，由项目投资人通过组建项目公司等形式对项目进行投资建设，并在规定时限内将建成后的项目移交给项目回购方，项目回购方根据事先签订的回购合同，在一定期限内分期向项目投资方支付项目投资成本并加上合理资金回报。

三、融投资建造（政府还款）模式的合法合规性分析

融投资建造（政府还款）模式符合国家投资体制改革的政策导向，国务院部门规章和地方性法规的出台对该模式的合法性、可行性给予了肯定。

（一）国家政策性文件提供了合法性依据支撑

1. 国务院《关于投资体制改革的决定》（国发〔2004〕20 号）第

三条第五款规定：鼓励社会投资。放宽社会资本的投资领域，允许社会资本进入法律法规未禁入的基础设施、公用事业及其他行业和领域。第三条第六款规定：引入市场机制，充分发挥政府投资的效益。各级政府要创造条件，利用特许经营、投资补助等多种方式，吸引社会资本参与有合理回报和一定投资回收能力的公益事业和公共基础设施项目建设。

2. 国务院发布《关于鼓励和引导民间投资健康发展的若干意见》（国发〔2010〕13号），明确规定：大力鼓励和引导民间资本进入基础产业和基础设施领域（包括交通、水利、电力、石油、天然气、电信、土地整治、矿产资源勘探开发等）、鼓励和引导民间投资进入市政公用事业和政策性住房建设领域（包括城市供水、供气、供热、污水和垃圾处理、城市公交、园林等）、鼓励民间投资进入社会事业领域（包括医院、养老院、诊所、卫生所、职业技术学校等）、鼓励民间投资进入社会福利服务机构领域（包括文化、体育、旅游产业）、鼓励民间投资进入金融服务领域等。

（二）部门规章提供了合规性依据支撑

建设部《关于培育发展工程总承包和工程项目管理企业的指导意见》（建市〔2003〕30号）第四条第七款规定：提倡具备条件的建设项目，采用工程总承包、工程项目管理方式组织建设。鼓励有投融资能力的工程总承包企业，对具备条件的工程项目，根据发包人的要求，按照建设—转让（BT）、建设—运营—转让（BOT）、建设—拥有—经营（BOO）、建设—拥有—运营—转让（BOOT）等方式组织实施。该指导意见以部门规章的形式明确了BT模式的合法合规性。

（三）地方性法规、规章及操作实践提供了合规性、可行性依据

在我国经济较发达的重庆、沈阳、武汉、广东、昆明、郑州等省市，纷纷出台了地方性法规、规章对该模式予以肯定和规范。如《重庆市人民政府关于加强和规范政府投资项目BT融资建设管理的通知》、《重庆

市渝北区 BT、BOT 融资建设管理实施细则（试行）》、《沈阳市市政基础设施和公用事业项目采用 BT 模式建设实施细则》、《武汉市发展改革委、市建委、市财政局、市法制办关于做好政府投资项目 BT 融资建设管理的通知》、《广东省水利建设工程试行 BT 模式的指导意见》、《昆明市人民政府办公厅关于在基础 BT 模式建设中推行工程总承包建设模式的通知》、《郑州市人民政府办公厅关于加强和规范政府投资项目 BT 融资建设管理的通知》。同时，也出现了很多典型项目案例，取得了良好的经济和社会效果，如上海地铁一号线上海南站改建工程 BT 项目、重庆华村嘉陵江大桥 BT 项目、涪陵乌江二桥 BT 项目等。北京地铁 2008 奥运支线采用 BT 方式公开招标，尤其受到联合国亚太经合会的高度赞扬。这充分说明了融投资建造（政府还款）模式已被国内众多经济发达城市在实践中普遍应用。

四、融投资建造（政府还款）模式的特征

融投资建造（政府还款）模式作为一种新型的项目投融资建设方式，和 BOT、代建制等相关投资建设方式相比，在项目运作方式、项目法律关系等诸多方面，均有自身的特点。

（一）融投资建造（政府还款）模式的法律特征

1. 融投资建造（政府还款）模式参与主体的特殊性

融投资建造（政府还款）模式的参与主体主要有项目发起人和项目投资方（包括项目投资人和项目公司）。项目发起人一般是政府或政府授权的相关部门或下属投资公司等单位，其经过法定程序选择项目投资人对项目进行投资建设。在此过程中，政府既能通过授权单位行使合同权利，又有权对项目建设进行监督和管理，具有双重身份。项目投资人由项目发起人通过法定程序选定，由于对于项目发起人而言，项目主要的风险来自于融资和建设环节。因此，很多项目发起人招标时，为了减少中间环节，均要求投标者具有较强的融资能力和相应的施工总承包资质，

然后由这些集投资和施工能力于一体的大型建筑企业设立项目公司，对具体项目进行投资建设运作。

除此之外，融投资建造（政府还款）模式参与主体的特殊性还表现在参与主体众多，除作为项目发起人的政府及其授权单位和项目投资方之外，还包括设计单位、施工单位、监理单位、材料设备供应单位、金融机构、保险公司、担保公司等。

2. 融投资建造（政府还款）模式客体的特殊性

融投资建造（政府还款）模式客体的特殊性主要表现在两个方面：一方面，融投资建造（政府还款）模式的客体主要是非经营性的基础设施项目，具体主要是不适宜由市场进行商业化运营的非经营性公共基础设施项目，或者项目没有现金流或现金流不充分的非经营性或准经营性公共基础设施项目。这些项目不同于其他投资项目，一般没有现金流支持和其他盈利来源，只有通过政府直接投资进行建设或者采用融投资建造（政府还款）模式委托投资方进行建设。另一方面，融投资建造（政府还款）模式的客体存在转移性，即项目发起人通过法定程序选择投资人对特定项目进行投资建设，并由该投资人组建项目公司对项目进行投融资、组织建设和管理，在项目建成竣工验收合格后，项目将移交回购方。

3. 融投资建造（政府还款）模式法律关系的复杂性

项目运作涉及立项、招投标、投资、融资、建设、移交、回购等一系列活动，参与主体包括项目发起人、项目投资人、项目公司、施工单位、设计单位、监理单位、材料设备供应单位、金融机构、保险公司、担保公司及其他可能的参与人。这些参与主体之间在项目运作不同阶段的权利义务关系，需要通过投融资框架协议、投资建设与回购合同、项目施工总承包合同、贷款合同、担保合同等一系列合同进行明确，需要接受民事、商事、行政管理、经济管理等多个法律部门的调整和规范，从而形成了众多主体参与的纷繁复杂的法律关系。

（二）融投资建造（政府还款）模式的运作特征

1. 融投资建造（政府还款）模式运作的风险性

从风险特征上看，由于融投资建造（政府还款）项目大多投资数额巨大、技术复杂、建设周期和资金回收时间长，加之本身法律关系的复杂性，导致融投资建造（政府还款）模式运作相关风险较大，各参与主体的风险分担也非常复杂。融投资建造（政府还款）模式运作中的风险主要包括项目行政审批风险、政府回购行为合法性风险、政府回购资金安全性风险、融资风险、工期风险、税收风险、项目成本投入控制风险、工程变更签证及索赔风险、工程分包风险、违约及诉讼风险等。项目投资人需要从管理、组织、合同等多个方面加强管控，通过理顺和优化项目运作流程，建立相关机制，切实规避和防范上述风险。

2. 融投资建造（政府还款）项目移交和回购的强制性

由于融投资建造（政府还款）项目建设需要占用土地等稀缺资源，往往无法实施替代项目。因此，项目竣工后必须按约定移交，项目投资方不得对项目进行处置。项目竣工验收并具备正式交付使用条件后，项目回购人（一般为项目发起人）应会同相关单位，与项目投资人按照相关合同约定对回购条件逐项核查、认定。项目符合回购条件的，项目回购人应当按照回购合同有关约定向项目投资方支付回购款。事实上，回购价款、回购条件、回购期限、回购方式等有关回购的约定，也往往是投资建设与回购合同的重要内容，项目回购则是项目回购人的主要义务。

3. 融投资建造（政府还款）项目的前期工作一般由项目发起人承担

融投资建造（政府还款）项目的运作一般要经历前期准备、确定项目投资人、组建项目公司、投融资建设和项目移交回购等多个阶段。与BOT模式相比，在通过招投标确定项目投资人之前，项目发起人一般要承担各项前期工作，包括项目的立项和可行性研究，确定项目的规模、技术方案和指标，完成项目的初步勘察、总体（初步）设计和总投资概算等，并报政府主管部门审批。同时，征地拆迁等项目建设前期工作较为复杂，具体操作中涉及大量的政府协调工作，实施难度高，对工期影响较大，通常也由项目发起人负责。[1]

五、融投资建造（政府还款）模式与相关建设模式的比较

（一）融投资建造（政府还款）模式与BOT模式

正如前文所述，融投资建造（政府还款）模式和BOT模式都是针对城市基础设施的投融资建设模式，其主要区别主要表现在以下几个方面：

1. 适用范围不同。BOT模式的核心在于项目投资人通过特许经营项目的运营管理，以运营所得收回投资并获取利润。因此，BOT模式一般只适用于经营性的城市基础设施项目，而融投资建造（政府还款）模式既可适用于经营性项目，也可适用于非经营性项目。实践中，主要适用于不适宜由市场进行商业化运营，或者项目没有现金流或现金流不充分的非经营性公共基础设施项目。

2. 投资回报方式不同。BOT项目的投资人一般是通过对特许公共基础设施建设项目的投资建造及经营管理，以运营所得收回投资并获取投资回报。而融投资建造（政府还款）模式是由项目投资人对项目进行投资建设，在项目建成竣工验收后，不经运营环节直接移交回购方，项目投资人通过回购方的回购款获得投资回报。

3. 运作特点不同。对立项、相关建设手续办理、征地拆迁等项目前期工作而言，BOT模式中一般由项目投资人和投资人设立的项目公司完成，而融投资建造（政府还款）模式中一般由项目发起人承担；在项目建设运营期，BOT项目一般存在较长的投资人经营项目阶段，而融投资建造（政府还款）项目不经历这个过程；在项目移交期，BOT项目在特许经营期届满后，由投资方无偿向政府移交项目资产，

---

[1] 朱建国、徐伟. BT模式在我国城市轨道交通工程中的运用和发展. 北京：建筑经济，2011.

而融投资建造（政府还款）项目的移交以政府或其授权的单位支付回购款为前提。

4. 项目风险不同。在 BOT 模式下，项目要经历立项、招投标、投资建设、管理运营、移交等多个阶段，在此过程中，项目投资人和项目公司不仅要承担投资建设期及移交期的各类风险，还要承担运营期的经营风险，涉及风险期间较长，风险种类较多。而融投资建造（政府还款）项目投资人承担的主要是项目建设风险和项目回购风险，无需承担经营期间的风险，风险期间相对较短。

（二）融投资建造（政府还款）模式与代建制

项目代建制一般是指政府通过招投标等法定程序，将其投资的工程项目委托给工程项目管理机构（代建单位），由该机构进行专业化建设管理的一种制度。[1] 2004 年 7 月，国务院发布《关于投资体制改革的决定》（国发［2004］20 号），明确提出对非经营性政府投资项目加快推行"代建制"，即通过招标等方式，选择专业化的项目管理单位负责建设实施，严格控制项目投资、质量和工期，竣工验收后移交给使用单位。应该承认，融投资建造（政府还款）与项目代建制都是"交钥匙工程"，都有控制项目投资、质量和工期的目的，在很多方面确实存在相似之处。但是，这两种模式也有明显的区别，主要表现在以下几个方面：

1. 法律性质不同。融投资建造（政府还款）模式属于一种新型法律关系，项目投资人在通过法定程序获得融投资建造（政府还款）项目的投资建设权后组建项目公司。项目公司一般以自己的名义负责建设期间的建设管理和组织工作，独立承担责任。而代建制的本质是传统民法中的代理，为了解决项目业主建设管理能力欠缺问题，代建单位与项目业主签订代建委托合同，双方形成委托代理关系，由代建单位以项目业主的名义进行项目建设组织和管理，行为后果一般由项目业主承担。

---

[1] 张树森. BT 投融资建设模式. 北京：中央编译出版社，2006.

2. 风险责任承担不同。融投资建造（政府还款）项目的投资建设主体是项目投资人和项目公司，项目投融资建设过程中的所有风险和责任均由项目投资人和项目公司承担，项目发起人仅承担移交后的营运管理风险。而项目代建制中，项目建设中的投融资、质量、进度控制等风险都应由项目业主承担。

3. 建设资金来源不同。从背景来看，融投资建造（政府还款）模式的引入主要是为了解决城市基础设施建设中财政资金不足的问题，融资功能是融投资建造（政府还款）模式的重要特征。因此，在融投资建造（政府还款）项目建设过程中，由项目投资人和项目公司负责资金筹措，项目发起方在项目建成移交后才支付回购款。而项目代建制中，项目建设期间的资金一般是由政府财政部门直接按项目进度安排拨付。

4. 项目回购不同。融投资建造（政府还款）项目竣工验收并具备正式交付使用条件后，项目发起人应会同相关单位按照合同约定对回购条件逐项核查认定，符合回购条件的，项目发起方应当按照向项目投资方支付回购款。项目回购是融投资建造（政府还款）项目发起方的主要义务，项目工程竣工验收后能否顺利回购，关系到项目运作的成败。而项目代建制不涉及回购问题。

（三）融投资建造（政府还款）模式与带资承包

2006 年 1 月，原建设部联合国家发展改革委、财政部、中国人民银行共同发布《关于严禁政府投资项目使用带资承包方式进行建设的通知》（建市〔2006〕6 号），根据该通知，所谓带资承包，是指建设单位未全额支付工程预付款或未按工程进度按月支付工程款（不含合同约定的质量保证金），由建筑业企业垫款施工。该通知明确指出，政府投资项目一律不得以建筑业企业带资承包的方式进行建设，不得将建筑业企业带资承包作为招投标条件，同时指出，采用 BOT、BOOT、BOO 方式建设的政府投资项目可不适用本通知，唯独没有指出采用 BT 方式建设是否适用该通知。这在一段时间内导致了公众对 BT 模式合法性的质疑。[1]事实上，融投资建造（政府还款）模式和带资承包的区别还是比较明显的，主要表现在以下几个方面：

1. 主体及法律关系不同。在融投资建造（政府还款）模式下，项目投资人一般均须组建具有独立法人地位的项目公司，通过项目公司对具体项目进行投资建设，项目投资人本身并不必然进行项目施工，与项目发起人之间也不存在工程施工合同关系，而是复杂的授权投资建设关系。而在带资承包的情况下，作为施工承包人的建筑企业则是直接与业主签订建设工程承包合同，根据合同约定承担工程施工任务，其和项目业主的关系完全是工程施工合同关系。

2. 主要权利义务不同。在融投资建造（政府还款）模式下，项目发起人的主要权利是依约收回项目权利（包括项目控制权、项目产权等），获得按约定条件投资建设完成的项目成果，主要义务是及时接受项目移交与支付回购款。项目投资方的主要权利是按约定条件获得项目价款，主要义务是按照合同约定对项目投资、组织建设，在竣工验收后依约移交给项目回购人。而在带资承包的情况下，发包方的主要权利是获得承包人按约定建设完成的项目工程成果，主要义务向承包人支付报酬与及时接受工程成果交付。承包方的主要权利是获得报酬，主要义务是按约

---

[1] 关于 BT 模式的合法性问题，1996 年 6 月，原建设部、原国家计委、财政部联合发布《关于严禁带资承包工程和垫资施工的通知》，严禁施工单位带资承包工程，建设单位不得要求承包单位垫资施工；2003 年 2 月，原建设部发布《关于培育发展工程总承包和工程项目管理企业的指导意见》（建市［2003］30 号），明确鼓励有投融资能力的工程总承包企业，对具备条件的工程项目，根据业主的要求，按照建设—转让（BT）、建设—运营—转让（BOT）、建设—拥有—运营（BOO）、建设—拥有—运营—转让（BOOT）等方式组织实施；2006 年 1 月，建设部、财政部、国家发展改革委和中国人民银行共同发布《关于严禁政府投资项目使用带资承包方式进行建设的通知》，规定在政府投资项目中严禁施工单位使用带资承包方式承揽政府投资项目。从法解释论的角度来看，1996 年原建设部《关于严禁带资承包工程和垫资施工的通知》禁止工程项目带资承包，其后，2003 年原建设部《关于培育发展工程总承包和工程项目管理企业的指导意见》又提出鼓励有投融资能力的工程总承包企业以 BT 方式组织实施工程项目。从中，可以清楚地看出，BT 模式并不属于带资承包，自然也不在 2006 年四部委《关于严禁政府投资项目使用带资承包方式进行建设的通知》禁止之列。

定完成项目建设工作并交付工作成果。

3. 项目控制权不同。在融投资建造（政府还款）模式下，项目投资人通过法定程序获得项目投资建设权并组建项目公司，在项目建设期间以项目建设单位身份履行项目业主职能，对项目拥有全面的控制权，有时甚至拥有项目产权。而在带资承包的情况下，作为施工承包方的建筑企业不是项目业主，而是受雇于项目业主，对项目的控制权很小。

4. 投资风险不同。在带资承包的情况下，发包方往往未落实建设资金就实施项目建设，容易导致拖欠工程款、工人工资等问题，加之项目业务一般不可能为施工方提供担保，施工方垫资得不到偿付的风险极大。而融投资建造（政府还款）项目一般需要政府、政府平台公司或其他机构对项目回购进行担保，项目投资方的投资收回较有保障，可以有效避免带资承包可能导致的拖欠工程款、工人工资等问题。

第二节　主要参与主体及合同体系

一、融投资建造（政府还款）模式的主要参与主体

（一）项目发起人

项目发起人，即融投资建造（政府还款）项目的发起主体，在实践中一般为政府或政府授权的部门或单位。在项目的运作中，政府一般并不直接出面，而是授权相关政府部门或单位作为项目的发起人，项目发起人通过公开招投标等法定方式确定项目投资人，并与其签订投融资框架协议或投资建设与回购合同；项目投资人通过设立项目公司负责项目融投资和建设，待项目建成竣工验收后移交项目回购人（一般为项目发起人），由项目回购人按合同约定支付对价、回购项目。在此过程中，政府及相关部门方是项目的发起人，但是因为融投资建造（政府还款）项目往往也是重大的基础设施和公用事业工程，政府有关主管部门同时也

作为监管部门对项目建设过程进行监督管理。因此，政府及相关部门具有项目发起人和政府监管部门双重法律身份和职能。

　　融投资建造（政府还款）模式作为一种新型投融资建设模式，由于缺乏统一的法律规范，实践中对项目发起人法律地位的认识存在较大分歧。笔者认为，应把作为融投资建造（政府还款）项目发起人的政府或其授权单位的法律地位界定为项目业主，拥有项目的所有权。这主要基于以下理由：第一，由于融投资建造（政府还款）模式主要适用于城市基础设施及公用事业项目，多关乎社会公共利益，特别是多数融投资建造（政府还款）项目建设需要占用特定地块，往往无法实施替代项目，所以项目发起人需要确保项目竣工后，按约定进行移交。如果项目投资人及项目公司无力完成项目，则项目发起人应能够收回进行续建。而只有把项目发起人定位为项目业主，享有物权保障，才能确保社会公共利益的维护。第二，融投资建造（政府还款）模式的适用范围决定了项目往往需要占用大量的土地，而这些土地一般均通过政府行政划拨取得。而项目投资人一般是社会投资机构，如果将项目投资人或项目公司界定为项目所有权人，则存在国有资产流失之嫌。第三，由于融投资建造（政府还款）项目竣工后要立即移交给项目回购方，如果将项目投资人或项目公司界定为项目业主，项目移交行为将被视为所有权转移行为或不动产交易行为。这不仅会将项目移交手续复杂化，还会给移交双方带来沉重的税务负担。[1]第四，根据融投资建造（政府还款）模式的投资建设合同约定，投资人和项目公司组织项目建设，将建筑材料添附于项目业主所有的土地上，构成动产与不动产的附和。在合同对项目所有权没有明确约定的情况下，根据传统民法添附制度的一般原理，应由项目业主取得项目的所有权。

　　实践中，包括重庆、郑州、沈阳、福州在内的多个城市已通过规范性文件的形式对项目发起人的项目业主地位进行了确认，并明确由项目业主

---

[1]　张树森. BT投融资建设模式. 北京：中央编译出版社，2006.

进行回购。例如，《重庆市人民政府关于加强和规范政府投资项目BT融资建设管理的通知》（渝府发〔2007〕73号）第一条规定："实行BT模式的政府投资项目，市、区县（自治县）人民政府要通过授权确定项目业主。由项目业主通过招标方式选择投融资人（以下简称融资人），由融资人组建BT模式项目公司（以下简称项目公司）对项目进行建设。……融资人必须以自有资金和中长期融资能力作为项目建设保障，不得搞项目反担保。项目业主要以经政府有权部门批准的未来收益作为回购资金来源，项目建成后由项目业主按合同约定支付回购价款，回购项目。"《郑州市政府投资项目BT融资建设管理办法》（郑州市人民政府令第200号）第三条第二款规定："本办法所称BT模式（Build—Transfer）即建设—移交模式，是指由政府授权的项目业主，通过招投标、竞争性谈判或其他合法方式确定项目投资人，由该投资人承担项目的资金筹措和工程建设，项目竣工验收后移交给项目业主，项目业主按合同约定回购项目的融资建设模式。"

（二）项目投资人

项目投资人，即融投资建造（政府还款）项目的投资主体，为中标的投资人，是指与项目发起人，即政府授权的项目业主签订投资合同，并负责组建项目公司并筹措项目建设资金的投资主体。融投资建造（政府还款）项目投资人参与项目投标（或组成联合体参与投标），中标后与项目业主签订投融资框架协议或投资建设与回购合同，按照合同约定，出资设立具有独立法人资格的项目公司，协助项目公司组织项目投融资建设，并在项目竣工验收合格后将项目移交给业主，从而收回投资并获取回报。

在融投资建造（政府还款）模式下，尽管项目通常以政府投资项目立项报批，但在项目建设过程中，融投资建造（政府还款）项目投资人才是实际上的投资者。为完成项目建设，最大限度降低投资风险，项目投资人出资设立具有独立法人资格的项目公司，成为项目公司股东。投资人通过项目公司实现自己的投资建设职能，并把相关的融资、建设风险的主要部分转移到项目公司身上，从而降低自身风险。通常情况下，项目公司的自有资金无法满足项目建设需要，为此，融投资建造（政府还款）项目投资人可能在项目公司作为借款人向银行申请贷款时为项目公司提供担保，也可能以自己的名义申请贷款或开展其他融资活动，再将所筹集的资金注入项目公司。[1]

实践中，由于对于多数项目发起人而言，融投资建造（政府还款）项目主要的风险来自于融资和建设环节。因此，很多项目发起人招标时为了减少中间环节，均要求投标者具有较强的融资能力和相应的施工总承包资质，然后由这些集投资和施工能力于一体的大型企业对具体项目进行建设运作。这时，项目投资人不仅承担项目投资职责，往往还是项目工程的施工总承包人。例如，《沈阳市市政基础设施和公用事业项目采用BT模式建设实施细则》（沈政办发〔2010〕109号）第二条中规定："投资建设方必须是具备工程总承包资质的企业。"《福州市政府投资项目BT融资管理暂行办法》（榕政办〔2010〕235号）第七条在界定BT投资人的职责时，明确指出BT投资人"对工程质量和安全文明施工负责，如有分包，承担总承包的职责"。

目前，包括重庆、福州、沈阳、郑州在内的多个城市已通过规范性文件的形式对项目投资人的职责进行了明确。总结上述规定，可将融投资建造（政府还款）项目投资人的职责概括为以下几个方面：（1）按照投资合同约定注册成立项目公司，负责项目投资建设资金足额、按时到位；（2）按规定办理项目建设的各项手续；（3）按设计文件组织工程建设，实施项目管理；（4）按照合同约定按期保质完成项目工程建设任务、组织工程竣工验收、资料归档并移交；（5）接受项目业主、政府职能部门及相关监管、审计部门的财务审查及工程质量、安全等监督检查；（6）负责质量缺陷责任期内施工、设备材料供应商保修工作的管理；（7）按照项目合同约定承担其他的有关工作。

---

[1] 张树森. BT投融资建设模式. 北京：中央编译出版社，2006.

（三）项目公司

项目公司，即融投资建造（政府还款）项目投融资建设的具体实施主体，是项目投资人根据投融资框架协议的约定，为融资、建设和管理项目而在项目所在地设立的具有独立法人资格的公司。成立具有独立法人资格的项目公司，可以避免项目投资人在投资建设过程中资金使用等与投资人其他业务混淆，使项目整个投资建设过程更为清晰透明，一方面降低项目投资人自身的投资风险，另一方面也便于项目发起人的监督，包括沈阳、福州、重庆等多地，均要求项目投资人在项目所在地组建与项目建设管理相适应的具有独立法人资格的项目公司，具体实施融投资建造（政府还款）项目建设，开展项目投融资、建设管理、验收等移交等工作。

关于融投资建造（政府还款）业务中项目公司的法律地位，其类似于传统工程建设领域中的建设单位。建设单位是一个划分工程建设管理职责、确定工程质量责任主体，和勘察单位、设计单位、施工单位、工程监理单位等相对应的概念。国务院于 2000 年 1 月出台的《建设工程质量管理条例》对我国工程建设参与的五方主体（建设单位、勘察单位、设计单位、施工单位、工程监理单位）各自的工程质量责任作了明确的规定和划分。根据该条例，建设单位一般承担如下职责：（1）工程建设项目的发包；（2）依法对工程建设项目的勘察、设计、施工、监理以及与工程建设有关的重要设备、材料等的采购进行招标；（3）向有关的勘察、设计、施工、工程监理等单位提供与建设工程有关的原始资料；（4）将施工图设计文件报相关部门审查；（5）对实行监理的建设工程委托相应的工程监理单位进行监理；（6）在领取施工许可证或者开工报告前，应当按照国家有关规定办理工程质量监督手续；（7）组织设计、施工、工程监理等有关单位进行竣工验收等。项目公司在融投资建造（政府还款）项目建设中承担项目建设管理职责，与上述建设单位的职能存在重合之处。

认定融投资建造（政府还款）项目公司和传统工程建设领域中的建设单位存在类似之处，主要基于以下判断：首先，项目公司在融投资建造（政府还款）项目运作中实际履行了建设单位的职责，以自己的名义办理相关建设手续，直接参与项目投资和管理，直接同勘察单位、设计单位、施工单位等发生业务关系，直接负责项目筹资、建设、验收、移交等工作，并承担项目责任和项目风险；其次，项目公司具有独立的法人资格和财产，能够独立承担建设单位的责任，项目公司是由股本和借贷共同形成债权与股权相混合的产权组织，作为融投资建造（政府还款）项目的执行主体，项目公司以自己独立的财产自主经营、自负盈亏。项目公司作为建设单位，能够依照《建设工程质量管理条例》及其他相关法律法规的规定，履行建设单位的职责；最后，承担建设单位责任是设立项目公司的根本目的。项目公司是项目投资人为了融资、建设和管理项目而在项目所在地设立的，其设立的目的本身就是为了承担项目建设单位的相关职责。[1]

此外，根据原国家计委《关于实行建设项目法人责任制的暂行规定》的相关规定，国有单位经营性基本建设大中型项目实行项目法人责任制，项目立项前应先组建项目法人，由项目法人对项目的策划、资金筹措、建设实施、生产经营以及资产的保值增值，实行全过程负责。一般来讲，在融投资建造（政府还款）项目前期，项目法人通常由项目发起人即项目业主承担，由项目业主负责项目立项等项目前期工作。在项目发起人通过公开招标等方式，选定投资人并由其组建项目公司后，项目发起人一般不再行使项目法人在投资建设阶段的权利和职责，而由项目投资方，实际上承担投融资建设阶段的项目法人责任。这就产生了项目法人身份及职责的转移问题。但是，在融投资建造（政府还款）项目操作实践中，项目公司在建设阶段的项目法人地位一般并不能得到建设主管部门的认

---

[1] 张树森. BT投融资建设模式. 北京：中央编译出版社，2006.

可，理由是建设阶段与立项阶段的项目法人必须前后一致，不能变更，项目发起人，即项目业主仍然要承担项目法人的责任，从而导致项目法人单位的名实不符。针对该问题，笔者认为，在项目发起之初以项目发起人（原项目法人）名义立项的情况下，在项目按融投资建造（政府还款）模式组织实施后，建设主管部门应该将投融资建设与回购合同视为项目法人变更的依据，将项目法人变更为项目公司，在审批建设手续时将项目公司视为建设单位，从而避免给融投资建造（政府还款）项目的运行带来管理上的困难和障碍。

综上所述，鉴于上述立项变更问题，加之如前文所述融投资建造（政府还款）项目的所有权，一般应归于项目业主名下，笔者认为，应将项目公司的法律地位界定为准建设单位和项目法人。

（四）融投资建造（政府还款）模式的其他参与主体

1. 施工承包人

在项目公司设立之后，应该按照投资建设与回购合同约定的方式确定项目的施工总承包人。在实际操作中，项目施工人一般是具有项目工程建设相关资质的建筑总承包企业，项目公司需与该建筑总承包企业签订工程施工总承包合同。实践中，许多项目发起人在招标时为了减少中间环节，均要求投标者具有较强的融资能力和相应的施工总承包资质，然后采取"两招并一招"的方式，在招标选定项目投资人的同时，确定由该项目投资人负责项目工程的施工总承包。

2. 项目回购人

在融投资建造（政府还款）项目竣工验收合格完成移交之后，由项目回购人按照投资建设与回购合同的约定向项目公司支付回购款。在融投资建造（政府还款）项目的运作实践中，一般由政府授权其相关部门或单位作为项目业主，项目业主通过公开招投标等方式确定项目投资人，项目投资人通过设立项目公司负责项目融投资和建设，待项目建成竣工验收后移交项目业主，由项目业主按合同约定按期支付回购款、回购项目。一般融投资建造（政府还款）项目的回购人就是拥有项目业主地位的项目发起人。

3. 回购担保人

融投资建造（政府还款）模式作为一种建设加融资，并以投资带动建设的方式，某种程度上是政府向项目投资人融资的过程。项目回购人（一般为项目发起人）的如约回购付款，是项目投资人在融投资建造（政府还款）项目中的终极诉求，对于投资人至关重要。在融投资建造（政府还款）项目的具体操作中，为保证作为项目回购人的政府，或其授权部门切实履行项目回购付款义务，项目投资人往往会要求其就未来回购款的支付向其提供担保，担保的形式可能是金融机构的回购保函、土地抵押或者第三方企业的信用担保等。

4. 金融机构、勘察设计单位等

融投资建造（政府还款）模式中除前述参与主体外的其他相关参与主体包括金融机构、勘察设计单位、监理单位、咨询单位等，其中，金融机构是项目融资的资金提供者，融投资建造（政府还款）项目一般投资巨大，单靠项目投资者自身财力难以完成，所以必须有金融机构的介入，保证项目的顺利进行；勘察设计单位包含勘察单位和设计单位，为项目提供规划和设计服务；监理单位是项目建设的监督管理者，对施工过程及工程质量、进度、投资控制等方面承担监理责任；咨询单位可以为项目发起人、投资人和项目公司提供咨询服务。

二、融投资建造（政府还款）模式的合同体系

通常情况下，融投资建造（政府还款）项目的运作涉及立项、招投标、投资、融资、建设、移交、回购等一系列活动，参与主体包括项目发起人、项目投资人、项目公司、施工单位、设计单位、监理单位、材料设备供应单位、金融机构、担保公司及其他可能的参与人。由于所涉法律关系的复杂性，上述参与主体之间在项目运作不同阶段的权利义务

关系会涉及一系列复杂的合同安排，如投融资框架协议、投资建设与回购合同、项目施工承包合同、担保合同、贷款合同等，它们的有机组合共同构建了一个完整的融投资建造（政府还款）项目的合同体系框架。事实上，严密的合同法律结构也是规范合同中各方当事人的权利义务，确保整个项目顺利实施的有力保障。

（一）投融资框架协议

投融资框架协议一般由项目投资人和作为项目发起人的政府或政府授权的部门或单位共同签订。在融投资建造（政府还款）项目的运作中，政府一般先授权相关政府部门或单位作为项目业主（项目发起人），由项目业主通过公开招投标等法定方式确定项目投资人，并与其签订投融资框架协议。投融资框架协议一般会对项目基本情况、项目投融资主体的选定及确认情况、中标价格及完备性、项目公司组建事宜、后续相关合同的签署、项目发起人和项目投资人各自的权利义务，以及其他相关事宜进行约定。

实践中，许多项目发起人在招标确定项目投资人时为了减少中间环节，均要求投标者具有较强的融资能力和相应的施工总承包资质，然后采取"两招并一招"的方式，在招标选定项目投资人的同时，确定由该项目投资人负责项目工程的施工总承包。在这种情况下，项目投资人和项目发起人签订的就应该是投融资和施工总承包框架协议。

（二）投资建设与回购合同

投资建设与回购合同一般由项目投资人组建的项目公司和项目回购人（一般为项目发起人）共同签订，是整个融投资建造（政府还款）项目运作过程中最重要的合同。项目投资人通过设立项目公司负责项目融投资和建设管理，待项目建成竣工验收后移交项目回购人，由项目回购人按合同约定支付对价、回购项目，是 BT 投资建设与回购合同的主要规范对象。具体在投资建设与回购合同中，一般会对下列事项进行约定：项目建设内容、投资规模、建设方式、工期、质量标准；项目公司的经营范围、注册资本、股东出资方式等；项目前期工作及费用的约定、合同双方的权利和义务、项目投资额预（决）算的构成与评审办法、建设期和回购期利息计算办法、回购期限与方式、回购担保方式、项目移交方式与程序、项目投融资建设的监管、项目合同履约保障、项目合同的终止、违约责任、争议解决方式和需要约定的其他事项。

值得注意的是，在部分融投资建造（政府还款）项目的运作中，并没有投融资框架协议和投资建设与回购合同的区分，而是由项目发起人和项目投资人直接签订投资建设与回购合同，待项目投资人组建项目公司后，由项目公司对项目发起人和项目投资人签订的投资建设与回购合同中的相关权利和义务进行继受。

（三）项目施工承包合同

通常情况下，项目公司组建后，即进入项目施工建设期。项目的施工建设通常由项目公司通过公开招标方式确定项目的施工总承包人，并与之签订项目施工总承包合同。项目施工总承包合同一般会对以下内容进行约定：词语含义及合同条件、总承包的内容、双方当事人的权利义务、合同履行期限、合同价款、工程质量与验收、合同的变更、风险、责任和保险及工程保修；对设计、分包方的规定、索赔和争议的处理、违约责任等。如果项目规模较大，施工总承包可就部分专项工程进行分包，与分包方签订施工分包合同等。

（四）贷款合同、担保合同等其他合同

融投资建造（政府还款）项目一般投资巨大，单靠项目投资人自身财力难以完成，所以一般均有金融机构的介入，以便保障项目的顺利推进。在项目进行贷款融资时，一般由项目公司以其自身的名义与贷款银行签订贷款合同，贷款合同也是融投资建造（政府还款）模式合同体系的重要组成部分。项目公司在向银行贷款融资时，贷款银行通常会要求项目公司提供担保，此类担保通常采用的方式有项目投资人为项目公司提供信用担保，或者项目公司以其对项目回购方的回购款作为质押标的向贷款银行提供担保。

除项目公司贷款融资涉及担保合同外，项目回购一般也伴随着相应的担保行为，如项目发起人与项目公司签订投资建设与回购合同时，应同时落实相应的回购担保方式。目前，较多采用的是政府下属公司为项目回购方提供信用担保，由担保人与项目公司签订担保合同。

除上述各类外，融投资建造（政府还款）项目在运作过程中一般还涉及勘察设计合同、监理服务合同、咨询合同等多种合同，这些合同的有机组合共同构成了完整的 BT 模式合同体系框架（见图2）。

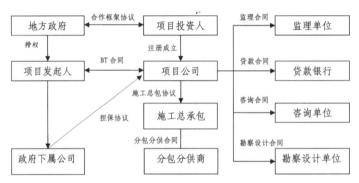

图2：融投资建造（政府还款）模式合同框架图

第三节　常见运作类型及法律关系

一、融投资建造（政府还款）模式的常见运作类型

融投资建造（政府还款）模式作为一种基础设施建设新型投融资建设方式，虽然已经在我国城市基础设施建设领域中广为运用，但从整体上说，它仍然属于探索阶段。由于目前缺乏国家层面关于融投资建造（政府还款）模式的专门统一立法，该模式在实际应用中并未形成统一的规范标准，不同地区实际运作模式往往存在着较大的区别。根据不同地区不同项目实际运作的主要特征，BT 模式的常见运作类型大致分为以下

几类：

（一）不设立项目公司的融投资建造（政府还款）模式

该种模式下，项目发起人通过法定程序（主要包括公开招投标方式等）选定同时承担投资和施工职能的项目投资人（以下简称"两招并一招"），由项目投资人直接对项目进行投融资、建设组织和管理及工程施工。在该种模式中，一般由项目投资人单独或与项目发起人共同组建项目管理机构，进行融投资建造（政府还款）项目的融资及建设管理。但是，项目管理机构并不具有独立的法人资格，不能以自身名义办理相关审批手续，也不能与工程建设相关单位签订协议。所以，该种模式下一般由项目发起人出面委托勘察设计单位以及监理单位，并且负责办理与工程项目建设相关的审批手续。其中，由于该模式存在建设管理与工程施工同体的情况，工程监理工作尤为重要。

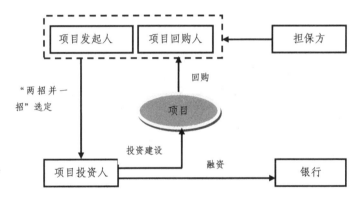

图3：不设立项目公司的融投资建造（政府还款）模式关系图

该模式的特点可概括为：

第一，采用"两招并一招"模式，在项目发起人通过公开招标等法定方式选定项目投资人后，项目施工直接由项目投资人承担，无须再进行招标，项目投资人为同时具备融资能力和相应建设资质的工程总承包企业。项目发起人和项目投资人之间签订投资建设和回购合同与项目工程总承包合同。

第二，项目投资人不成立项目公司，而是成立不具有独立法人资格的项目管理机构，通过项目管理机构进行项目的融资及建设管理。

第三，项目勘察、设计单位和监理单位一般均由项目发起人委托，与项目管理机构共同管理。

该种模式的缺陷主要表现在以下几个方面：首先，项目融资及资金使用与项目投资人本身的债务债权关系相关联，财务界面不清晰。一般贷款银行更倾向于将资金借贷给独立的项目公司，以便于贷款银行进行资金控制，在该种模式下由于只有不具有独立法人资格的项目管理机构，且涉嫌垫资施工，实现项目融资难度较大；其次，由于项目资产、人力资源、管理资源、生产技术不集中，不利于项目的顺利完成；最后，该模式也不符合国家对政府投资项目推行项目法人责任制的规定，无法明确划分各方主体在项目建设中的权利、义务和责任，管理结构不清晰。基于上述情况，该种模式在未来不宜提倡使用。

（二）设立项目公司的融投资建造（政府还款）模式

1. 设立项目公司的直接施工型模式

该种模式下，项目发起人通过法定程序（主要包括公开招投标方式等）选定项目投资人的同时，项目投资人也被确认为项目施工总承包单位；项目投资人设立具有独立法人资格的项目公司，由该项目公司作为建设单位对项目进行投融资、组织建设和管理。实践中，部分地区亦接受分别具有投融资优势和相应资质、工程建设管理优势的不同独立法人，组成联合体承担项目的投融资建设，但联合体必须签订联合体协议，明确各方承担的工作内容和权利义务，如福州、重庆、郑州等地。

在该种模式中，项目投资人直接作为项目施工总承包单位，不仅能获得投资利润，还能够获取施工利润，对社会投资人，特别是有较强资金实力的施工企业有极大的吸引力，适用比较广泛。但是，由于项目投资人同时又是施工总承包企业，项目公司与施工总承包企业存在利益关系，不利于工程质量控制。因此，项目业主为了控制工程项目的质量、成本、工期，规避项目投资人与施工总承包企业同体的风险，一般直接委托监理单位，或与项目公司共同委托和管理。项目业主在该种模式中主要负责监督、控制方面的工作。

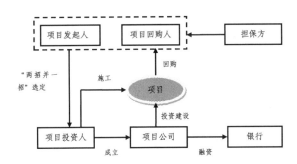

图4：设立项目公司的直接施工型模式关系图

该模式特点可概括为：

第一，采用"两招并一招"模式，在项目发起人通过公开招标等法定方式选定项目投资人后，项目施工直接由项目投资人承担，无须再进行招标，项目投资人为同时具备融资能力和相应建设资质的工程总承包企业。项目发起人和项目投资方在签订投资建设和回购合同的同时，签订项目工程总承包合同。

第二，项目投资人采取成立项目公司的方式，以项目公司为主体筹措建设资金，组织建设并实施管理。

第三，项目建设期间，项目公司履行部分业主职能，不直接参与项目施工。

与不设立项目公司的融投资建造（政府还款）模式及设立项目公司的二次招标型融投资建造（政府还款）模式相比，一方面，由于该模式设立项目公司，可由项目公司为主体进行融资，便于厘清管理关系，降低项目投资人的风险，另一方面，在项目发起人与项目投资方签订投资建设与回购合同时，一般已确定了项目合同总价，便于项目发起人控制项目总成本。加之项目投资人直接作为项目施工总承包单位，能同时获得投资利润和施工利润。因此，该项目在实践中拥有较大的优势，并得到了广泛的应用。

2. 设立项目公司的二次招标型模式

该种模式下，项目发起人通过法定程序（主要包括公开招投标方式等）选定仅承担投资职能的项目投资人，项目投资人设立具有独立法人资格的项目公司，由该项目公司作为建设单位对项目进行投融资、组织建设和管理；项目公司通过招标方式选定施工总承包单位，由施工总承包单位负责项目的具体施工建设。

在该种模式的项目建设中，项目发起人通过公开招标等法定方式确定项目投资人，并由项目投资人组建项目公司后，即由项目公司来承担项目业主的职责，负责项目的建设管理工作。项目发起人的主要工作为招标前各项标准的确定、相关合同的签署以及项目建设完成后的回购工作。而对于工程建设中的设计单位、施工单位及监理单位，一般均是由项目公司通过二次招标确定。由于存在施工利润外流的问题，所以除非政府方提供可观的投资回报，这种方式对一般投资人的吸引力有限，实际中的运用相比直接施工型模式为少。

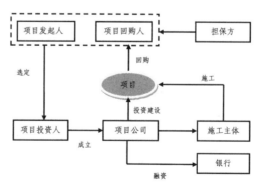

图5：设立项目公司的二次招标型模式关系图

该模式特点可概括为：

第一，对项目投资人没有施工资质要求，但要求其具备较强融资能力和建设管理能力。

第二，项目投资人采取成立项目公司的方式，以项目公司为主体筹措建设资金，组织建设并实施管理。

第三，项目建设期间，项目公司履行部分业主职能，负责项目的建设管理，不直接参与项目施工。项目施工总承包单位、设计单位以及监理单位一般均由项目公司通过招标确定。

总的来说，设立项目公司的融投资建造（政府还款）模式一般由项目公司独立承担项目建设管理职责，符合国家对政府投资项目实行项目法人责任制的规定，项目管理结构清晰，项目投资比较容易监控，项目建设产生的税收一般也在项目所在地缴纳。实践中，项目发起人在进行项目建设时，一般均要求投资人设立具有独立法人资格的项目公司，通过项目公司进行项目投资建设。因此，为规范项目运作的合同法律关系，规避相关政策法规风险，在构建项目运作框架时，笔者提倡应以设立项目公司的融投资建造（政府还款）模式为蓝本。如无特别说明，下文中也主要针对设立项目公司模式的相关情况进行介绍。

二、融投资建造（政府还款）模式中的法律关系

如前所述，融投资建造（政府还款）模式作为一种新型投融资建设模式，其项目运作涉及立项、招投标、投资、融资、建设、移交、回购等一系列活动，参与主体包括项目发起人、项目投资人、项目公司、施工单位、勘察设计单位、监理单位、材料设备供应单位、金融机构等，不同参与主体之间的法律关系纷繁复杂。不过在众多参与主体中，项目发起人、项目投资人、项目公司是最为核心的三类主体，上述三类主体之间的法律关系为基础，是融投资建造（政府还款）模式中的主要法律关系。除此之外，还包括项目公司与贷款银行、回购担保方等相关主体之间的法律关系。需要指出，项目的具体运作模式大致可分为"设立项目公司的模式"和"不设立项目公司的模式"两种，其中，设立项目公

司的模式由于具有独特优势而在实践中被广泛采用。下文也将以此为基础，对融投资建造（政府还款）模式各主体间的权利义务关系进行分析。

（一）项目发起人和项目投资人之间的法律关系

在项目的运作中，政府一般先授权相关政府部门或单位作为项目发起人，由项目发起人通过公开招投标等法定方式确定项目投资人，并与其签订投融资框架协议或投资建设与回购合同。项目发起人与项目投资人是项目运作的核心主体，双方的法律关系主要由协议加以约定，在整个融投资建造（政府还款）项目法律关系中处于核心地位，是其他法律关系建立的基础，此后的工程承包、回购担保等法律关系的产生，均须以此为依据。

投融资框架协议一般会对项目基本情况、项目投融资主体的选定及确认情况、中标价格及完备性、项目公司组建事宜、后续相关合同的签署、项目发起人和项目投资人各自的权利义务，以及其他相关事宜进行约定。其中，项目发起人的主要权利是选择项目投资人并对项目投资人进行授权，监管项目资金到位、建设进度、建设质量，以及项目投资人和项目公司的其他与项目建设有关的情况等，主要义务是将项目的投资建设权授予项目投资人，并按照相关合同的约定支付回购款等。项目投资人的主要权利义务为获得项目投资建设的授权，组建项目公司，协助项目公司投融资，在设立项目公司的直接施工型融投资建造（政府还款）模式中负责项目施工总承包，在项目融资、建设过程中接受项目发起人的监管等。

值得注意的是，在部分融投资建造（政府还款）项目的运作中，项目发起人和项目投资人之间不签订投融资框架协议，而是直接签订投资建设与回购合同，待项目投资人组建项目公司后，由项目公司对项目投资人在投资建设与回购合同中的相关权利和义务进行继受。但是，在这种情况下，各地一般均规定项目公司的成立不改变项目投资人对项目业主承担的义务，如重庆、福州等地。

（二）项目投资人和项目公司之间的法律关系

项目公司，即项目投融资建设的具体实施主体，是项目投资人根据与项目发起人签订的投融资框架协议约定，为进行项目融资和建设管理项目而设立的具有独立法人资格的公司，是融投资建造（政府还款）模式项目运作的核心。按照规范的设立项目公司模式的运作流程，在项目发起人通过公开招投标等法定方式确定项目投资人后，即应由项目投资人设立项目公司，负责项目融投资和建设管理，待项目建成竣工验收后移交项目回购方，由项目回购方按合同约定支付对价、回购项目。在这一过程中，项目公司主要负责筹措项目所需（资本金以外的）建设资金，项目建设组织和管理，根据项目具体情况与项目发起人共同委托设计单位、共同招标确定工程监理单位，接受项目发起方及政府行业主管部门的监督，并有权在项目移交后获得项目回购方支付的项目资产回购款。

项目投资人是项目公司的股东，其法律关系应适用我国《公司法》的有关规定。在项目公司设立阶段，项目投资人作为项目公司的出资人，一经投资设立项目公司就不得随意抽回其出资，在项目公司不能成立的情况下，对由此产生的债务和费用负连带责任。在设立过程中由于投资人的过失致使项目公司利益遭受损害的，项目投资人应承担相应的赔偿责任；在项目公司存续阶段，项目投资人对项目公司行使股东的相应权利。由于项目公司是专为项目的建设与实施而成立的项目法人，所以项目投资人一般不可任意决定项目公司的经营范围、资产的增减、经营方针等事项，也不应享有在项目实施期间解散项目公司的权利，这些都只能依照 BT 投融资框架协议等相关协议的约定执行。[1]此外，作为项目公司的投资人，项目投资人基于自身与项目公司的特定关系及投融资框架协议的相关要求，应协助项目公司进行项目融资和项目建设。

---

[1] 张树森. BT 投融资建设模式. 北京：中央编译出版社，2006.

（三）项目发起人和项目公司之间的法律关系

根据多地的融投资建造（政府还款）模式运作实践，一般均由政府通过授权确定项目业主，由项目业主作为项目发起人，待项目建成移交后由项目业主作为项目回购方，按照合同约定支付回购款回购项目。项目发起人与项目公司之间的法律关系主要由投资建设与回购合同确定。投资建设与回购合同一般会对项目建设内容及建设方式、工期和质量标准、项目公司相关情况、项目前期工作及费用的约定、建设期和回购期利息计算办法、回购期限与方式、回购担保方式、项目移交方式与程序事项等重点内容作出约定，这也将成为确定项目公司和项目发起人（项目回购人）权利义务关系的主要依据。

（四）项目公司与其他主要参与主体之间的法律关系

1. 项目公司与施工承包人之间的法律关系

项目公司能否顺利完成项目的回购，从而收回投资获取收益，很大程度上取决于项目是否能按照投资建设与回购合同约定的时间和质量标准完工并验收合格。因此，合格的施工单位对于项目的成功运作至关重要。在设立项目公司的直接施工型模式中，项目的施工总包方一般由项目投资人担任，而在设立项目的二次招标型模式中，项目的施工总包方需要项目公司通过公开招标的方式选定。而不论是哪种模式，项目公司均需要与施工总包方签订建设工程施工总承包合同，并形成建设工程合同法律关系。在建设工程合同法律关系中，项目公司作为发包方承担的主要义务是按照合同的规定支付相应的价款，确保工程的质量、进度和安全；施工总承包方则应依照合同约定为工程提供劳务、施工设备、建筑材料，确保工程按照约定工期、质量等要求完工。

2. 项目公司与银行等金融机构之间的法律关系

项目一般投资巨大，单靠项目投资人自身财力难以完成，所以通常均有银行等金融机构的介入，以便保障项目的顺利推进。在项目进行贷款融资时，一般由项目公司以其自身的名义与贷款银行签订贷款合同，双方形成借贷法律关系。项目公司在向银行贷款融资时，贷款银行通常会要求项目公司提供担保。此类担保通常采用的方式有项目投资人为项目公司提供信用担保，或者项目公司以其对项目回购方的回购款作为质押标的向贷款银行提供担保，这就在贷款银行和相关担保主体之间形成了担保法律关系。此处的担保法律关系是前述借贷法律关系的从法律关系。

3. 项目公司与项目回购担保方之间的法律关系

在融投资建造（政府还款）模式中，政府方通过项目发起人授权委托项目投资人进行项目投资建设的过程，在某种程度上是政府向项目投资人融资的过程。对项目投资人而言，其最大的风险主要来源于项目建设完成后，项目回购方是否能按期支付回购款的风险。为了降低投资风险，投资人往往会要求地方人大出具将回购资金纳入同期财政预算的决议。但是，人大决议一般只能表明人大对政府与投资人签订的合同的确认和批准，也就是对地方政府的项目筹资计划和还款方案的确认和批准，其往往是合同签订的前提条件，如果政府方违约，投资人也不可能要求人大代替政府方履行回购义务。[1] 为了确保项目回购方按照投资建设与回购合同约定的时间支付回购款，项目投资人一般都会要求项目回购方提供第三方担保，即项目回购担保，由项目回购担保方与项目公司签订回购担保合同并形成回购担保法律关系。

三、融投资建造（政府还款）模式的一般运作程序

目前缺乏国家层面关于融投资建造（政府还款）模式的专门统一立法，不同地区实际运作模式存在着较为明显的区别，但根据关键节点划分，仍可以将融投资建造（政府还款）模式的运作过程大致划分为以下四个阶段：项目立项阶段、项目招投标及合同订立阶段、项目投资建设

---

[1] 张倩、陈庆明. BT模式下各方主体间的法律关系分析. 2008，3. 市政技术.

阶段、项目移交及回购阶段。如前所述，融投资建造（政府还款）项目运作一般具有建设规模大、投资金额巨大、投资建设周期长等特点，特别是对项目投资人来讲意味着巨大的风险。因此，本书将在下文中从项目投资人的角度出发，对融投资建造（政府还款）项目运作的四个阶段所涉及的主要风险点和法律问题进行深入分析，并就项目实务操作层面的风险防控问题进行探讨。

第四节　项目立项阶段法律实务

融投资建造（政府还款）项目立项阶段，是指项目发起人根据需要选择确定目标项目，并就采用融投资建造（政府还款）模式进行投资建设决策及相关手续办理所进行的政府内部审批程序，也是项目投资人经过分析比较作出是否投资、是否参与项目建设的论证过程，作为项目投资人在该阶段应重点关注以下三个核心问题：项目发起人资信调查、项目合法性审批手续审查、政府采购财政支付审批手续审查。

一、项目发起人资信调查

由于政府信用是项目投资人参与融投资建造（政府还款）项目投资建设的基础，也是强化项目投资人投资信心的保障，政府信用的高低直接关系到投资回报能否顺利实现。项目发起人资信调查工作主要包括两方面，项目发起人的主体资格审查和政府信用调查。

（一）项目发起人的主体资格审查。

根据《政府采购法》第十五条规定，采购人是指依法进行政府采购的国家机关、事业单位、团体组织。在项目操作实践中政府往往指定项目发起人主管部门或政府融资平台公司作为项目发起人，由于项目标的物（基础设施）其特有的公益性，从法律主体角度分析，上述主体不具备政府采购当事人主体资格，所以应要求上述主体获得政府的书面授权书，以确保上述主体有权代表政府实施项目的招标、签约及监督管理工作。

（二）项目发起人的信用调查。

在融投资建造（政府还款）项目模式下，没有未来的项目经营利益作为投资回报来源，完全依靠政府财力作保证，对政府财政资源的依赖度高。故如果政府信用状况欠佳，必然影响投资人的资金安全和投资回报实现。项目投资人应重点调查以下内容：政府财政收入水平、政府一定时期内投资规模与政府财税承受能力的匹配性、政府换届风险、政府法律法规和公共政策的波动性等。在调查过程中项目投资人要历史地、连续地考察和分析政府的信用状况，并反复论证后得出是否投资的结论。

二、项目合法性审批和各项手续办理情况

在融投资建造（政府还款）项目实施前，应取得项目合法性审批的相关手续，审核项目相关审批文件是否全面、合法，是确认该项目招标程序是否合法的标志。在实务操作过程中，项目投资人应重点关注以下内容：

（一）审查有关审批文件的办理主体有无超越其法定授权权限范围，其办理程序是否合法。

（二）在《投资建设与回购合同》中应就上述审批文件办理责任进行明确约定，通常情况下约定由项目发起人负责项目投资建设各项行政许可的办理工作。

（三）了解并重视以下核心审批文件的办理

1. 项目建议书批复。根据国家计委《关于简化基本建设项目审批手续的通知》（［1984］计资第1684号）规定：凡列入长期计划或建设前期工作计划的项目，应该有批准的项目建议书。需要国家审批的基本建设大中型项目审批程序，简化为项目建议书、设计任务书两道手续。各部门、各地区、各企业根据国民经济和社会发展的长远规划、行业规划、地区规划等要求，经过调查、预测、分析，提出项目建议书。项目建议书应包括以下主要内容：建设项目提出的必要性和依据；产品方案（拟

建规模和建设地点的初步设想）；资源情况、建设条件、协作关系和引进国别、厂商的初步分析；投资估算和资金筹措设想；项目的进度安排；经济效果和社会效益的初步估计。

故项目建议书是建设项目前期工作的第一步，应由项目发起人向发改部门报送项目建议书，提出立项申请，发改部门审查通过后，下达项目建议书批复文件。经批准的项目建议书是编制可行性研究报告和作为拟建项目立项的依据。项目建议书的批复单位为国家发改委或地方发改委。

2. 建设项目选址意见书：根据建设部、国家计委《建设项目选址规划管理办法》（建规〔1991〕583号）规定：城市规划行政主管部门应当参加建设项目设计任务书阶段的选址工作，对确定安排在城市规划区内的建设项目从城市规划方面提出选址意见书。建设项目选址意见书，按建设项目计划审批权限实行分级规划管理。建设项目选址意见书应当包括下列内容：建设项目的基本情况；建设项目规划选址的主要依据（经批准的项目建议书、建设项目与城市规划布局的协调、建设项目与城市交通、通信、能源、市政、防灾规划的衔接与协调、建设项目配套的生活设施与城市生活居住及公共设施规划的衔接与协调、建设项目对于城市环境可能造成的污染影响，以及与城市环境保护规划和风景名胜、文物古迹保护规划的协调）；建设项目选址、用地范围和具体规划要求。

项目建设单位依据发改部门出具的项目建议书批复文件，向建设规划主管部门申请办理项目规划选址手续，建设规划主管部门审查通过后，下达建设项目选址意见书。建设项目选址意见书的作用是明确项目建设的地理位置。建设项目选址意见书颁布单位为地方规划主管部门。

3. 建设项目用地预审文件。根据国土资源部《建设项目用地预审管理办法》（国土资源部令第42号）、《关于开展建设项目用地预审工作的通知》规定，建设项目用地预审应在项目可行性研究论证阶段进行，实行分级管理，县级以上土地行政主管部门受理同级机关批准建设项目用地预审申请，着重审查以下内容：建设项目用地选址是否符合土地利用总体规划；单独选址的建设项目是否符合法定条件；用地规模是否合理；补充耕地措施是否可行；项目选址是否占压矿床以及地质灾害情况等。凡1991年1月1日以后新上的所有建设用地项目，必须在可行性研究报告报批前，申报用地预审。

故建设项目用地预审意见是有关部门审批项目可行性研究报告的必备文件，未经预审或者预审未通过的，不得批复项目可行性研究报告、不得办理项目供地手续。需政府或有批准权的政府发展和改革等部门审批的建设项目，由该政府的国土资源管理部门预审。

4. 项目环境影响报告书的批复：根据《环境影响评价法》、《建设项目环境保护管理条例》、《关于加强建设项目环境影响评价分级审批的通知》规定，建设对环境有影响的项目，不论投资主体、资金来源、项目性质和投资规模，应进行环境影响评价，向有审批权的环境保护行政主管部门报批环境影响评价文件。对于实行审批制的建设项目，建设单位应当在报送可行性研究报告前，完成环境影响评价文件报批手续。建设单位未依法报批建设项目环境影响评价文件，擅自开工建设的，由有权审批该项目环境影响评价文件的环境保护行政主管部门责令停止建设，限期补办手续；逾期不补办手续的，可以处五万元以上二十万元以下的罚款，对建设单位直接负责的主管人员和其他直接责任人员，依法给予行政处分。建设项目环境影响评价文件未经批准或者未经原审批部门重新审核同意，建设单位擅自开工建设的，由有权审批该项目环境影响评价文件的环境保护行政主管部门责令停止建设，可以处五万元以上二十万元以下的罚款，对建设单位直接负责的主管人员和其他直接责任人员，依法给予行政处分。建设项目依法应当进行环境影响评价而未评价，或者环境影响评价文件未经依法批准，审批部门擅自批准该项目建设的，对直接负责的主管人员和其他直接责任人员，由上级机关或者监察机关依法给予行政处分；构成犯罪的，依法追究刑事责任。

故项目环境影响报告书批复的作用是作为项目建设和日常运行管理的环境保护依据，同时对项目建设的合法性具有充分肯定的作用。项目环境影响报告书的批复单位为环境保护行政主管部门。

5. 项目节能审查意见。根据国家发改委《固定资产投资项目节能评估和审查暂行办法》（发改委令2010年第6号）规定：项目节能评估是指根据节能法规、标准，对固定资产投资项目的能源利用是否科学合理进行分析评估，并编制节能评估报告书、节能评估报告表或填写节能登记表的行为。项目节能审查是指根据节能法规、标准，对项目节能评估文件进行审查并形成审查意见，或对节能登记表进行登记备案的行为。项目建设单位应委托有能力的机构编制节能评估文件，该编制费用列入项目概预算。项目建设单位在向发改部门报送项目可行性研究报告时，一同报送节能评估文件提请审查，发改部门对项目的节能审查意见与项目审批文件一同印发。固定资产投资项目节能评估文件及其审查意见、节能登记表及其登记备案意见，作为项目审批、核准或开工建设的前置性条件以及项目设计、施工和竣工验收的重要依据。固定资产投资项目未依法办理项目节能审查，或项目节能审查未获通过的，项目审批、核准机关不得审批、核准，项目建设单位不得开工建设，已经建成的不得投入生产、使用。固定资产投资项目节能审查按照项目管理权限实行分级管理，项目节能审查意见的批复单位为国家发改委或地方发改委。

6. 地震安全性评价报告：根据《地震安全性评价管理条例》相关规定，国家重大建设工程以及省、自治区、直辖市认为对本行政区域有重大价值或者有重大影响的其他建设工程等必须进行地震安全性评价。国家和地方地震工作主管部门负责地震安全性评价的监督管理工作。国家对从事地震安全性评价的单位实行资质管理制度。地震安全性评价单位与建设单位订立书面合同，经评价后，编制该建设工程的地震安全性评价报告。抗震设防要求应纳入建设工程可行性研究报告的审查内容。对可行性研究报告中未包含抗震设防要求的项目，不予批准。

7. 其他文件。项目若涉及文物保护、矿产覆压、水土保持等内容，应依据法律法规报相关主管部门审批。

8. 项目可行性研究报告批复。项目立项后，项目建设单位向发改部门报送可行性研究报告，并附规划选址、用地预审、环境影响评价、节能审查审批文件，提出审查批准申请，发改部门审查通过后，下达项目可行性研究报告批复文件。项目可行性研究报告评价标准为建设项目的必要性、建设条件、建筑工程的方案和标准、投资估算、建设资金来源和项目实施计划等。项目可行性研究报告的批复单位为国家发改委或地方发改委。

9. 建设工程规划许可证的审批。根据《城乡规划法》、《土地管理法》、《建筑法》、《关于进一步统一实行建设用地规划许可证和建设工程规划许可证的通知》的相关规定：项目建设单位依据发改部门出具的项目可行性研究报告批复文件，向规划主管部门申请办理建设工程规划许可证。建设工程规划许可证的作用是核实项目是否满足技术上的规划要求。建设工程规划许可证的审批单位为地方规划主管部门。

10. 建设用地规划许可证的审批。根据《城乡规划法》、《土地管理法》、《建筑法》、《关于进一步统一实行建设用地规划许可证和建设工程规划许可证的通知》的相关规定：项目建设单位依据发改部门出具的项目可行性研究报告批复文件，向规划主管部门申请办理建设用地规划许可证。建设用地规划许可证的作用是核实项目是否满足用地上的规划要求（土地使用性质、土地开发强度及用地范围）。建设用地规划许可证的审批单位为地方规划主管部门。

11. 项目初步设计编制及批复。根据《设计文件的编制和审批办法》的规定，项目可行性研究报告获批后，项目建设单位组织编制初步设计和概算书并报送到发改部门，提出审查批准申请。项目初步设计一般包括初步设计和施工图纸设计两个阶段。设计文件的审批，实行分级管理、分级审批的原则。发改部门审查通过后下达初步设计批复文件。项目初步设计的准备工作包括：详细勘测，根据工程许可批复道路断面委托管线综合，进一步征询规划、水务、环保等相关政府部门的意见。项目初步设计批复单位为国家发改委或地方发改委。

12. 建设工程施工许可证。根据《建筑法》规定，项目建设单位在取得发改部门的项目批复、规划部门的规划许可、环保部门的环评审批、国土部门的用地许可，并完成建设工程招投标手续后，即可到建设部门申请办理建设工程施工许可证，开工建设项目。建设工程施工许可证的作用是加强对建筑活动的监督管理和维护建筑市场秩序。建设工程施工许可证的颁布单位为地方建设行政主管部门。

三、政府采购财政支付审批手续审查

由于政府采购的资金来源于政府财政拨款和需要由财政偿还的公共借款，而各地方政府的年度财政收支计划需经法定程序批准后，才能被列入地方政府预算范围内。因此，政府采购的项目及资金预算需要负有编制预算职责的部门在编制下一财政年度预算时列出，并按预算管理权限和程序进行审批。项目回购款支付纳入政府采购，为保证政府财政支付程序合法有据，须完善地方政府财政支付的以下审批手续：

（一）政府常务会议同意拟实施项目，以融投资建造（政府还款）模式建设的政府批文或政府会议纪要确认。该文件是政府方同意拟实施项目，以融投资建造（政府还款）模式建设的依据，亦是项目回购款纳入政府采购财政支付程序的前提，它是项目属于政府采购项目的基础性政府采购文件。

（二）同级人大或人大常委会审议并通过将项目采购款纳入财政预算的决议。预算作为一种具有法律效力的文件，它的制定过程是一种立法过程，必须遵照特定的立法程序，用法律加以保障。[1] 在我国，未经人大

---

[1] 孙开. 地方财政学. 北京：经济科学出版社，2008.

审查批准的预算只是预算草案，不具备法律效力，亦不是严格意义上的财政收支计划。我国地方各级政府有预算提案权，地方预算的批准权力属于地方各级人大。人大对政府预算审查批准的法定程序主要为：各级政府在本级人大开会时，向大会作关于预算草案的报告，各级人代会对政府预算草案进行审议，各级人大财经委员会应当在本级人大召开期间向大会提交政府预算草案的审查报告，各级人代会可以批准政府预算草案，亦可以作出修改的决议。由于融投资建造（政府还款）项目回购期较长，一般是 3~5 年，而地方预算是经法定程序批准的地方各级政府的年度财政收支计划。因此，项目投资人需要注意，在项目回购期限内，每年的回购款支付均应纳入地方政府年度财政支付预算的计划编制内。

（三）财政部门落实预算拨付计划，并出具以预算内财政收入支付回购款的承诺函。地方政府预算草案经同级人大批准后，即进入预算执行阶段，同级财政部门应及时办理批复预算手续。对于在回购期限内的融投资建造（政府还款）项目，项目投资人应关注财政部门依据同级人大审议并通过将项目回购款纳入财政预算的决议，落实预算拨付计划。同时，向项目投资人出具以预算内财政收入支付回购款的承诺函。

（四）政府财政投资评审中心对项目投资预算审查通过。财政投资评审是财政部门对财政性投资项目的工程概、预算和竣工决（结）算以及一些财政性专项资金进行评估与审核的活动。财政投资评审的法律依据主要为我国《预算法》和财政部印发的《财政投资评审管理规定》（财建〔2009〕648 号），其中，《预算法》第七十一条规定："各级政府财政部门负责监督检查本级各部门及其所属各单位预算的执行；并向本级政府和上一级政府财政部门报告预算执行情况。"

财政投资评审业务由财政部门委托其所属财政投资评审机构，或经财政部门认可的有资质的社会中介机构（以下简称"财政投资评审机构"）进行。财政投资评审的程序主要为：（1）财政部门选择确定评审（或核查，下同）项目，对项目主管部门及财政投资评审机构下达委托评审文件；（2）项目主管部门通知项目建设（或代建，下同）单位配合评审工作；（3）财政投资评审机构按委托评审文件及有关规定实施评审，形成初步评审意见，在与项目建设单位进行充分沟通的基础上形成评审意见；（4）项目建设单位对评审意见签署书面反馈意见；（5）财政投资评审机构向委托评审任务的财政部门报送评审报告；（6）财政部门审核批复（批转）财政投资评审机构报送的评审报告，并会同有关部门对评审意见作出处理决定；（7）项目主管部门督促项目建设单位按照财政部门的批复（批转）文件及处理决定执行和整改。

根据《财政投资评审管理规定》要求，财政部门对评审意见的批复和处理决定，作为调整项目预算、掌握项目建设资金拨付进度、办理工程价款结算、竣工财务决算等事项的依据之一。因此，项目投资人在作融投资建造（政府还款）项目法律尽职调查时，应关注政府财政投资评审中心对项目投资预算的审查通过。

（五）若政府委托职能部门或政府平台公司招标及签署合同，须取得政府出具授权委托书。由于市政基础设施等项目的公益性特点，融投资建造（政府还款）项目的最终发起人就是政府。因此，很多情况下项目的招标和合同的签署主体即为政府；若政府委托其下属的职能部门或政府平台公司招标及签署合同，则应重点关注被委托主体须取得政府出具的授权委托书，从法律意义上明确被委托主体在融投资建造（政府还款）项目中的行为，即为政府的行为。

综上所述，关于政府采购财政支付的审批手续，项目投资人应重点关注融投资建造（政府还款）项目投资是否纳入政府采购，并设定为项目发起人义务，确保政府采购的财政支付手续齐全。

第五节　项目招投标及合同订立阶段法律实务

融投资建造（政府还款）项目招投标及合同订立阶段，指当项目发起人已确定目标项目将采用融投资建造（政府还款）模式，并按照项目运作流程节点有序办理相关立项审批手续，项目发起人通过法定程序和方式确定具体项目主办人，并通过合同订立行为确定项目发起人与项目主办人权利义务关系的过程。对于项目投资人来讲，是通过法定的项目获取方式，完成项目投资人向项目主办人身份转换的过程。

一、融投资建造（政府还款）项目招投标阶段法律实务

对于项目投资人，融投资建造（政府还款）项目招投标阶段，主要包括以下关键问题：项目的获取方式、项目招标前提条件、项目招投标程序。

（一）项目获取方式

根据《政府采购法》第二十六条规定，政府采购可采用公开招标、邀请招标、竞争性谈判等方式，公开招标应作为政府采购的主要采购方式。对拟采用邀请招标、竞争性谈判方式的，应符合法律规定的前提条件并履行相关审批程序。

在我国现行法律框架下，公开招标方式是确定融投资建造（政府还款）项目模式下，建筑商地位的最佳方式，项目发起人应通过招标方式引入项目投资人，主要法律依据及现实依据如下：

1. 法律法规有明确规定。我国《政府采购法》第四条规定："政府采购工程进行招标投标的，适用招标投标法。"我国《招标投标法》第三条规定："在中华人民共和国境内进行下列工程建设项目包括项目的勘察、设计、施工、监理，以及与工程建设有关的重要设备、材料等的采购，必须进行招标：大型基础设施、公用事业等关系社会公共利益、公众安全的项目；全部或者部分使用国有资金投资或者国家融资的项目；使用国际组织或者外国政府贷款、援助资金的项目。"我国《招标投标法实施条例》第二条规定："招标投标法第三条所称工程建设项目，是指工程以及与工程建设有关的货物、服务。前款所称工程，是指建设工程，

包括建筑物和构筑物的新建、改建、扩建及其相关的装修、拆除、修缮等；所称与工程建设有关的货物，是指构成工程不可分割的组成部分，且为实现工程基本功能所必需的设备、材料等；所称与工程建设有关的服务，是指为完成工程所需的勘察、设计、监理等服务。"《房屋建筑和市政基础设施工程施工招标投标办法》（建设部第 89 号令）第三条规定："房屋建筑和市政基础设施工程的施工单项合同估算价在 200 万元人民币以上，或者项目总投资在 3000 万元人民币以上的，必须进行招标。"

2. 国家有明文规定：2009 年 4 月，国务院办公厅发布《关于进一步加强政府采购管理工作的意见》（国办发〔2009〕35 号），其中明确要求"坚持应采尽采，进一步强化和实现依法采购"，"要加强工程项目的政府采购管理，政府采购工程项目除招标投标外均按《政府采购法》规定执行"；"达到公开招标限额标准的采购项目，未经财政部门批准不得采取其他采购方式，并严格按规定向社会公开发布采购信息，实现采购活动的公开透明。"

根据《政府采购法》第二条的规定，政府采购标的中的工程是指各级国家机关、事业单位和团体组织，使用财政性资金采购的建设工程，在《政府采购品目分类表》中分属 B 类，包括融投资建造（政府还款）模式下常见的市政建设、交通运输等基础设施项目、文教卫生音乐体育等公益设施建设项目，这类财政采购工程项目应严格遵照国务院办公厅 35 号文意见，以公开招标为主要方式保证合法的政府采购。

3. 融投资建造（政府还款）项目招标已在国内广泛运用。融投资建造（政府还款）项目采取招标方式确定投资商，在我国地方立法及实践中均有先例并得到了广泛运用。如重庆市人民政府就专门对 BT 招标作出了规定：《关于加强和规范政府投资项目 BT 融资建设管理的通知》（渝府发〔2007〕73 号）文件规定，"由项目发包人通过招标方式选择投融资人（以下简称融资人），由融资人组建 BT 模式项目公司（以下简称项目公司）对项目进行建设。融资人和项目公司不得将合同内容全部或部分进行转包，不得让施工、设备材料供应商垫资建设。"重庆市人民政府办公厅《关于进一步加强和规范工程建设项目招投标工作的通知》指出，"规范 BT、BOT 等融资项目的建设行为，严禁借 BT、BOT 之名规避招标。凡属政府投资项目或政府融资、担保以及政府土地收益用于投资的项目，需采用 BT、BOT 方式的，应通过公开招标方式确定 BT、BOT 融资单位，项目勘察设计、施工、监理、设备材料采购等仍应当依法公开招标。"实践中，奥运工程中的"鸟巢"、北京地铁奥运支线项目均通过公开招标方式，确定建筑商完成项目投融资及建设工作。

（二）投资及施工总承包单位的确定方式分析

在融投资建造（政府还款）模式下，项目的施工建设工作必须由具有法定施工资质的建筑施工企业完成，是确保项目工程质量的强制性要求。根据《招标投标法》、《房屋建筑和市政基础设施工程施工招标投标办法》（建设部第 89 号令）规定，施工总承包单位应通过招标方式选择确定。具体在融投资建造（政府还款）运作模式下，项目投资人往往同时具备投融资能力和建筑施工资质，那么项目投资人、施工总承包单位存在竞合的可能性，这就涉及分开招标和合并招标模式的选择问题。

1. 投资人与施工总承包单位分开招标，指项目发起人通过公开招标的方式确定项目投资人，项目投资人组建项目公司，对项目进行融资、组织建设和管理，并由项目公司通过公开招标的方式选定施工总承包单位，由施工总承包单位负责项目的施工建设。

采用该方式的优势：操作模式清晰，法律关系明确，可彻底将融资建造（政府还款）模式与垫资承包施工区分开来。

采用该方式的劣势：二次招标，程序复杂且时间较长。

根据《招标投标法实施条例》第三十四条规定："与招标人存在利害关系可能影响招标公正性的法人、其他组织或者个人，不得参加投标。单位负责人为同一人或者存在控股、管理关系的不同单位，不得参加同一标段投标或者未划分标段的同一招标项目投标。违反前两款规定的，相关投标均无效。"鉴于国家有关部门尚未对合并招标及"利害关系"作出法律解释,司法实践中亦未发现相关案例,但因项目公司与项目投资人之间存在股权关系或管理关系,易被界定为"利害关系",作为项目投资人应加以重点关注。

2. 投资人与施工总承包单位合并招标,指项目发起人通过一次公开招标的方式确定项目投资人和施工总承包单位,并且项目投资人也就是施工总承包单位,项目投资人设立具有法人资格的项目公司并且由项目公司负责进行融资、组织建设和管理。

投资人与施工总承包单位合并招标的优势:程序简洁、节约时间,投资人同时获得项目投资权和项目建设权。

根据《招标投标法实施条例》第九条第三款:"已通过招标方式选定的特许经营项目投资人依法能够自行建设、生产或者提供",已认可了投资建设一体的合法性。但由于该规定仅限于"特许经营项目",尚无法得出同样适用于融投资建造(政府还款)项目的结论。因此,关于投资人与施工总承包单位合并招标的合法性、可行性分析如下:

(1)在实践操作过程,政府作为项目发起人在进行项目选择性决策时,对投资人的投融资能力和施工管理能力同样关注,而且,项目投资人兼具融投资建造(政府还款)模式项目投资人和施工总承包单位主体资格,并不违反国家法律法规的强制性规定,即项目投资人只要具有承揽项目的法定施工资质,可以作为施工总承包单位负责项目的施工建设和现场管理。

(2)根据最高人民法院《关于审理建设工程施工合同纠纷案件适用法律问题的解释》第一条第(三)项规定:建设工程必须进行招标而未招标或者中标无效的,建设工程施工合同应认定为无效。施工总承包单位、项目投资人由项目发起人通过一次招标形式选定,应视为建设工程已经完成了招标手续。

(3)大量成功项目运作实践表明,合并招标方式适合融投资建造

（政府还款）项目实际情况，具有其合理性。项目投资人在与项目业主进行商务谈判时，应坚持采取投资施工合并招标的方式，一次性确定项目投资人和施工总承包单位模式。

（三）项目招标的前提条件

融投资建造（政府还款）项目招标应具备下列条件：

1. 项目发起人按照规定已经办理各项审批手续；

2. 已经政府批准采用融投资建造（政府还款）模式进行投资建设；

3. 项目回购费用的标准、方式及期限已经政府批准；

4. 有满足招标需要的设计文件及其他技术资料；

5. 法律、法规、规章规定的其他条件。

（四）项目招投标程序

融投资建造（政府还款）项目招投标应按照《招标投标法》及《招标投标法实施条例》的规定，遵循公开、公平、公正和诚实信用的原则，并按以下程序组织招标投标活动：

1. 成立招标工作小组；

2. 发出招标公告或者投标邀请书；

3. 编制招标文件；

4. 进行资格预审，确定潜在投标人；

5. 发放招标文件及有关资料等，组织投标人踏勘现场；

6. 投标人报送书面答疑及招标人发放书面答疑材料；

7. 投标、开标、评标、定标；

8. 招标人与中标人签订合同。

二、融投资建造（政府还款）项目合同订立阶段法律实务

融投资建造（政府还款）项目合同订立阶段，是指项目发起人通过公开招标等法定方式选定了项目投资人，为明确项目各参与主体的责权利、保证项目顺利进行，以项目投资人为一方签约主体所订立的各类型

合同文件，包括但不限于：投资建设与回购合同、融资合同、担保合同、施工总承包合同等。

（一）《投资建设与回购合同》

1. 合同目的。在项目中标后，项目发起人与项目投资人通过合同谈判对招投标文件所附投资建设与回购合同主要合同条款进一步完善、补充或细化约定，并通过合同文件形式对双方权利义务进行明确，该合同是融投资建造（政府还款）项目众多合同文件的核心。

2. 合同当事人。合同一方为政府以及政府授权的政府行政机构、政府平台公司或公用企事业单位，合同相对方为项目投资人或项目公司。

3. 关于项目投资人与项目公司之间权利义务的承继问题，有两种办法：第一，由项目发起人与项目投资人签订投资建设与回购合同（合同中应明确约定：由项目投资人设立项目公司负责项目的具体建设组织事宜），然后由项目投资人和项目公司向项目发起人出具书面承诺书，并将项目建设权利义务转移到项目公司。第二，由项目发起人与项目投资人先行签订协议，待设立项目公司后，再由项目发起人、项目投资人、项目公司三方共同签署投资建设与回购合同。

4.《投资建设与回购合同》的核心条款

（1）合同定义与解释。由于目前融投资建造（政府还款）模式尚无明确的法律法规约束，也无统一的交易范本。因此，有必要对融投资建造（政府还款）模式的具体含义、合同中关键用语的含义、操作过程作出明确规定。

（2）关于总则完善政府采购程序部分约定。在合同总则部分表述如何完善政府采购程序，主要目的是在合同签署后，以书面文件的形式显示本项目经过了合法有效的政府采购程序，有利于加强对政府采购项目风险的防范。

（3）关于征地拆迁等前期工作的约定。主要包括前期工作的内容、实施主体以及费用承担。前期工作内容主要包括项目投资建设各项行政许可、征地、居民与单位的动迁及安置、旧房拆除、补偿、建设土地手续办理、建设用地规划、建设工程规划手续办理、协助施工许可办理、工程相应的配套设施的建设以及工程施工所需的全部配套服务，包括供电、供水、排水、进出通道等的安排；项目设计、勘察与监理、环境评估以及为实施本合同进行的履约担保等方面工作。

由于前期工作的内容多是项目行政审批手续的办理、征地拆迁等事项，由政府方负责实施将会更经济高效，但前期工作费用原则上是不纳入融投资建造（政府还款）项目投资范围，若纳入，则其占建安费比例最大不超过10%，且应实行上限控制。

（4）关于利率的约定。一般约定"利率按中国人民银行公布的同期同类银行贷款基准利率（或年融资利率）上浮一定的比例计算"。

（5）关于利息支付的约定。在《投资建设与回购合同》中，关于利息支付的约定分为建设期利息和采购期利息，相对而言，建设期利息较为复杂。建设期利息有两种计息方式，一是双方协商确定一个投资到位计划，按照投资到位计划作为计息的起点，该操作方式简单明确，便于利息的计算，但政府方对项目公司的资金的使用监管力度较强；二是按照项目月形象进度计量计息，即以监理确认的月进度计量报表确定的工程量金额为计息依据，该方式与传统的施工总承包模式计量相同，政府方对项目公司的资金使用监管力度较弱。

（6）关于投资预算额的约定。融投资建造（政府还款）项目投资预算额，是指在合同中约定的建设项目总投资中纳入本项目投资的各项预算投资金额。实践中，融投资建造（政府还款）项目投资的范围，除了建筑安装工程费以外，还有纳入项目投资的工程建设其他费用，如建设单位管理费、监理费、设计费等。建筑安装工程费是指依据施工图预算文件确定的工程造价。法律人员应重点关注在合同中对施工图预算确定的原则及程序作出明确规定。

（7）关于人、材、机费调整的约定。在项目实施过程中，为了规避人工费调整、材料和机械费涨价带来的风险，项目投资人与项目回购方在合同中应约定人材机费据实调整。项目投资人应重点关注在合同中对人、材、机费用调整的规则、时限、计算方式及支付等内容作出明确的规定。

（8）关于投资结算额的约定。项目投资人对项目进行投资的目的在于获取一定的经济效益。因此，投资结算额的约定是《投资建设与回购合同》的必备条款之一。投资结算额是指项目交付后，依据工程费用预算评审和阶段评审累计后，双方依据合同约定最终确定的项目公司实际投资金额，主要包括经结算审定的"建筑安装工程费"部分和"纳入投资的工程建设其他费用"结（决）算款。

（9）关于项目回购款项的约定。项目回购款项是指项目发起人按照合同约定需要向项目公司支付与项目有关的所有款项，主要包括项目投资结算额、利息、其他费用等。项目回购方式包括回购期限和回购款支付方式两部分，根据项目规模大小及项目回购方的支付能力，回购期限一般为2~3年，回购方一般采用等额支付回购款方式。

（10）关于政府财政评审。融投资建造（政府还款）项目与传统施工总承包项目的显著区别是合同价款需要经过政府的财政评审（审计），经财政评审后的价格才能作为政府采购支付款项的依据。财政评审包括预算评审、阶段评审和结算评审，其中，预算评审是针对项目施工图预算进行的评审；阶段评审是针对项目阶段性节点工程进行的评审；结算评审是针对工程结算进行的评审。在项目实施时，若项目直接进行结算评审而预先未经过预算评审，则会导致项目投资人对项目的价格依据不明确、成本控制不力以及预期盈利不明确。

（11）关于变更的约定。融投资建造（政府还款）项目的变更，包括但不限于工程变更和设计变更。在项目实施过程中，引起变更的事项主要包括以下内容：1）因地方政府负责的，包括不仅限于前期工作等引起的项目实施过程中的施工方案、技术、工期等的变更；2）从项目开始投资建设到项目完工交付之日前，因地方政府要求或同意，更改经审定批准的施工方案或措施；3）经批准的设计变更；4）地方政府要求变更工程质量标准及发生其他实质性变更；5）其他非投资人原因或责任引起的需要进行的变更。

（12）关于设计、监理的约定。鉴于设计文件通常是由设计院提供，项目实施过程中若出现因设计原因引起的设计文件错误、差错等导致损失产生，法律上应由设计院承担最终赔偿责任。但是，由于合同的相对性原理，项目投资人与项目回购方不能在合同中约定项目因设计原因引起的损失由设计院承担。为了降低项目投资人风险，法律人员应特别关注在合同中明确因设计原因引起的设计文件错误、差错等导致的损失由项目发起人承担。在融投资建造（政府还款）项目中，由于项目公司与施工总承包单位之间的特殊关系，由项目发起人通过招标确定监理公司并与之签署监理合同较有利于项目的管理。

实践中，一般经综合评估将项目设计费和监理费纳入融投资建造（政府还款）项目的投资范围，由项目公司依据项目发起人指令，将项目设计费和监理费分别直接支付给项目设计人和监理人。

（13）关于争议解决方式的约定。一般约定在合同履行过程中发生争议，双方应首先通过友好协商的方式解决，如果双方无法通过协商解决，则双方一致同意将争议提交仲裁机构仲裁。

（二）回购担保合同

在融投资建造（政府还款）项目履约过程中，为保证政府（或其授权机构）能够全面、及时地履行项目的回购付款义务，需要完善政府回购担保措施，即通过订立合法有效的担保合同（一份或多份），以切实保护项目投资人的合法权益。

1. 目的。为保证项目发起人全面履行其项目投资款项支付义务，保障项目投资人的债权得以实现，而在项目投资人（同时也是担保权人）和项目发起人之间，或在项目投资人、项目发起人和第三人（即担保人）之间协商订立的，当项目发起人不履行或无法履行债务时，以一定方式保证项目投资人债权得以实现的协议。回购担保合同是《投资建设与回购合同》的从合同，《投资建设与回购合同》无效，回购担保合同亦无效。

2. 回购担保合同的缔约方式包括：在《投资建设与回购合同》中订立担保条款；单独签订担保合同；担保人向项目投资人（同时也是担保权人）发出的具有担保性质的信函、传真，担保权人接受的。

3. 回购担保方式种类。根据《中华人民共和国担保法》规定的担保方式有保证、抵押、留置、质押和定金5种。根据《巴塞尔协议》及《中国人民建设银行贷款风险管理办法》对信用风险权数的划分，在融投资建造（政府还款）项目运作过程中建议优先采用金融机构保证担保、优质公司保证担保、抵押担保和质押等担保方式。

4. 保证人身份禁止性限制。其一，除经国务院批准，为使用外国政府或国际经济组织的贷款进行转贷担保外，国家机关不得为保证人；其二，学校、医院、幼儿园等以公益为目的事业单位、社会团体不得为保证人；除非企业法人有书面授权，否则，企业法人分支机构、内部职能部门不得为保证人。

5. 关于金融机构保证担保，主要包括银行保函、银行连带责任保证两种。银行保函是指银行以项目发起人（申请人）的请求，以其自身的信誉向项目投资人（受益人）开立的一种书面担保。即银行作为担保人，对保函申请人在项目竣工验收合格并移交后回购义务的履行，向受益人承担保证责任。当保函申请人未能履行其合同义务时，受益人可按银行保函的规定向银行索偿。银行应根据保函规定在一定金额、一定期限内向受益人承担支付责任或经济赔偿责任。

银行连带责任保证担保是指项目的发起人到期不履行回购款支付义务时，项目投资人可请求项目发起人履行债务，也可要求银行承担保证责任，也可一并要求项目发起人、银行承担连带责任。

6. 优质公司保证担保。依据"无资产、无信用"原则，应将保证人是否拥有足够财产作为清偿债务的前提条件，所谓"优质公司"是指在具有雄厚经济实力、经营状况良好、信用级别较高、能够切实履行债务清偿义务的公司（金融机构除外）。在订立保证合同时，项目投资人应重点进行资信调查，并确保公司担保决议决策的有效性（按照公司章程规定的决策机关、审批权限进行）。

7. 抵押担保。是指债务人或者第三人不转移对某一特定物的占有，而将该财产作为债权的担保，债务人不履行债务时，债权人有权依照《担保法》的规定以该财产折价或者以拍卖、变卖该财产的价款优先受偿。

项目投资人应重点审查抵押人主体资格是否适格、抵押人对抵押物是否享有所有权或处分权、抵押物是否合法并易于受偿，应办理抵押登记手续。

（1）根据《担保法》第三十四条规定，下列财产可以抵押：抵押人所有的房屋和其他地上定着物；抵押人所有的机器、交通运输工具和其他财产；抵押人依法有权处分的国有土地使用权、房屋和其他地上定着物；抵押人依法有权处分的机械设备、交通运输工具和其他财产；抵押人依法承包并经发包方同意抵押的荒山、荒沟、荒丘、荒滩等荒地的土地使用权；依法可以抵押的其他财产。

（2）根据《担保法》第三十七条规定，下列财产不得抵押：土地所有权；耕地、宅基地、自留地、自留山等集体所有的土地使用权〔以乡（镇）、村企业的厂房等建筑物抵押的，其占用范围内的土地使用权同时抵押的规定除外〕；学校、幼儿园、医院等以公益为目的的事业单位、社会团体的教育设施、医疗卫生设施和其他社会公益设施；所有权、使用权不明或者有争议的财产；依法被查封、扣押、监管的财产；依法不得抵押的其他财产。

（3）在融投资建造（政府还款）项目运作实践中土地使用权抵押被广泛运用。土地使用权抵押，指土地使用权人以其享有的土地使用权，在不转移土地占有的情况下作为债权的担保，当债务人不履行到期债务或者发生当事人约定实现抵押权的情形时，债权人有权依法处分土地使用权并从变价款中优先受偿。作为项目投资人应重点关注以下内容：

①对拟设定抵押的土地使用权进行土地权属调查（土地使用证办理情况；建设用地使用权的取得方式；抵押期限不得超过土地出让合同规定的剩余年限；地上建筑物、其他附着物的产权登记情况及是否已设置他项权利）。

②防止出现以下禁止抵押情形：司法机关和行政机关依法裁定、决定查封或者以其他方式限制土地使用权及其地上建筑、其他附着物权利的；已被国家有关机关依法收回土地使用权的；权属有争议的；未依法登记领取权属证书的；以划拨方式取得的土地使用权，未按规定报有批准权的人民政府审批的；法律、行政法规规定禁止抵押的其他情形。

③应进行地价评估，并以评估价格作为抵押合同的签订依据，确保土地使用权价格能够覆盖拟担保的债权。

④在抵押合同中不得约定在债务履行期届满抵押权人未受清偿时，土地使用权转移为债权人所有。

⑤土地使用权应办理登记，未经土地管理部门抵押登记，不能发生抵押权成立并生效的法律后果。

⑥关于储备用地抵押问题。我国《土地储备管理办法》规定，土地储备机构不得以任何形式为第三方提供担保；土地储备贷款实行专款专用、封闭管理，不得挪用。我国银监会《关于切实做好 2011 年地方融资平台贷款风险管理工作的通知》（银监发〔2011〕34 号）规定，以政府承诺担保、无土地使用权的土地出让承诺、规划土地储备（如土地储备证）作为抵押的贷款，属于违反现有法律的行为。

8. 质押担保。质押也称质权，就是债务人或第三人将其动产移交债权人占有，将该动产作为债权的担保，当债务人不履行债务时，债权人有权依法就该动产卖得价金优先受偿。《担保法》只规定了动产质押和权利质押。

中国建筑管理丛书

法律实务卷

（1）关于可以出质的权利类型：汇票、本票、支票、债券、存款单、仓单、提单；依法可以转让的股份、股票；依法可以转让的商标专用权、专利权、著作权中的财产权；依法可以转让的债权；公路桥梁、公路隧道或者公路渡口等不动产收益。

（2）关于土地收益权质押问题。根据我国现行法律关于"权利质权"的规定，以土地收益权进行质押须满足以下条件：①质押权人控制了质押物或质押凭证；②质押权人在债务人到期不能清偿时能行使质押权利，实现债权清偿。实践中，土地收益权质押存在操作障碍，如土地收益权质押担保缺乏合法性基础，违背"物权法定"的基本原则；土地收益权质押没有明确的法定登记机关，导致质押权无法得到有权机构确认；质押权与项目实施进度难以同步，导致质押权人无法在合适时机处分质押权利，以实现债权清偿。因此，土地（出让）收益权质押不具备权利质押的条件，不能作为合法有效的回购担保，仅可以作为融资建造（政府还款）项目的回购资金来源。

（三）项目融资合同

1. 合同目的。是项目投资人或项目公司通过对外融资方式，筹集项目投资建设资金所订立的相关合同文件。

2. 对外融资的途径，包括公司融资与项目融资两种途径。公司融资是项目投资人以自己名义融资后注入项目公司，项目融资以项目公司名义对外融资。融资的实现方式包括：银行贷款、债券及建设基金的发行、与工程公司或其他主体联合建设、信托方式等。

3. 在以项目公司名义对外融资时，项目公司经常将对地方政府的应收账款进行质押，作为向融资银行贷款的担保物。此类融资担保方式符合《物权法》等法律法规的规定，经中国人民银行征信系统的质押登记，是合法有效的担保。分析如下：应收账款质押是《物权法》第二百二十三条新规定的一种权利质押，依据中国人民银行《应收账款质押登记办法》（令〔2007〕第4号）第四条的规定：本办法所称的应收账款是指权利人因提供一定的货物、服务或设施而获得的要求义务人付款的权利，包括现有的和未来的金钱债权及其产生的收益，但不包括因票据或其他有价证券而产生的付款请求权。本办法所称的应收账款包括下列权利：销售产生的债权，包括销售货物，供应水、电、气、暖，知识产权的许可使用等；出租产生的债权，包括出租动产或不动产；提供服务产生的债权；公路、桥梁、隧道、渡口等不动产收费权；提供贷款或其他信用产生的债权。融投资建造（政府还款）项目中，项目公司对地方政府享有的是为政府提供建筑施工服务产生的一种债权，项目公司依据《投资建设与回购合同》对地方政府享有的债权符合可质押的权利的特征，可以作为质押标的。

第六节　项目投资建设阶段法律实务

融投资建造（政府还款）项目投资建设阶段，是指在项目相关利益方（项目发起人、项目投资人、项目公司、施工总承包单位等主体）的共同管理下，促使项目达到《投资建设与回购合同》约定的各项目标的过程。

一、融投资建造（政府还款）项目投资建设阶段运作安排

在融投资建造（政府还款）项目模式中建设是重点，具体来说就是投资人的融投资能力和项目建设管理能力，体现在项目实施环节，就是项目的质量、进度、成本、安全、文明施工、项目维稳等目标的实施。为有效规避投资建设阶段的法律风险，宜设立项目公司，项目公司和施工总承包各市场主体做到权责明确，管理公开，强化责任体制，积极防范投资建设期间内可能出现的法律风险。

二、项目公司的组建问题

（一）项目公司设立的必要性

有利于避免带资承包的质疑，有利于项目投资人利用项目公司独立法人公司及有限责任制度，最大限度地隔离投资风险，有利于项目融资，有利于控制投资项目的成本。

（二）项目公司组建工作

应按照《公司法》关于有限责任公司的设立条件进行设立，包括股东法定人数、注册资本的限额规定、出资比例及注册时间、章程订立、验资程序等。

（三）关于项目资本金问题

按照国务院《关于固定资产投资项目试行资本金制度的通知》（国发〔1996〕35号）规定，在投资项目的总投资中，除项目法人（依托现有企业的扩建及技术改造项目，现有企业法人即为项目法人）从银行或资金市场筹措的债务性资金外，还必须拥有一定比例的资本金。投资项目必须首先落实资本金才能进行建设。项目资本金的出资形式：货币、实物、工业产权、非专利技术、土地使用权（其中，对作为资本金实物、工业产权、非专利技术、土地使用权，必须经过有资格的资产评估机构依照法律、法规评估作价。以工业产权、非专利技术作价出资的比例，不得超过投资项目资本金总额的20%）。关于项目资本金的出资比例，根据不同行业和项目的经济效力等因素确定，应按照项目所属具体行业固定资产投资项目的最低资本金比例执行。项目资本金一次认缴，并根据批准建设的进度按比例逐年到位。但以下几种资本金注入方式为法律法规所禁止：

1. 禁止通过债务性集合信托方式募集的资金作为项目资本金的规定。根据2009年9月3日银监会颁布《关于信托公司开展项目融资业务涉及项目资本金有关问题的通知》（银监发〔2009〕84号），信托公司不得将债务性集合信托计划资金用于补充项目资本金，以达到国家规定的最低项目资本金要求。前述债务性集合信托计划资金，包括以股权投资附加回购承诺（含投资附加关联方受让或投资附加其他第三方受让的情形）等方式运用的信托资金。信托公司按照《信托公司私人股权投资信托业务操作指引》开展私人股权投资信托业务时，约定股权投资加回购选择权的情形不适用前款规定。

2. 对股东借款（股东承诺在项目公司偿还银行或信托公司贷款前放弃对该股东借款受偿权的情形除外）、银行贷款等债务性资金和除商业银行私人银行业务外的银行个人理财资金，不得充作项目资本金。

三、融投资建造（政府还款）项目各实施主体的工作内容

（一）项目投资人的工作内容

1. 成立项目公司，负责项目资金足额、按时到位；

2. 完成项目工程建设任务和项目移交等各项工作，对工程质量和安全文明施工负责；

3. 接受相关单位财务审查及工程质量、安全等监督检查等。

（二）项目公司的工作内容

项目公司具体负责工程的投融资、建设和管理，确保建设工程项目按期、优质及安全地完成。项目公司主要的工作内容为：

1. 确保项目审批手续合法。

2. 确保项目政府采购手续合法。

3. 组织协调建设工作，与政府、审计、税务等行政机关对接。

4. 以项目公司名义选择工程的施工总承包单位，并签订建设工程施工总承包合同，并按照建设工程施工总承包合同向施工总承包单位支付工程款。

5. 以项目公司名义履行阶段性业主职能，如以项目公司名义向政府方报送签证单，与监理人核算工程量等。

6. 保证建设资金到位，以项目公司为融资平台向银行贷款并签订贷款合同。

7. 确保工程质量和工期，按约定时间将竣工验收合格的工程移交给业主的相关事宜。

8. 在项目回购期按期收取政府支付的回购款，并按贷款合同约定按期归还银行贷款。

（三）施工总承包单位的工作内容

1. 依据工程总承包合同，组建成立工程项目部，实施项目施工建设。

2. 依法管理分包单位。

3. 负有合同约定期限内的工程保修义务。

4. 组织项目结算工作。

四、融投资建造（政府还款）项目投资建设阶段主要风险分析

（一）融投资建造（政府还款）项目投资建设阶段风险，是指在项目的投资、建设阶段中客观存在的、事先又无法准确预见其发生时间、频率及损失后果的，但能够对项目参与主体既定目标，产生消极影响的各种内外部的不确定因素。

（二）融投资建造（政府还款）项目投资建设阶段风险管理，是指项目各参与主体对在项目运作过程中可能遇到的风险进行预测、识别、评估、分析，并在此基础上采取风险回避、风险预防、风险降低、风险转移和风险自留等措施有效处置风险，以确保项目的顺利启动、建设与移交，保证项目参与各方既定目标得到全面实现的一种管理方法。

（三）项目管控风险

在融投资建造（政府还款）项目投资建设阶段中，主要存在以下几种风险：

1. 成本控制风险。与其他项目建设一样，受原材料价格变化、劳动力成本增加、工期迟延、通货膨胀、汇率波动、利率变化以及环境和技

术等方面的影响而增加投资风险。

2. 建设周期管控风险。在融投资建造（政府还款）项目模式下，工程能否在规定的工期内按时或提前完工，不仅关系到投资者是否能早日收回投资并盈利，也关系到政府的基础设施是否能早日发挥社会和经济效益。作为政府一方，总是希望项目早日建成发挥效益；而作为投资者一方，则受种种主客观原因的制约，如期完工总有一定难度。因而，在《投资建设与回购合同》中不但规定了合理的建设周期，而且往往加入了提前完工的奖励条款和推迟完工的处罚条款，以及不能完工的违约责任。但是，由于受自然因素的影响，投资者的经营管理水平、技术力量、设施设备保障、施工科学性等的制约，以及政府行政环境的宽松度等影响，项目建设工期适宜性风险仍然存在。

3. 质量控制风险。项目建设质量是投资成败的关键，关系到项目建成后能否顺利移交及投资者投资成本效益的收回。在建设阶段若施工总承包企业、施工分包商的技术力量、施工水平、设施设备、管理手段等把关不严，或者对分包与总包之间的施工、管理、原材料配套等方面衔接不好，都容易出现建设质量问题。

4. 技术障碍风险。作为专属于政府的基础设施建设，工程规模大、结构复杂、建设技术要求高，需要科学技术作支撑。但由于受投资成本、人才技能水平、技术成熟度等方面的制约，项目建设中出现的各种技术障碍需要得到有效克服和处理。如果由于工程设计不合理、采用技术措施不当或者项目建设中的某些重大技术障碍不能在建设期内得到解决等，都会影响项目投资的成败或投资效益。

5. 金融环境变化风险。在项目运作中，东道国（或地区）政府的融资与金融环境对投资者的成本控制和预期盈利水平影响非常大，是项目投资的重大风险之一。一些国家和地区的货币利率波动是经常的、动态的，特别是在全国或全世界性的金融危机期间，其货币利率波动幅度非常大，货币利率波动对项目的建设成本影响较大，直接关系到项目盈利水平的高低。在融投资建造（政府还款）模式下，在项目建设期间出现利率波动是正常的事。项目投资者在再融资过程中，无论采用浮动利率或是约定固定利率，都容易发生因利率波动而导致融资成本增加的风险。

6. 不可抗力风险。不可抗力是指当事人不能预见、不能避免并且不能克服的自然事件和社会事件。采用融投资建造（政府还款）模式运作项目也不可避免地存在着不可抗力风险。不可抗力是我们预先不能预测的，包括因不可抗力而引起的损失范围、损失大小等都存在极大的不确定性，不能预先核定损失额加以规避。因而，如果不采用合理的方式规避与分担，将会给项目运作的成败带来极大的风险。

第七节　项目移交及回购阶段法律实务

融投资建造（政府还款）项目竣工验收合格后，开始进入项目移交、回购阶段。项目移交、回购作为项目结束的标志，对于项目发起人、项目主办人具有特殊的意义。

一、项目移交及营业税问题

（一）项目移交

1. 项目移交是指项目工程整体竣工验收合格后，由项目投资人或项目公司将项目移交给项目发起人的过程。

2. 项目移交的法律特征

（1）项目移交以项目竣工验收合格为前提，项目验收由项目公司组织，参与主体包括：项目发起人指定的有关部门、监理单位、设计单位、施工单位。

（2）项目移交的范围。项目移交的范围包括设备设施、合同、资料、图纸、档案等，并应明确移交内容的具体数目、移交时间和进度安排等。

（3）项目移交的效力。融投资建造（政府还款）项目建设完成移交给政府后，项目公司形成对政府的债权，不产生资产的转让，亦不产生产权买卖。自移交日起，除质量保修义务外，项目的风险由项目发起人承担。

（4）项目移交是项目进入回购期的标志，是采购期起算点。

3．项目移交过程中注意事项

（1）项目移交确认主体。有权确认项目移交的主体原则上为项目发起人或项目发起人另行授权的项目管理单位。

（2）项目移交确认方式要求。项目公司应提前以报告或函件的形式提交书面资料，由项目移交确认主体签字并加盖公章后出具《项目移交验收证书》，方视为完成书面确认交付。如项目发起人提前以书面形式要求项目移交，可作为项目移交书面确认的辅助材料。

（3）注重项目移交资料的收集。项目公司在做好项目移交书面确认手续的同时，要注重项目移交资料的收集工作，如项目移交时政府的新闻报道、报纸、通信、各种视频、影像资料等。上述资料作为项目不可或缺的资料，应由指定部门归档保存。

（二）项目移交环节营业税问题

目前，国家的税收条例中对关于融投资建造（政府还款）项目的税收政策尚无具体的规定，实践中，各地方对融投资建造（政府还款）项目税收作出了不同的规定。

1．项目建设方以项目取得的收支差额按照"服务业—代理业"税目缴纳营业税，施工总承包单位取得的工程总承包收入按照"建筑业"税目缴纳营业税。在该模式中，项目公司被界定为代理服务，仅就收支差额部分按照"服务业—代理业"税目缴纳营业税；项目公司支付给施工总承包单位的工程总承包收入，由施工总承包单位按照"建筑业"税目缴纳营业税。按照上海地区实际操作惯例，项目公司对融投资建造（政府还款）项目取得的收支差额部分，按照代理业缴纳5%的营业税，项目公司支付给施工总承包单位的工程总承包收入，由施工总承包单位按规定缴纳营业税。

2. 项目建设方以取得的回购款按照"建筑业"税目缴纳营业税。该模式中，认定项目建设方为建筑业总承包方，按照"建筑业"税目征收营业税。项目建设方取得的回购价款，包括工程建设费用、融资费用、管理费用和合理回报等收入，应全额缴纳"建筑业"营业税。

重庆市明文规定，不论项目公司是否有施工总承包资质，均认定为建筑业总包方，按建筑业税目征收营业税，项目公司取得的回购价款，包括工程建设费、融资费用、管理费用等，应全额缴纳建筑业营业税，并全额开具建安发票。该规定中，项目公司缴纳了建筑业营业税后，转让环节不再另行缴税。

3. 项目建设方以取得的回购款分别按照"销售不动产"和"建筑业"税目缴纳营业税。该模式中，融投资建造（政府还款）项目的立项主体不同，项目建设方缴税的方法亦不同，若以项目投资人的名义立项建设，对项目投资人所取得收入按照"销售不动产"税目征收营业税；若以项目发包人的名义立项建设，无论项目投资人是否具备建筑工程总承包资质，均应作为建筑工程的总承包人，按"建筑业"税目缴纳营业税。

湖南省明文规定，融投资建造（政府还款）项目以项目投资人的名义立项建设，工程完工交付项目发包人的，对项目投资人所取得收入应按照"销售不动产"税目征收营业税，其计税营业额为取得的全部回购价款，包括工程建设费用、融资费用、管理费用和合理回报等收入；融投资建造（政府还款）项目以项目发包人的名义立项建设，对项目投资人无论其是否具备建筑工程总承包资质，均应作为建筑工程的总承包人，按照"建筑业"税目缴纳营业税，其计税营业额按以下方式确定：①项目建设方与施工总承包单位为同一单位的，项目建设方在取得项目发包人支付回购款项时，以实际取得的回购款项作为计税营业额全额征收营业税，施工环节不再征收营业税，②项目建设方将建筑安装工程承包或分包给其他施工企业的，项目建设方在取得项目发包人支付回购款项时，按扣除支付给施工企业工程承包额或分包价款后的余额作为计税营业额，施工总承包单位按照工程总承包额或取得的分包价款作为计税营业额并缴纳营业税。

二、项目回购

（一）定义。项目回购是指自融投资建造（政府还款）项目竣工验收通过之日起，项目发起人按照《投资建设与回购合同》的约定按期支付回购款，以及建设期和回购期利息。

（二）项目回购款项组成。是指项目发起人按照合同约定，需要向项目公司支付与项目有关的所有款项，主要包括项目投资结算额、利息、其他费用等。

（三）项目回购付款方式，一般包括两种。第一种是等额本金，利息实付方式，该方式每期偿还的本金一样，前期支付的投资收益多，后期支付的投资收益少些，每期付款额度不一致。第二种是等额本息方式，该方式每期支付的付款额一致，但前期支付的本金少、投资收益多，后期支付的本金多、投资收益少。在具体选择回购支付方式时，应当通过考虑预付款及其比例、工程造价费用、可索赔的工期延误、银行贷款利率、投资方投资目标、政府未来财政收支预算、项目具体情况等因素，通过应用适当的财务模型分析，来选择同时满足发包人和投资人要求的回购模式和支付方式。

（四）根据项目规模大小及项目回购方的支付能力，回购期限一般为2~3年，回购方一般采用等额支付回购款方式。

三、项目后评价

（一）定义。是指在融投资建造（政府还款）项目完成后，项目投资人对项目的目的、执行过程、经济效益、作用和影响进行系统的、客观

中国建筑管理丛书

法律实务卷

的分析和总结的一种技术经济活动。

（二）项目后评价的意义。项目后评价工作是融投资建造（政府还款）项目工作链条中的重要环节，其标志是完成项目后评价报告。

（三）项目后评价应遵循的原则。独立、科学和公正原则。

（四）项目后评价的目的。通过对融投资建造（政府还款）项目过程的检查总结，确定投资预期的目标是否达到，项目的主要效益指标是否实现，通过分析评价找出项目成败的原因，总结经验教训，为未来项目决策和提高投资决策管理水平提出建议；同时，也对被评价项目实施运营中出现的问题提出改进建议，从而达到提高投资效益的目的。

第二章
EPC 工程总承包管理模式

第一节　EPC 概述

一、EPC 的概念

（一）概念

EPC（Engineering Procurement and Construction，简称 EPC）总承包模式，即工程总承包企业按照合同约定，承担工程的设计、设备材料采购、施工、试运行服务等工程建设所有阶段的全部工作，最终向发包人提交一个满足使用功能、具备使用条件的工程项目，并承担工程质量、进度、造价和安全方面的全部责任。EPC 总承包模式是现阶段大型工程项目中采用最多的一种项目运作模式。

（二）特点

1. 风险分配不利于总承包人。EPC 模式下项目管理责任单一，有利于提高项目运作效率和效益，但承包人承担风险较重。EPC 模式有利于工程的质量管理、进度监控以及工程造价控制，工程参与各方利用各自专业优势，充分协作。发包人介入实施的程度较浅，通常只负责制定目标原则和功能标准，在项目实施过程中，仅需对总承包人的工作进行监管的管理和控制。工程总承包人受发包人委托来负责组织实施工程的设计、采购、施工和试开车服务等全部工作，特别是沟通和协调项目众多参与方之间的利益关系，承担了项目实施的全部责任和风险，甚至包括分包商所产生的风险和失误，以及部分由于发包人失误造成的风险，承担相关利益主体之间的冲突和纠纷所导致的项目损失或项目失败的风险，进而大大增大了承包人的经营风险。

2. 采用总价合同。由于通常采用 EPC 模式的工程，一般为投资规模较大、工期较长、技术相对复杂、不确定较强的工程。为了避免工程实施过程中不确定给发包人带来的风险，EPC 通常采用接近固定总价的合同，承包人通常是不能因为费用变化而调价。另一方面，由于绝大多数的项目发包人投资某一项目是为了获得经济效益，其获利的前提是能将项目的投资金额和投产时间限定在一定的范围内，所以发包人希望承包人投标价格是固定不变。

3. 总承包人对分包商结果负责。工程总承包人把部分设计、采购、施工或试运行服务工作，委托给具有相应资质的分包商完成，分包商与总承包人签订分包合同，分包商的全部工作由总承包人对发包人负责。

4. 总承包人处于项目的主导地位。总承包人负责整个工程建设的全过程，在设计、采购和施工环节上可以完全掌握主动，在资源调配、分供商选择等方面可根据项目的需要做好统筹，不受外界因素影响。同时也要看到，伴随着充分的管理自主权，总承包人作为项目的建设工程质量责任主体和承担人也更加明确。

5. 设计、采购和施工一体化。EPC 模式有利于设计、采购、施工各阶段工作的合理衔接，有效克服设计、采购、施工相互制约和相互脱节的矛盾。承包人可充分强调和发挥设计在整个工程建设过程中的主导作用，不断优化工程项目建设整体方案，有效地实现建设项目的进度、成本和质量控制符合建设工程承包合同约定，确保获得较好的投资效益。

二、EPC 模式的适用范围

（一）以工艺过程为主要核心技术的项目、大型复杂的生产型成套项目、工业投资项目中投资规模大、专业技术要求高、管理难度大的，主要集中在石油、化工、冶金、电力工程领域。

（二）总承包人在多领域拥有较高的技术水平和管理能力，总承包人项目组成人员综合素质较高，同时具备专业技术能力、管理协调能力、人际沟通能力、对新情况的应变能力以及对大局的把握能力。严格讲只有承包人有较高的技术水平、丰富的管理经验以及风险控制能力的条件下，EPC 模式才能取得预期的效果。

通常以下情况不适合采取 EPC 模式：

总承包人没有足够的时间和充足的资料研究核查发包人的功能要求，了解设计意图和进行风险评估；项目涉及工程承包人无法调查的区域，如大面积地下工程。发包人需要严格监控工程承包人的工作，需要参与审核或审批工作。

三、与传统承包模式的主要区别

（一）工程项目不存在第三方介入。传统承包模式下，工程师作为第三方替发包人参与管理，EPC 模式下，发包人完全不参与管理或不直接参与管理，避免矛盾的两方直接发生冲突。

（二）工作范围增多。EPC 项目涉及的设计阶段、采购建造阶段和部分试运行阶段，比传统模式下的合同阶段有所增加。因此，项目的组织方式，要求总承包人具有更专业的优势和项目管理集成的优势。

（三）总承包人要承担传统模式下发包人承担的责任

1. 总承包人应负责审查和解释发包人提供的现场数据，发包人对此类数据的准确性、充分性和完整性不承担责任。

2. 总承包人必须承担"外部条件"的风险，包括气候、地质等在工程实施中特别容易出现问题的情况。

3. 除合同规定以外雇主使用或者占有的永久工程的任何部分；由雇主人员或雇主对其负责的其他人员所做的工程任何部分的设计；不可预见的或不能合理预期一个有经验的总承包人，已采取适宜预防措施的任何自然力的作用等全部由承包人承担。

4. 总承包人承担较大质量和工期责任，要提供竣工文件、操作和维修手册和样品，发包人可随时进入现场检查，实施竣工检验，实施竣工后试验；承包人在"异常恶劣的气候条件"和"在流行病或政府当局原因导致无法预见的人员或物品的短缺"的情形下，不能要求工期顺延和工期索赔。

（四）价格形成机制不同导致风险分配不同。传统施工合同报价的基础是招标文件提供的工程量清单，合同的本质是固定单价合同；而 EPC 项目往往是商业投资项下的一部分。因此，投资额一般是固定的。

四、EPC 在国内的推广前景

近年来，为应对越来越个性化的需求市场，国外通行的 EPC 工程项目合同模式，已经在我国国内的外商独资项目和中外合资项目中被普遍采用。国内一些大型复杂的工艺安装项目也越来越多地有采用 EPC 模式的需求。我国实施 EPC 的工程总承包公司，很多是在原先设计单位的基础上改建而成的，并不具备从项目的策划、定义、设计、采购、施工、安装调试到交付使用进行全过程管理的综合功能和人力资源，当前国内工程公司与世界一流的工程公司相比，在功能、人员素质、管理体制、管理方法和管理水平上都存在很大差距。因此，需要在现有基础上改造和培育一批有竞争力、高水平、国际型的工程公司，在管理上采用国际先进的管理模式和方法，争取与世界通行的管理模式接轨，缩小差距。

第二节　EPC 合同法律要点

一、法律依据

（一）现行法律

《建筑法》规定"提倡对建筑工程实行总承包，禁止将建筑工程肢解发包。建筑工程的发包单位可以将建筑工程的勘察、设计、施工、设备采购一并发包给一个工程总承包单位，也可以将建筑工程勘察、设计、施工、设备采购的一项或者多项发包给一个工程总承包单位；但是，不得将应当由一个承包单位完成的建筑工程肢解成若干部分发包给几个承包单位。"《建筑法》的这一规定，在法律层面为 EPC 项目总承包模式在我国建筑市场的推行，提供了具体法律依据。

（二）政策、规章

建设部［2003］30 号《关于培育发展工程总承包和工程项目管理企业的指导意见》：为进一步贯彻《建筑法》第二十四条的相关规定，建设部明确将 EPC 总承包模式作为一种主要的工程总承包模式予以政策推广。

二、法律障碍

当前我国推广应用 EPC 总承包模式，既符合我国建筑市场发展的需要，又符合国际工程惯例，且一定程度上具备法律、规章及政策层面上的支撑。基于严格管理建筑市场的政策导向，我国法律和政策又派生了诸多具体限制，使得在具体应用 EPC 模式时，遭遇到不同程度的法律障碍。

（一）EPC 模式下总承包人资质不确定问题

在我国建筑活动施行资质管理制度。《建筑法》规定"从事建筑活动的建筑施工企业、勘察单位、设计单位和工程监理单位，按照其拥有的注册资本、专业技术人员、技术装备和已完成的建筑工程业绩等资质条件，划分为不同的资质等级，经资质审查合格，取得相应等级的资质证书后，方可在其资质等级许可的范围内从事建筑活动"。

建设部〔1992〕805号《设计单位进行工程总承包资格管理的有关规定》中，对工程总承包资质给予了明确规定。但在建设部建市〔2003〕30号《关于培育发展工程总承包和工程项目管理企业的指导意见》颁布后被废止，且至今尚未出台对工程总承包资质的有关新规定。在这个现状下的现实建筑经济活动中，总承包人从事EPC总承包是否必须具备资质，应该具备何种资质，尚存争议。

（二）"禁止再分包"的规定与建筑工业化条件下专业进一步细分的要求不一致问题

《建筑法》规定："施工总承包的，建筑工程主体结构的施工必须由总承包单位自行完成。……禁止分包单位将其承包的工程再分包。"

我国建筑业改革和发展主题一直是建筑工业化。建筑工业化就是用现代化工业的生产方式来从事建筑业的生产活动，就是"层层分解、分工细化"。随着我国建筑工业化的不断发展，建设技术水平的不断提高，出现了大量的专业型、不同层次的施工队伍，他们从事的工作范围和主营业务逐渐呈现差异化特征。从专业分工角度看，专业分包再分包是符合国际分工发展方向的，也是我国建筑业的未来发展方向，但是当前我国尚未解禁这些限制性措施，只设一级专业分包的体系，显然已经不能满足EPC模式下分包多元化、体系多样化的现实要求。

（三）"主体结构"定义问题

《建筑法》规定："……施工总承包的，建筑工程主体结构的施工必须由总承包单位自行完成。"其中，"主体结构"的常规理解在当前建筑结构技术不断增加新的含义的情况下显得定义不明确，在EPC模式下的复杂项目更是如此。例如，钢筋混凝土结构与钢结构共同组成的结构体系，如按常规的做法由土建单位总包，钢结构单位分包，则从严格意义上总包单位没有全部自行施工主体结构。另外，钢结构单位的钢结构施工实力大多强于总包单位的钢结构施工实力，选择外部钢结构施工企业反而更有利于提高工程建造的速度和质量。因此，对"主体结构"的概念有进一步明确的必要。

（四）"禁止肢解分包"需重新思考和定义的问题

《建筑法》规定："禁止承包单位将其承包的全部建筑工程转包给他人，禁止承包单位将其承包的全部建筑工程肢解以后以分包的名义分别转包给他人"。这个禁止性规定是防止不具备资质承揽工程、挂靠等建筑市场的一些不规范行为的。

在建筑技术不断发展，专业施工水平逐步提高的现阶段，特别是大型复杂的 EPC 项目建设中，工程项目的全部内容均由多个专业分包单位加上劳务分包单位承担的可能性现实存在。这些专业分包单位均具有多年的施工经验和齐全的技术配备，有能力承担专业工程范围内设计、材料、施工任务。这种情况下，各专业分包单位均具备相应资质保证承包范围内工程施工的质量、安全、进度，但却不符合《建筑法》中"禁止肢解分包"的要求。这些做法实质上是建筑技术的不断提高，专业分包市场不断细分后出现的新情况。因此，在新的市场环境下，有必要对肢解分包的定义进一步加以明确的界定，以保证建筑业市场管理的有效性。

第三节 EPC 合同构架

一、EPC 模式下的主要合同种类

在 EPC 整个项目的实施过程中涉及勘探、设计、施工、采购和试运行等环节。因此，相关联的合同种类多且复杂。对总承包人相关的合同，包括与发包人之间的 EPC 合同，与分供方之间的勘探、设计、咨询、监理、施工承包、劳务分包、专业承包、设备制造安装、材料供应、租赁等合同类型。

二、各类合同之间的关联性

在 EPC 整个项目的实施过程中，往往会有多家分包商、设备制造商、材料供应商和其他专业商共同协作，分包合同数量庞大，构成合同文件多，涉及的内容也很多，发包人在合同中只给出基础性和概念性的要求。因此，合同中的疏漏和内容相互矛盾的情况在所难免。总承包人有复核合同的默认义务，在详细设计中复核合同的数据和参数等，如果合同中存在某些错误、疏漏以及不一致，承包人还有修正这些错误、疏漏和不一致的义务。因此，建立相互补充、合同义务可分解传递、合同权利相互制衡的合同框架体系，是 EPC 项目顺利实施的基础。

三、EPC 合同审查要点

在 EPC 合同中，承包人的风险其实贯穿了整个合同的每一个条款、补充协议和每一份附件。在审核合同正文条款、补充协议以及有关附件时，每一条款都应仔细斟酌，认真审核，避免出现隐性风险条款、定义和用词含混不清、意思表达不明的情况。还应注意合同条款的遗漏以及合同类型选择是否得当，总之就是不要遗漏任何一个潜在的风险。对于大量的合同等法律文件，在合同协议书等文件之间，还涉及一个合同文件构成和合同文件效力的优先顺序问题，通常规定在具有最高合同文件效力的合同协议书中，应该特别注意对优先顺序的规定是否合理。具体包括以下几个方面：

1. 合同主体资格资信以及项目合法性可行性方面。审核发包人发包资格、外商投资建筑企业从业资质与资格；审核项目的立项审批情况、项目的可行性、发包人本身的经济实力，分析发包人能否取得融资，如银行贷款、卖方信贷、股东贷款、企业债券等。如涉及融资，还需审查技术可行性和财务可行性。

2. 工程范围。审核是否明确工程范围，发包人功能需求和指标标准是否明确，注意承包人的责任范围与发包人的责任范围之间的明确界限划分。有的发包人将一个完整的项目分段招标，此时应该特别注意本承包人的工程范围与其他承包人的工程范围之间的界限划分和接口。

3. 合同价款。重点审核总价合同的以下两个方面：一是合同价款的构成和计价货币，应注意汇率风险、利率风险以及承包人和发包人对汇率风险和利率风险的分担；二是合同价款的调整办法，包括延期开工的费用补偿所涉及的调价条款，以及对于工程变更的费用补偿规定是否合理。

4. 支付方式。对于现汇付款项目，以审核发包人的付款能力为重点，包括发包人资金的来源是否可靠，自筹资金和贷款比例是多少，是政府贷款、国际金融机构贷款还是商业银行贷款。对于延期付款项目，以大部分付款是在项目建成后还本付息，故需要承包人方面解决卖方信贷，应审核延期付款的担保为重点，包括审核发包人对延期付款提供什么样的保证，是否有政府担保、商业银行担保、银行备用信用证或者银行远期信用证，是否为无条件的、独立的、见索即付的担保。发包人信用证的开证行是否承担不可撤销的付款义务，是否含有不合理的单据要求或者限制付款的条款，此时还应该审核提供担保或者开立远期信用证的银行本身的资信是否可靠。

5. 支付比例和节点。审核合同价款的分段支付是否合理。预付款比例、保留金比例、质保金比例，里程碑付款的分期划分及支付时间是否保证工程按进度用款。为避免承担过大的早期投入风险，合同的生效，或者开工令的生效，应与预付款支付关联。

6. "优先受偿权"。审核合同中是否明示或隐含了承包人放弃对项目或已完成工程的优先受偿权，避免发包人破产，承包人权益无从追偿。

7. 保函。审核重点有三个方面，一是生效期应与承包人收到预付款关联；二是保函金额是否合理，且是否设置了担保金额递减条款；三是预付款保函与履约保函、履约保函与质保金保函相重叠的有效期限是否合理；四是保函失效期关键节点的关联程度。

8. 工期。重点审核试运行和性能测试是否计算进工期内。

9. 性能保证指标与考核指标。审核是否明确约定项目应达到的性能保证值、考核标准及性能考核失败后违约金的数额，以及发包人对项目性能指标超标的拒收权的限制。

10. 违约责任。审核是否规定对承包人违约的总计最高罚款金额。总计最高罚款金额，包括误期罚款限额、性能指标罚款限额在内，通常应该低于各个分项的罚款限额的合计数额。

11. 税收条款和保险条款。税收条款审核是否明确划分了承包人与发包人，谁分别承担项目所在地的哪些税收，是否明确免税项目，以及未能免税时，承包人应从发包人那里得到的补偿；保险条款审核承包人必须投保的险别、保险责任范围、受益人、重置价值、保险赔款的使用等规定是否合理；还应尽量争取排除选择保险公司的限制性条款或争取承包人对再保险公司的选择权。

12. 发包人责任条款。审核发包人对设计要求的技术参数的责任、有义务对施工现场提供什么样的条件，是否约定发包人按期完成其本身工程范围内工程的责任（如输变电工程和接入系统、天然气的接通等），确保性能测试和可靠性试运行等工作不受影响；分标段招标的EPC项目，注意审核发包人聘用的其他承包人施工发生对本合同承包人干扰时发包人应该承担的责任。

13. 法律适用条款。审核外商在中国内地投资项目适用的设计规范、质量标准、环保法规、建设法规、消防法规、安全生产标准等；审核投资项目所在国与法律标准适用之间的匹配性以及是否为承包人所熟悉；审核适用国际惯例适用的约定；审核法规变化对承包人影响（如成本及开支）的补偿。

14. 争议解决条款。审核国际项目是否避免了在项目所在国或发包人所在国仲裁，是否约定了第三国国际仲裁。

15. 设计变更和优化条款。审核对于承包人设计范围外或发包人提出的变更，费用是否可以调整；是否明确约定鼓励承包人通过新设计、新方案、新材料及以往工程经验等途径进行设计优化，以及发包人在批准承包人的设计优化方案后，节省的投资额，双方应分享的比例或发包人给予承包人的奖励。

16. 汇率风险和利率风险。审核是否约定了承包人和发包人对汇率风险和利率风险的分担办法，是否约定当地货币与美元或欧元之间的固定汇率，以及超过这一固定汇率如何处理。

第四节　EPC 主要合同风险与应对

EPC 项目合同法律风险包括合同条款风险和合同管理风险。合同条款风险存在于合同当中，可以通过全方位细致的审核识别并改善，谈判是承包人获利和解决部分风险的关键手段。合同管理风险存在于承包人内部，不善于管理合同的承包人是绝对不可能获得理想的经济效益的，承包人应建立科学适用的合同管理体系，具备渊博的知识和娴熟的技巧，要善于开展索赔，善于利用合同条款保护自己的合法利益，扩大受益，最大程度减免损失。主要风险包括以下几个方面：

一、管理模式变化风险

（一）项目管理的变化

EPC 总承包模式在我国还是一个比较新的模式，项目的组织一般不是很成熟，组织人员的项目管理能力也不是很强。相比熟悉的传统模式，承包人对 EPC 项目管理的模式、特点、风险、关键环节以及管控手段相对陌生，原有的意识习惯和管理习惯均与 EPC 模式有不同程度的不适应。

（二）承担风险程度发生了变化

总承包合同中风险的分担发生了变化，总承包人主要承担了以下扩大风险：全部"设计风险"和"外部自然力的风险"、原先由发包人承担的"经济风险"、所有不可预见的风险、因为发包人提供的现场数据不准确而带来的风险等。

（三）工作内容的变化

一是工作范围扩大，EPC 模式下，承包人面对的往往是大型而复杂的项目，承包人的工作范围大大增加，通常从设计到最终调试全面负责，有时因为项目要与融资挂钩，承包人还要为发包人提供前期项目策划、可行性研究、融资结构安排、初步方案设计等服务，发包人需要的话，还要介入可行性研究和试运行等阶段。这么大的工作范围中，常常会有一个或几个环节总承包人不是很擅长的。这些无疑增加了总承包人的工作难度，风险也随之增加。二是工作难度加大。EPC 总承包模式给承包人所带来的不是单纯工作范围的增加，工作的难度也会明显增加。

EPC 项目本身的复杂性、总承包人管理跨度的增加需要总承包人具有更为快速、有效的管理，专业的、有经验的组织成员能够大大降低项目运作的风险；同时，EPC 模式需要项目管理向信息化、集成化方向发展。

二、设计风险

设计对 EPC 项目的成功与否起着至关重要的作用。EPC 模式对承包人的设计管理能力要求比较高，设计的质量对成本的影响占 10% 左右，所以从 EPC 管理的阶段和不同阶段对项目的影响度来看，承包人的风险管理都应关注设计这一环节。

（一）发包人需求描述对设计的影响

由于 EPC 项目包含了设计、采购，也就是说在签订 EPC 合同时，尚未开始设计，发包人只能给出项目功能性描述。承包人在设计时难免会遇到功能性描述过粗或程度不宜掌握问题，设计很难锁死不出现变更，使得合同总价封口但工作内容开口。另外，功能性描述并不能在合同中清晰反映出采购的具体范围、规格（如设备和备件），这就给未来项目执行埋下争议的隐患。大型EPC项目不仅设备和备件问题较为复杂，专用工具、易耗品等的范围、数量同样必须考虑。比如承包人通过设备招标确定的设备、备件与EPC总合同内容有较大出入，发包人要求的备件在实际选用的设备中是不适用的，或者设备中必须带的备件在合同中没有列出，或者合同中所列备件数量或多或少与实际需要有较大出入。如果承包人在尚未与发包人确定采购的设备、备件品种、数量，在这些问题没有弄清楚就盲目签约，势必带来潜在的项目风险。

对于设计需求风险的应对，承包人首先要认真、细致研究雇主要求，把握设计关键环节。雇主要求是以功能实现为目标，对工程规模、结构等相关技术条件和执行规范、标准等提出详细说明的文件，是招标文件的重要组成部分。要认真研究"雇主要求"，充分了解发包人的意图，牢记项目使用功能是设计首要参考，如发包人提供概念图纸也只是参照。其次，尽量在合同中明确项目的设计需求和工程的各项参数，充分利用设计管理和良好的项目管理，在项目投标阶段和实施阶段尽量减少项目开口部分，使得项目处于封闭的环境。第三，承包人要牢固树立只有保护总承包商和发包人双方利益的合同才是最佳的合同，也才能执行好的双赢理念，不能仅关注项目建设阶段，也应为发包人考虑未来项目运营成本，在保证项目安全运行和合理寿命的前提下，使发包人获得最佳投资效益。要审慎对待初步设计方案，在方案比较和材料设备选用时，满足发包人的基本要求下充分考虑技术与经济的有机结合，通过技术比较、经济分析和效果评价等手段，力求在符合当地技术水平要求前提下提出合理报价。

（二）设计接口风险

设计是EPC模式的龙头，是项目管理全过程中的重要组成部分。设计所产生的文件是总承包项目管理中采购、施工的重要依据。所以，设计工作不仅仅要满足发包人的功能要求和质量要求，还必须考虑和施工、采购之间科学合理的衔接。他们之间的有效衔接是 EPC 模式的优越性之一，同时他们之间能否有效衔接，也成了 EPC 项目要获得成功所面临的风险之一。

应对设计接口风险，承包人应该具备项目设计与施工集成的能力，设计应结合施工进行优化，为了让设计工作能够顺利、有效、低风险地开展，必须明确规定并切实做好设计部门和其他部门（主要是采购部门）、设计内部各专业之间的接口。一是加强设计的组织接口衔接。加强设计与采购的组织接口管理，设计部门负责编制设备、材料采购文件的技术部分，编写好的询价技术文件应按规定的校审程序进行校审，并送采购部门准备询价。采购部门对收到的询价技术文件进行核查，并将其与采购部门编制好的商务文件组成完整的询价文件，向投标厂商发出询价。还要加强各专业间组织接口的规范化。可应用设计条件表规范专业间的组织接口，设计条件表的格式应作为总承包公司的作业指导书的内容之一作出规定。二是加强设计的技术接口衔接。设计的技术接口是指设计各专业之间设计条件的传递，提出设计条件的专业在专业设计技术接口条件表发出之前应进行校审。设计人、校审人及专业负责人应对所提出的接口条件的正确性、合理性负责。接受设计条件的专业在接到接口条件表后，应对接口条件进行评审，检查其完整性、深度、有效性和适用性。

三、合同支付衔接的风险

EPC 总包合同中支付条款较为复杂，分为预付、中间付款、临时验收、质保期结束等阶段，每一个阶段付款又要满足该阶段付款的条件，特别是中间付款，涉及土建、设备供货、安装、培训等内容，相对更为复杂，因不同内容的支付受到不同支付条件的约束。同时，除预付款外的每次支付还涉及工作量的变更、工作范围的改变、价格的调整及罚款等引起的付款额的改变。因此，除要求承包人在合同签订时准确理解支付条款的含义，在合同额中充分考虑支付风险和垫付利息外，还要具备准确计算每次应付款、按工期编制支付预算，及时提出合同变更并计算变更的能力。否则，即使完成或超额完成合同义务，承包人也未必得到应该得到的发包人全部付款。

另外，总包商还必须认真研究如何根据发包人付款条件和现金流统筹测算对分包商付款，寻找对自己的过度保护与所付出成本代价的平衡点。拖延付款对自己不一定安全且未必可以获得一定利息收入，要避免分包商把延迟付款的高额利息和可能的支付风险，通过提高价格全部转嫁给承包人，避免增加分包成本。只有合理地编制资金使用计划，使发包人付款和给分包付款有机结合，尽可能减少自己的垫付资金，通过对比各方案测算结果，来确定对自己最有利的支付条款，并将其在分包招标支付条款中明确，才是最佳的支付选择。

四、履约保函有效期风险

合理确定匹配的 EPC 总包商与分包商的履约保函有效期是承包人的一个重要工作。EPC 总包合同对履约保函的有效期有不同的要求，一般把收到履约保函作为合同生效的条件，保函的有效期一般截至临时验收通过，也有截至质保期结束。对发包人而言，保函上述两个截止时间对发包人的保护没有区别，但履约保函截至临时验收，承包人在质保期开始时再出具质量保证保函替换履约保函，对承包人来说相对更为有利。EPC 项目涉及了设计、土建、设备、安装等不同工作内容，仅设备一项又分为静态和动态，可能分不同阶段向发包人移交，若承包人在 EPC 合同中与发包人只笼统地描述履约保函截至项目临时验收的话，必然会对项目的概念产生歧义。整个 EPC 项目由若干分项目组成，有些项目在总工程还处于施工阶段就已提前移交给了发包人，发包人也完成了临时验收，如果承包方要求已移交给发包人使用的项目分包商的履约保函截至整个工程临时验收通过或保质期结束的话，不仅涉及质量保证过长问题，还牵扯付款节点问题，从而难以获得分包商的认可，或大大提高分包成本。

五、采购风险

采购费用占 EPC 工程总投资很大的比例，承包人在采购环节所面临的风险主要有：设备和材料的交货进度，设备和材料的规格、数量是否齐全，设备和材料的质量好坏等，它们影响着项目的费用和建设进度，并将决定项目建成后的连续、稳定和安全运转。

为有效应对采购风险，应加强采购与施工间的合理衔接。采购部门按批准的采购进度计划将材料的供货进度计划提交给施工部门，明确材料的到货时间及数量以及进库的时间要求等；施工部门应根据供货计划，做好接货准备工作，如存放场地、接货手续，还应加强采购费用和质量控制点管理。采购费用和采购质量主要控制点，包括询价文件的准备和发出、询价厂商选择、审查采购合同及采购合同签订、总体检验计划制定、制造厂商施工图及技术文件、原材料及外购件检验验收、装运前检查、产品质量证书和现场开箱检验。

六、双重征税风险

在新增值税条例及实施细则开始实施后，承包人就合同范围内的设备向发包人提供增值税发票，总承包人可能被认定为混合销售。由于在 EPC 的总承包合同中，设计、采购和施工三部分的权责利等方面实际上密不可分，一般包含在一个合同中，对设计、采购和施工三部分金额分项列示，且在 EPC 总承包合同中，设备部分往往占 60%~70% 的比重。由于承包人提供的设备部分往往都不是自产货物，因此，该合同行为有可能被税务局认定为混合销售。承包人被认定为以从事货物生产或者提供应税劳务为主的单位，从而需就合同总承包额全部缴纳增值税。一方面发包人要求提供增值税发票以供其作进项抵扣，另一方面，项目所在地地税局又要求设备缴纳营业税，承包人不仅税负成本上升，设计和施工部分已在项目所在地缴纳的营业税基本上也无法申请退回。这个问题在项目所在地与企业注册所在地不同的情况下变得更加复杂，即便地方税务局同意设备部分缴纳增值税，但对于承包人来说，还面临着材料部分如何划分成设备、主材和施工材料的难题。应对税赋风险可以采取以下措施：

（一）鉴于 EPC 项目多为大型复杂项目，数量不会太多，可以考虑在项目所在地成立分公司，将税务风险局限于项目所在地。

（二）在投标阶段和合同谈判阶段，建立良好税赋形象，与当地税务局保持良好沟通关系，尽量与发包人、主管地税、主管国税三方一起就涉税问题达成共识。

七、成本风险

在 EPC 总承包模式下，承包人按照合同条件和发包人要求确定的工程范围、工程量和质量要求报价。但是，发包人仅提出功能需求，没有明确的工程量。因此，承包人在投标报价时，工程量和质量的细节是不确定的，合同签订后才有方案设计、详细设计和施工计划，但这些必须经过发包人的批准才能进一步实施。最终按照详细设计核算的工程量与投标报价时的假定工程量之间，可能存在很大的差异，导致投标报价存在较大失误风险。加之 EPC 一般是总价合同，合同金额不予增加，也不减少，争取变更难度较大。对承包人来说，成本风险既有实际成本增加的风险（损失的风险），也有减少收入的风险（收益的风险）。

因此，认真分析项目的具体情况，加强项目的施工控制，在保证项目的使用要求和发包人满意的情况下，减少施工成本是控制风险的最有效方法，而对于实际施工中确实需要增加的成本，在做好工程的同时，多研究合同、多沟通，也可通过提出索赔或以新增工程内容等形式来增加收入、降低成本。主要有以下几点：

（一）综合考虑上述投标报价失误风险因素。项目控制、设计、采购、施工和试运行各专业负责人分析和识别风险，交由报价经理整合汇总，并将项目管理其他方面应考虑的风险项综合进去后，整理形成报价。运用正确的投标报价工作程序，为了使投标报价工作能够顺利、低风险地进行，EPC承包人不仅要进行投标报价失误风险分析，还要有一套完善的报价工作程序，让报价的各项工作按照流程来进行，以此来缓解投标报价失误风险，从而保证报价的成功。

（二）慎重参与EPC竞标。承包人要决定自己是否应参加该合同的投标。EPC项目涉及面广，发包人都要求固定合同价格和工期，承包人如果没有足够的综合实力，即使中标得到合同，也可能很难完成项目的建设，最终可能蒙受很大的损失。承包人在决定是否参与竞标前，必须仔细研究项目的特点和要求，识别和评估项目存在的风险，从自身实力出发做出理智的判断。承包人还要考虑竞争对手的实力，分析中标的可能性。决定参加竞标后，应该根据风险评估的结果，在报价中加入适当的风险费用。

（三）认真评估发包人财务能力。发包人的付款能力是承包人最关心的问题，也是承包人最大的风险。承包人应深入了解项目资金筹措方式和到位情况，发包人的资金安排证明，如果是政府项目，则调查其财政状况，以及其是否存在拒绝支付的历史；如果是私人项目，则重点调查公司的财务状况，以及该公司的资信如何等。

（四）详细进行前期现场调研。对施工现场的地理、水文、地质、气候、交通、物价、税收、法律、治安等条件的调查了解，加强市场调研，掌握正确的市场信息。现场勘查应与发包人所提供的有关工程资料和设计要求结合起来分析。在EPC合同条件下，除了少数情况，发包人均对现场数据的准确性不负责任，从而给承包人带来了巨大的风险。作为承包人应该在费用、时间的允许的情况下，制定相应的处理措施。对于实在无法核实或确定的情况，应折成一定的风险费计入投标报价。与当地主管部门建立有效沟通的专业性平台，争取获得主管部门的肯定与信任，缩短各阶段工作成果的审批时间，尽量为项目争取时间，降低包括人员工资、差旅费、办公设备购置费及耗材费、房屋租赁费等日常开销、聘请当地公司的咨询费、考察费、进行技术交流费等在内的前期投入风险。

（五）对比选择合作单位。EPC 项目不仅要求承包人提供高额融资，而且专业技术复杂，管理难度大。因此，承包人在选择设计者、分包商、制造（供应）商时，应综合考虑合作单位是否有类似工程的经验和业绩，参与项目管理人员的水平，资源组织和投入的能力以及合作精神和报价等因素。如果选择的合作单位、分包商不能很好地完成相关任务，承包人最终将承受巨大的损失。

（六）采取新技术以降低施工成本。在施工过程中，可针对承包合同的特殊性，结合工程实际，采取新工艺、新方法，进行技术和施工方法等方面的改进，在不降低设计标准的情况下，多提优化方案，降低成本。

（七）把握合同条款，增加合理费用。承包人要利用有利的合同条款或合同中解释模糊的条款，有理有据地提出新增项目，要求补签合同，增加费用。

（八）分解部分风险给分包商。承包人可客观衡量自身能力，对于某些自身还欠缺的环节善于利用分包人的资源和力量，或者直接把风险比较大的部分分包出去，将发包人规定的误期损害赔偿费等，如数写入分包合同，将这部分风险分解给分包商。

（九）分解部分风险给保险公司。菲迪克设计采购施工（EPC）交钥匙工程合同条件第 18 条关于保险的规定，涉及财务和建设成本风险、合同风险、设计风险、环保健康风险和安全事故风险等。将一部分风险分解给保险公司承担是承包人常用的规避风险的做法。虽然采用这种做法要支付一定的保险费用，但对于风险损失而言则是个很小的数字，而且承包人可以将保险费计入工程成本。因此，向保险公司投保是一种有效的风险防范措施。

（十）变更条款，用好发包人手中的备用金。由于在EPC项目中承包人承担主要风险。因此，获得的合同价格因含有风险补偿因素会略高一些，但这个风险补偿是有限的。有经验的承包人可以合理预见并估计计量出来，对于无法预计的风险，承包人就不能通过折成价钱的方式加到合同价格里。因此，就要在合同条款里寻求日后调整结算价的途径。从固定资产造价组成可以看出，发包人与承包人签订的合同价格只是投资总额的一部分，除此之外和承包人有关系的还有发包人掌握支出权的一笔备用金，该备用金是由发包人在工程量清单中专项列出的用于签署协议书时，尚未确定或不可预见项目的备用金额。该项金额经承包人申请，并经发包人批准后才能动用。由于在EPC项目中承包人索赔的机会基本不存在。因此，只有发包人提出变更才能使用该备用金，承包人应充分利用合同条款里的变更权和变更程序。

另外承包人还应注意合同价格组成中可能会出现变更的部分，当项目实施时发包人对功能要求如果发生改变、增加工作范围或对实现功能的设备提出特殊要求时，承包人要按变更程序及时提交建议书，并提出费用的增加和工期的延长，也可用到发包人的备用金，实际变相增加了合同额。

（十一）合理安排物流，减少物价波动风险。在传统施工合同中物价波动风险通过合同中的调价公式在承包人和发包人之间分配，但在EPC合同中此类风险往往由承包人承担。因此，在投标报价时应注意把握确定市场的未来走势，适度考虑物价波动风险。由于存在诸多的不稳定因素，出现物价大幅波动的情况是可能的。因此，在报价时，对涉及主材的项目单价要适度提高，考虑到竞标的因素，提高的幅度是有限的，需要从采购环节下工夫，在单价里化解负担不了的物价波动风险。国际工程采购因为范围广、程序多，因此采购内容、数量、规格要尽早确定，统筹安排，节约运输、仓储、验货环节成本。

八、汇率风险

对国际 EPC 项目而言，汇率种类的选择对承包人成本和获利情况影响重大。相对于以往人民币汇率长期相对稳定，近年来人民币升值加速，海外利率也存在波动，EPC 承包人存在汇兑损失风险。汇率风险涉及企业财务、销售、供应、服务等各个方面的问题。承包人一要思想重视，认真做好汇率风险管理工作，加大培训，加大有关信息的收集，从而达到有效识别风险。在外部咨询基础上独立对汇率作出判断，最终能够运用好有关金融工具管理风险。二要着眼大局，着手建立汇率风险监测系统，高度重视汇率风险，广泛搜集国际金融市场上的变动信息和有关情报，认真分析和研究影响汇率变动的因素，从而对汇率变动趋势做出一个准确预测，最终实现汇率风险的监测系统的有效运用和执行。三要把握重点，考虑将汇率风险纳入成本的核算中。报价时将波动比例考虑进去，通过与客户进行友好协商共担风险，从而确保因汇率波动带来的利润损失降低到最小。四要加强管理，认识资金管理的重要意义，对需要使用外汇的项目及部门，应事先编制好资金使用计划，重点列出预计使用的外汇金额和支出时间，减少多次换汇的损失，同时，要重视资金管理，在境外资金的管理上，注意研究资金需求情况、自有资金、合同进度款，合理利用银行贷款等内容。五要科学判断，在选择海外项目货币结算方式上需要审慎选择和组合汇率种类。

第三章
城市综合建设业务

第一节　业务概述

一、城市综合建设业务的基本界定

（一）城市综合建设业务的背景

1. 城市化加速、城市扩容带来巨大市场机会

开展城市综合建设业务的首要背景，是城市化进程加速及城市扩容所带来的市场机遇。近年来，随着城镇人口比重的大幅度提高，城市基础设施、公共服务设施、住房等相对不足的问题凸显，如何加快城市建设步伐、改善城市形象、提高城市资源运营维护效率等问题，成为困扰地方政府的难题。在这样的背景下，城市综合建设不仅使得大型建筑综合企业有机会广泛、深度参与城市综合建设和城市资源运营当中，而且为地方政府提供了一条便捷的途径，推动自身城市建设和发展；同时，也为地方政府，尤其是在资金、专业人才方面相对匮乏的政府短时间内扩大城市规模、改善城市面貌、提升城市品质和影响力提供了一条捷径。因此，城市化的飞速发展，对城市基础设施、公共服务设施、住房等的建设投资需求，城市或特定地区的重新布局、重新规划的需要，为城市

综合建设模式的实施提供了很好的外部条件。

在巨大市场机会面前，城市化发展对城市综合规划、开发和运营提出了更高要求。未来城市化发展涉及综合土地开发、专业化市政基础设施建设以及大规模的复杂的资本运作。综合土地开发方面，由于土地规划、开发利益相关方众多，因此，需要全方位考虑居民、商业、工业以及政府需求；市政基础设施方面，水、电、管、路等城市基础设施设计、施工、管理难度将进一步增大，需要专业性强的企业参与；资本运作方面，由于城市化须适应经济高速发展的形势而作适当超前的建设，中前期所需资金巨大。综上分析，未来的城市化发展与传统的政府主导模式不同，政府将寻求具备相应资质和实力的大企业一起合作主导。

2. 城市扩容对资金的大量需求和对融资手段创新的需要

开展城市综合建设业务的第二个背景，是地方政府城市建设资金的相对不足和融资手段的局限性。据国务院发展研究中心的研究，中国城市化水平将由 2000 年的 36.22% 提高到 2020 年的 60% 左右（2009 年末已经达到 46.6%），城市化率每年提高 1 个百分点，就需每年新增投资12600 亿元。财政资金是城市建设资金的主要来源，而受当前国内财政体制的限制，地方政府有限的财政资金与城市建设的高额投资需求形成矛盾，甚至成为制约城市化进程的瓶颈。此外，随着近期国家加强地方政府债务管理和清理地方政府融资平台，以及不断强化房地产市场调控力度，地方政府城市建设融资能力亦受到极大制约。城市综合建设模式正是将大型企业在资金、融资渠道、项目管理与实施、运营效率等方面的优势引入到城市建设中，充分利用企业的资金实力、融资优势、项目管理优势，以及政府在政策上所给予的优惠所产生的协同效应，真正依托有效率的市场化、公司化运营手段，为各地城市建设和发展注入活力。

3. 土地资源稀缺及地价上涨对提高城市开发效率的要求

开展城市综合建设业务的第三个背景，是土地资源稀缺及土地价格的不断上涨，导致对土地利用效率的更高要求。近一段时间，随着城市化进程的不断加快，城市建设用地规模迅速增长，土地资源愈加稀缺。在这样的环境下，对于土地的高效利用就被视为一个关乎民生的问题。城市综合建设的引入为这个难题提供了一条有效的解决途径。通过开展城市综合建设运营，政府在企业的协助下，对城市片区进行整体规划、集成开发，再经过统一招商策划引入优势企业，既能极大地提高规划水平、建设品质，也能加快片区发展，提高资源运营效率，最大限度地提高土地的综合利用效率。同时，由于土地的稀缺性，市场供需十分不平衡，房地产开发企业获取土地所面临的竞争越来越激烈，城市综合建设可以为具备开发资质和实力的企业创造一二级联动开发的机会。

4. 地方政府新的需求提升引发新的业务模式

开展城市综合建设业务的第四个背景，是地方政府新的需求提升引发新的业务模式。目前，土地出让是地方政府财政收入的重要来源，占政府财政收入的45%~50%。同时，与中央政府财政相比，地方政府对土地开发相关税收尤为依赖。土地运作作为地方政府财政收入的重要来源，随着地方财政压力加大，政府更加需要依赖土地运作来最大化财政收入。面对政府财政收入结构的变化，政府对待土地开发的模式正在出现质的转变，由此产生了对资金可持续性、整体规划土地用途、增大财政税收、长期可持续发展等新要求。具体来说，政府的土地开发模式从以短期收益为主、缺乏地方经济长期发展的清晰价值定位，转变到注重打造可持续发展的经济引擎；从以传统粗放式土地出让为财政收入主要增量，转变到注重最大化土地增值空间；从以小规模划片规划土地用途为主要模式、缺乏考量大区域间业态有机协同效应，转变到注重以业态有机协同效应为原则整体规划土地用途、加大潜在企业租户、增大财政税收总基数；从以政策优惠作为招商引资的主要手段、缺乏借助城市综合经济生态环境主动吸引资金的有机整体，转变到注重打造城区长期可持续性发展与业态有机生态环境、主动吸引外来投资。

而且，由于不同区域城市化进程及规模大小的不同，政府需求也呈现出差异化的特点，从以往单一的资金需求，逐渐转变到对复杂全面的城市综合建设解决方案的需求。这些方案的内容包括但不限于：缓解地方政府财政压力的融资建造、以最大化土地价值为目标的综合规划、提升实现土地价值的土地一级开发等。在政府多样化、多组合的综合诉求下，城市综合建设模式应运而生，城市综合建设商提供整合的资源平台，从而满足不同地方政府多样化的需求。

5. 激烈的市场竞争也促使建筑综合企业产业经营模式升级、转型

开展城市综合建设业务的第五个背景是激烈的市场竞争环境催生了全行业经营模式转型、升级的需要。受制于国家对行业的分条分块管理体制，传统的建筑、房地产及勘察设计企业，往往仅就城市发展策划、规划与勘察设计、房屋建筑和基础设施工程承包、融资建造、土地一级开发、房地产开发、城市资源运营中的某一项或至多两项开展业务。这样往往有着较高的产业风险，也使得企业在一个相对狭窄的范围内生存，限制了企业的进一步发展。近年来，在市场竞争日趋激烈的环境下，建筑行业企业相关多元化的趋势越来越明显，企业对自身在更广泛的业务领域发展，以及对以自身传统强势业务为中心带动弱势业务的发展提出了更高需求，城市综合建设模式为企业解决上述难题提供了一条非常有效的途径。通过城市综合建设业务的开展，企业将自身在城市投资开发、建设和运营中的专业优势集成起来，对企业是一个挑战，更是一个创新商业模式、提升自身品牌价值的绝好机会。

对于"中国建筑"这个国内一体化程度最高的建筑房地产综合企业集团之一，在行业内具有深厚的品牌影响力和广泛的市场渗透力。多年以来，"中国建筑"凭借其在房建、基础设施、地产开发与投资、设计等业务的全产业链经营优势，深入融入中国城市化进程，在全国各地完成了大量项目，包括以工程总承包或融资建造的方式承建了众多大型会展中心、博物馆、学校、市政道路、水务、桥梁等城市公共设施和基础设施项目，以及大量规划、勘察设计项目，土地一级开发项目，住宅、商

业、写字楼综合体房地产开发项目等。此外，中国建筑还拥有雄厚的资金实力、多样化的融资渠道、遍布全国的经营网络和庞大的业务规模，中央重点骨干企业的背景，以及强大的资源整合能力，这些都为中国建筑开展城市综合建设铺平了道路。通过城市综合建设业务的开展，将企业的各个业务板块及专业技术力量组合起来，充分发挥各业务板块之间的协同效应，也为进一步做强做大企业奠定了基础。

（二）城市综合建设业务的内涵与外延

1. 城市综合建设业务的一般内涵

城市综合建设，又可称为城市综合运营，这一概念在国内出现，最早可以追溯到 20 世纪末。从一般意义上来讲，其是指从政府角度出发，运用市场的手段和法律允许的方式，对城市的自然资源、基础建设和人文资源进行优化整合和市场运营，实现资源的合理配置和高效利用，并达到国有资产增值目的。

前文所述，随着政府和市场两方面对城市综合建设开发需求的日益涌现，出现了城镇综合开发运营（比如国内的天津生态园区和国外的首尔 Songdo 新城）和主题功能园区开发运营（比如国内的深圳华侨城和国外的迪拜医学城）两类典型的城市综合建设模式。前者集办公、商业、居住、休闲娱乐等功能于一体，属于大规模的综合设计、建设及运营模式，具有业态完整、功能多样、规模颇大的特点；后者则一般是以一个核心主题定位进行开发建设的模式，具有业态集中，功能性明确，规模较大的特点。

例如，天津生态园区是中新合资发挥设计规划、地产运作与技术优势的典范，顺应了政府的三大诉求，即：1）借助新加坡丰富的设计经验，打造环保新城的综合规划；2）引入新加坡地产运作经验，通过合理建筑实现地产增值空间提升；3）引入多样绿色环保技术，实现节能减排。中新合资公司的业务包括五大模块：综合设计规划、融资一级开发、二级土地开发、综合工程管理、技术孵化和应用。

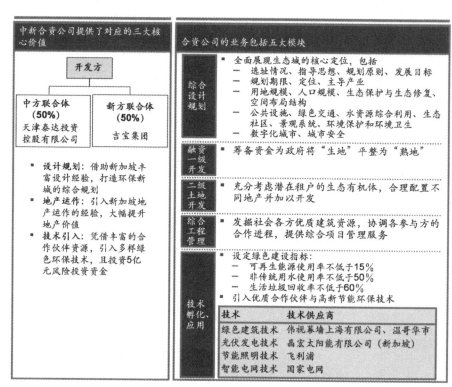

中新合资公司提供了对应的三大核心价值	合资公司的业务包括五大模块	
	综合设计规划	■ 全面展现生态城的核心定位，包括 — 选址情况、指导思想、规划原则、发展目标 — 规划期限、定位、主导产业 — 用地规模、人口规模、生态保护与生态修复、空间布局结构 — 公共设施、绿色交通、水资源综合利用、生态社区、景观系统、环境保护和环境卫生 — 数字化城市、城市安全
	融资一级开发	■ 筹备资金为政府将"生地"平整为"熟地"
	二级土地开发	■ 充分考虑潜在租户的生态有机体，合理配置不同地产并加以开发
	综合工程管理	■ 发掘社会各方优质建筑资源，协调各参与方的合作进程，提供综合项目管理服务
	技术孵化、应用	■ 设定绿色建设指标： — 可再生能源使用率不低于15% — 非传统用水使用率不低于50% — 生活垃圾回收率不低于60% ■ 引入优质合作伙伴与高新节能环保技术

图6：天津生态园区规划图[1]

再如，迪拜医学城是由 Tatweer 公司负责设计规划的运营管理项目，顺应了迪拜政府的四大诉求，即：1）通过合理规划来使其具有可拓展性，来支撑未来医疗服务的蓬勃业务；2）通过开发商参与融资开发土地，降低政府风险；3）合理考虑医疗、生活、健康保健等多业态进行地产开发，确保业态之间的兼容性与协同性；4）支持医学新技术研发的投资。Tatweer 的业务模式包含以下五大模块：规划设计、融资一级土地、二级土地开发、综合工程管理、技术投资。

[1] 资料来源：麦肯锡报告.

医学城的开发和运营主体：Tatweer 的核心价值定位	Tatweer 的业务模式包括五个方面

■ 政府所有企业集团
■ 迪拜国王 Mohammed bin Rashid Al Maktoum 酋长持有其 99.67% 的股权

沙特工业发展公司
■ 迪拜控股旗下开发管理公司
■ 2005年12月成立

■ **设计规划**：综合考虑医学功能城与迪拜整个城市的融合以及医学城内部的布局
■ **融资开发**：以雄厚资金实力帮助政府进行土地开发
■ **地产运作**：充分考虑业态之间的协同效应，最大化医学城对各类租户的吸引力
■ **技术投资**：以雄厚资金投入医疗技术研究，支撑当地医学技术发展

 规划设计　■ 以各业态相互生态协同效应为主要出发点　■ 规划设计两大园区："医疗社区"与"健康社区"

 融资一级开发　■ 共投资约35亿美元进行土地融资一级开发

 二级土地开发　■ 评估潜在租户对地产的潜在需求　■ 合理开发地产，承载租户的业务协同性及拓展性

 综合工程管理　■ 管理控制项目开发进展　■ 监督控制施工过程质量　■ 招标工程各类开发项目

 技术投资　■ 评估医学城中的潜在技术开发　■ 对其中具有潜在应用价值的技术进行风险投资

图7：迪拜医学城规划图 [1]

城市综合建设业务开展的基础是企业综合实力和广泛的客户群，条件是政企深度合作，手段是产业联动、集成开发，参与形式可以是企业独资、与地方政府合资，或与其他优势企业合作，最终目的是系统整合城市建设资源，为城市片区规划、建设和运营提供全方位的服务，加快城市建设速度，提升片区品质，满足各地区城市扩容的需要，同时为企业创造丰厚的回报，实现企业经营结构调整升级。一些已经涌现的城市综合建设建设商的案例如图8所示。

---

[1] 资料来源：麦肯锡报告.

大量"城市综合建设商"日益涌现		
企业	主要举措	主要项目
中新天津生态城投资开发股份有限公司	以引进新加坡资金、领先技术与管理经验为重要资本投入，进行城市综合项目开发	天津生态园
中冶置业	以城市综合建设商的姿态，依靠规模、资金、经验等优势选择城市综合项目进行深度开发	南京下关滨江商贸金融中心
华侨城集团	通过打造知名的主题公园，将荒滩野岭变成旅游胜地，带动周边地价抬升，开发旅游主题的高端房地产	深圳华侨城
中铁二局	与韩国SK电信成立"智能城市运营"合资公司，开发更具现代化、高智能化的新概念城市	成都金马国际体育城
POSCO	与美国Gale公司成立合资公司提供端到端综合项目管理服务，全面协调参与各方及项目进程	韩国首尔Songdo新城

图8：城市综合建设商案例图[1]

2. 建筑综合企业城市综合建设业务的内涵和外延

实践中，对大型建筑房地产综合企业集团而言，城市综合建设正在被赋予新的含义，指企业在目标城市的特定片区内，以土地资源及土地相关权益为核心，以土地一级开发为基础，组织实施包括规划、勘察设计、安置房建设、基础设施建设、公共配套设施建设、土地收储和供应计划制定、招商和产业构建，以及部分土地一二级开发联动等全部或部分工作，以加速城市建设步伐，完善片区功能配套，提升人民群众生活

---

[1] 资料来源：麦肯锡报告.

品质和城市整体竞争力的综合性投资经营活动。

开展城市综合建设业务的企业即城市综合建设商，也可称为城市综合运营商，它主要依托自身雄厚的资金实力、丰富的管理经验、强大的专业技术、客户资源和全产业链集成优势，与地方政府建立深度的合作关系，并借助地方政府的政策支持，广泛、深度参与城市片区总体规划、投资建设、项目招商、资源运营，获取综合开发利润与稳定的运营收益。城市综合建设商将会参与城市片区总体规划、土地利用计划的制定，并主要通过片区土地一级开发和基础设施、公共配套设施建设等活动，改善片区投资环境，提升片区投资价值，进而进行整体招商，在此基础上，或参与土地出让收益分成，或直接获取土地进行房地产二级开发，乃至在片区建成后参与城市资源的管理运营活动。城市综合建设的最终产品，就是通过对片区进行综合化的投资、开发和运营，打造符合政府要求的新城区。

从实践来看，城市综合建设项目大多数具备以下几个核心业务模块：

（1）综合规划设计方面，城市综合建设项目需要结合地方人文、地理特色，优化产业结构配置，同时综合设计各阶段开发建设，通过对整片区域商业、居住、基建等进行全方位、可拓展、可持续性的规划，从而优化产业布局，明确功能定位。其对政府的核心价值在于优化产业结构配置；对企业的核心价值在于加强与地方政府的关系，同时创造进一步合作机会。

（2）融资一级开发方面，城市综合建设项目需要吸纳内外资金，合理评估资金运作风险，在项目初期负责筹措资金，以"甲方"的姿态将资本投入可行的土地一级开发项目。其对政府的核心价值在于缓解地方政府财政压力；对企业的核心价值是以投资带动各项建筑工程业务发展，同时获得较高投资利润。

（3）二级地产开发方面，城市综合建设项目需要合理建设不同地产，进行区域整体商业、住宅、工业综合开发，满足不同业态对地产需求的差异性，提升区域招商引资能力，最大化业态间协同效应带来的土地增值潜力。其对政府的核心价值在于增加招商引资吸引力，加快增长税收基数；对企业的核心价值在于获取额外利润及持有型长期盈利。

（4）综合工程管理方面，城市综合建设项目需要灵活调动企业内部与外部社会建设资源，优化服务流程，协调参与各方，确保资源最优配置，同时大力提高建设管理的专业性，有效控制项目风险。在此方面，城市综合建设商将全面参与房屋建筑及基础设施工程承包、融资建造等活动，通过打造综合工程管理平台，以产业链贯穿、业务板块联动为基础，有效提升整体议价与社会资源整合能力。其对政府的核心价值在于解决地方政府在技术、质量上对综合化、专业化的管理诉求；对企业的核心价值在于加强企业的综合竞争优势，有效整合产业链、业务板块。

（三）城市综合建设业务开展原则及标准

1. 业务开展原则

第一，要符合公司的发展战略。要紧紧围绕企业及相关产业多元化展开，能够充分发挥企业规划与勘察设计、房屋建筑和基础设施工程承包、融资建造、土地一级开发、房地产开发等各类业务的协同效应和集成优势，促进成本集约效应发挥，提高产出效率，带动各业务板块协调、可持续发展，满足企业经营布局优化、经营方式转变的要求，促进企业产业结构的调整和升级。

第二，要慎重选取项目目标城市。总体来讲，企业应选择经济总量较大、人口数量较多，并具备一定的辐射能力、拥有明确的城市规划方向的地区，利用与地方政府的良好合作关系，集中企业资源，深度开发、深耕细作，获取最大投资收益与全产业链绩效。

第三，要有集中统一的协调和管理。大型项目原则上应由企业总部牵头，设立专门的项目协调管理机构，负责外部沟通协调，并处理内部各参与单位之间的协同经营、内部市场及资源共享，以减少内部谈判成本，提高协作效率，并便于绩效考核。此外，开发企业要统筹考虑项目责任机制与管理流程的制定，以及项目公司机构与管理人员设置，实现业务板块间的统一协调。

第四，要与企业的财务资金能力相适应。企业应根据自身财务资金能力和投资预算情况合理制定城市综合建设项目推进及实施计划，按照量力而行的原则，结合区域的发展进度、各子项目之间的衔接关系稳妥推进。为控制企业自有资金的投入规模和占用时间，并提高资金使用效率，要在市场对接阶段统筹公关，细致策划，广开融资渠道，充分利用社会资金。例如银行、信托、保险、基金等，或引入有实力、品质优秀、互补共赢的大型企业集团进行联合开发。

第五，要与土地获取挂钩。通过与政府的深度合作和一体化的服务，支持地方政府城市建设，为土地获取及一二级联动开发创造便利条件，争取公司房地产业务板块以相对较低的价格获取优质、适宜的土地。

第六，要有利于树立企业的品牌形象。要重视招商、产业构建等对项目品质提升的重要作用，不断积累有益的战略合作伙伴，培育资源整合能力，逐步形成被政府及社会公众广泛认同的企业城市综合建设项目品牌；同时，通过项目运作，锻炼企业多业务板块协同拓展能力，引领国内外建筑、房地产行业商业模式的创新，不断深化与各地政府的合作关系，进一步增强企业的品牌影响力，促进企业市场开拓。

2. 目标项目选择标准

第一，目标项目所在城市经济发展水平原则上在周边城市群中应处于领先地位，为区域中心城市，或者处于区域中心城市辐射圈内，交通通达性较好，有较强的人口集聚性，对周边地区经济发展有一定的辐射作用，未来发展前景良好。

第二，目标片区应位于城市主要发展方向之上，是未来重点开发区域，将具备有力的产业支撑和较好的景观资源、公共配套资源。片区已纳入城市总体规划，政府对片区有初步的功能定位，且该定位与企业城市综合建设目标相匹配。

第三，目标项目应具有综合性，要明确实施企业参与片区规划编制与调整、勘察设计、安置房建设、基础设施建设、公共配套设施建设、土地收储和供应计划制定、招商和产业构建以及部分土地一二级联动开发等全部或部分工作。

第四，政府对目标项目实施的态度比较坚定，支持力度较大，相关政策措施到位。在项目签约之前，已经具有经国家批准的整体区域规划和经批准的城市中长期发展规划（但具体控规可调整）。

第五，目标项目涉及配套土地应具有良好升值前景，具备详细的出让（转让）计划，且开发资金投入与土地出让（或转让）的进度、数量符合风险控制要求。

3．项目交易模式标准

第一，要与政府协商明确双方的责权利关系，特别应落实政府对实施企业具体的授权内容。

第二，要落实实施企业有权参与片区规划的编制或调整。

第三，要落实土地一级开发地块总用地面积、开发后形成的可出让经营性建设用地面积及其初步规划指标和上市计划。

第四，要进行详细的地籍调查，落实征地、拆迁工程量、拆迁人口、安置补偿方式及费用标准，明确土地一级开发成本构成，确保超支风险可控。

第五，要在系统内房地产板块专业支撑基础上落实土地一二级开发联动方案。

第六，若项目回报方案中包括土地出让溢价分成，则应尽量落实同级人大或省（自治区、直辖市）政府的相关审批文件。

二、城市综合建设业务中的法律关系

（一）城市综合建设业务的主要参与主体

城市综合建设作为一种新型业务模式，涉及土地一级开发、城市发展策划、规划与勘察设计、房屋建筑及基础设施工程承包、融资建造、房地产开发以及产业构建、区域招商、城市资源运营等一系列活动。参与方包括项目发起方、项目投资方、项目公司、规划设计单位、施工承包单位、监理单位、融资单位、担保主体、拆迁单位、咨询单位、外部合作伙伴等，不同当事人之间的法律关系非常复杂。不过在众多当事人中，项目发起方、项目投资方、项目公司是最为核心的三类主体，上述三类主体之间的法律关系最为基础，是城市综合建设业务中的主要法律关系。

1. 项目发起方，即城市综合建设项目的发起主体。在实践中，项目发起方一般为政府或政府所属的单位。由于城市综合建设一般以土地一级开发为基础和主体，根据各地实践中土地一级开发模式的不同，城市综合建设项目经常由承担土地储备职能的政府机构等主体作为项目的发起方；然后，由项目发起方负责城市综合建设项目的前期策划、立项申请、组织招投标选定项目投资人等发起设立工作，并对项目投资方进行城市综合建设授权。在政府土地储备机构等发起方主体通过公开招投标方式选定开发企业实施城市综合建设的情况下，一般由项目发起方和中标开发企业签订城市综合建设合作协议，开发企业负责资金筹措、办理规划、项目核准、征地拆迁、大市政建设等手续并组织实施。

惟需指出，项目发起方作为城市综合项目的发起者和授权者，是城市综合建设项目的所有权人和公共利益的代表，其具体通过政府相关职能部门（如发展改革委、财政局、审计局、建设局等部门）对城市综合建设项目进行监督管理。

2. 项目投资方，即城市综合建设项目的投资主体。一般情况下，项目投资方为中标投资人，与项目发起方签订城市综合建设合作协议，其主要职责包括组建项目公司、对城市综合建设项目进行投融资等。实践中，也有政府设立投资平台公司等机构，与中标投资人共同对项目进行投资的情况。此时，项目发起方一方面作为城市综合建设项目的发起者和授权者，同时又通过设立投资主体参与项目投资而成了项目投资方。

在城市综合建设模式中，项目投资方是项目的实际投资机构，它为完成特定的城市综合建设项目建设，单独出资或与其他投资方共同投资组建与之相互独立的项目公司。项目投资方通过项目公司实现自己的投资建设职能，把相关的融资、建设风险的主要部分转移到项目公司，从而降低了自身的投资风险。

3. 项目公司，即城市综合建设项目的具体投融资建设实施主体。项目公司是项目投资方根据约定，为融资、建设和运营城市综合建设项目而设立的独立法人。在项目开展过程中，项目公司将参与城市片区总体规划、土地利用计划的制定，并主要通过片区土地一级开发和基础设施、公共配套设施建设等活动，改善片区投资环境，提升片区投资价值，在此基础上，或参与土地出让收益分成，或直接获取土地进行房地产二级开发，直至在片区建成后参与城市资源的管理运营活动。

4. 其他相关主体，包括金融机构、规划设计单位、施工单位、监理单位、拆迁单位、咨询机构等。其中，金融机构是项目融资的资金提供者，城市综合建设项目一般投资巨大，单靠项目投资者自身财力难以完成，所以必须有金融机构的介入，保证项目的顺利进行；规划设计单位包含规划单位和设计单位，为城市综合建设项目提供规划和设计服务；施工单位负责城市综合建设项目相关工程施工的质量、安全、进度等内容，在一般城市综合建设项目中，施工总包一般由具有施工总包相关资质的项目投资方承担；监理单位是项目建设的监督管理者，对施工过程及工程质量、进度、投资控制等方面承担监理责任。

（二）城市综合建设各主体间法律关系分析

1. 项目发起方和项目投资方之间的关系

政府自身或授权相关部门或机构作为城市综合建设项目的发起方，与项目投资人签订城市综合建设合作协议。项目发起人与项目投资人是城市综合建设合作协议的主体，双方的法律关系主要由城市综合建设合作协议约定。其中，项目发起方的主要权利是对项目投资人进行相关授权，监管项目资金到位、建设及运营进度，对相关项目验收结算等；主要义务是将项目的投资建设权授予投资人，协助投资方办理相关审批手续，保证相关供地计划及相关土地及时出让，按照合同的约定支付相关款项等。项目投资方的主要权利义务为获得项目投资建设的特许权，组建项目公司，协助项目公司投融资，在项目投融资、建设及运营过程中接受项目发起方的监管等。

2. 项目投资方和项目公司之间的关系

项目公司作为项目投资人依据与项目发起方签订的城市综合建设合作协议设立的、具体从事项目融资和建设的企业法人，是城市综合建设项目运作的核心。项目发起人首先通过招标方式确定项目投资人。项目投资人一经确定，就应及时组建项目公司。当然，实践中也存在政府通过设立投资公司等机构与中标投资人共同对项目投资的情况。此时，政府投资公司与项目中标投资人共同投入资本金到项目公司，形成项目公司股东关系。项目公司继承项目投资方在城市综合建设合作协议中的相关权利和义务。在这一过程中，项目投资方协助项目公司投融资，以及投资管理。项目公司则主要负责筹措项目所需（资本金以外的）建设资金，项目建设组织和管理，委托规划设计单位（通常与项目发起方共同参与），委托工程施工单位和监理单位，接受项目发起方及政府主管部门的监督，并有权获得相应的城市综合建设收益。

3. 项目公司与其他相关主体之间的关系

其他相关主体包括金融机构、规划设计单位、施工单位、监理单位、测绘单位、拆迁单位、咨询机构等。项目公司与金融机构之间是借款合同关系，项目公司在项目投资方的协助下，以自己的名义向银行申请贷款，将贷款作为专项资金用于城市综合建设项目运作。作为担保，项目公司以相关资产作抵押或应收账款等标的作质押与金融机构签订融资担保合同，形成融资担保关系。项目公司通过合法程序与相关规划设计单位和施工单位签订规划设计委托合同和工程施工总承包合同，形成项目规划设计和工程施工总承包关系。项目公司与测绘单位、拆迁单位、咨询机构等相关主体的关系，也分别根据测绘委托合同、拆迁委托合同、咨询服务合同等进行确定。

（三）城市综合建设业务法律合约框架（见图 9）

1. 投资主体层面

开发企业应与地方政府签署战略合作框架协议，约定政府与开发企业的合作原则、合作领域和范围、合作机制及相关政策性优惠等内容。

在战略合作框架协议下，开发企业再与地方政府授权机构签署项目投资合作开发协议，对项目公司组建及项目投资开发过程中的各项具体权利义务进行约定。

2. 实施主体层面

开发企业单独或与地方政府授权机构共同成立项目公司，项目公司对开发企业与地方政府授权机构签署的项目投资合作开发协议等合同中的相关权利义务进行承继，负责具体实施运作项目。项目公司应首先与项目招标人签署土地一级开发委托协议等具体协议，约定合作内容、投资总额、土地一级开发授权、土地出让计划、政府相关政策支持、项目收益实现路径等具体细节条款等。

此外，项目公司应负责项目片区内的土地一级开发、基础设施建设等相关工作，与规划设计单位、施工总承包方、咨询机构、监理单位及征地、拆迁、安置补偿具体实施单位等分别签署规划设计合同、施工总承包合同、咨询合同、监理合同、测绘、拆迁、拆除等委托合同等相关协议。

3. 融资主体层面

项目公司应在地方政府及开发企业的协助下，采用包括但不限于以自身名义向银行申请贷款等在内的多种融资方式进行融资，签署贷款合同、担保合同及其他融资合同。

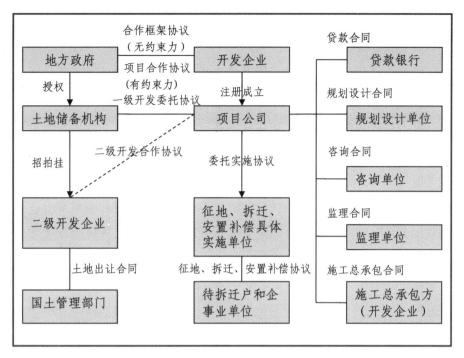

图9：城市综合建设业务法律合约框架图

三、城市综合建设业务法律法规和政策环境

（一）城市综合建设业务法律法规和政策现状

1. 城市综合建设业务立法概述

城市综合建设涉及土地一级开发、城市发展策划、规划与勘察设计、房屋建筑及基础设施工程承包、融资建造、房地产开发以及区域招商、产业构建、城市资源运营等多个领域。在这一过程中，城市综合建设商将直接参与城市片区总体规划、土地利用计划的制定，并主要通过片区土地一级开发和基础设施、公共配套设施建设等活动，改善片区投资环境，提升片区投资价值，在此基础上，或参与土地出让收益分成，或直接获取土地进行房地产二级开发，直至在片区建成后参与城市资源的管理运营活动。城市综合建设的上述内涵决定了其具有综合性的特点，总

结目前我国关于城市综合建设的规范体系，大致呈现以下几个特点：

（1）缺乏统一规范

城市综合建设涉及土地一级开发、规划设计、房屋建筑及基础设施工程承包、融资建造、房地产开发等多个业务板块，业务开展具有综合性，也正是由于城市综合建设业务的综合性特点，目前，我国并没有针对城市综合建设的统一性立法，关于城市综合建设各项业务的规定散见于各级各类规范性文件。例如，关于土地储备及土地一级开发，国土资源部、财政部、中国人民银行于2007年联合颁布《土地储备管理办法》，北京、上海、重庆等地也分别根据本区域情况制定了土地储备相关管理办法；关于规划设计，国家层面立法有《城乡规划法》，建设部也曾先后颁布《城市规划编制办法》、《城市、镇控制性详细规划编制审批办法》等规章。

（2）政策先行

各地在实行和开展城市综合建设实践中，并未急于出台地方性法规或政府规章，而多是针对城市综合建设的具体业务以政府性文件或行政部门规范性文件的形式作为推动城市综合建设的依据。以土地储备及土地一级开发为例，国内最早开展土地储备运作的是上海、杭州、青岛等地，1999年国土资源部开始以内部通报形式向全国推广杭州、青岛经验。此后，各地土地储备机构及土地储备相关制度纷纷设立和颁布。在这一过程中，土地储备机构的设立及运作，大多遵循政策先行原则，待土地储备机构运作一定时间并积累一定经验后，再以地方政府规章的形式予以规范。

（3）地方立法先行

关于城市综合建设业务的开展，主要的推动力来源于当地政府。有关的立法规范，也同样是地方先行。就土地储备及一级开发而言，自1999年3月杭州市政府率先出台《土地储备实施办法》以来，各地为推进土地储备运作，纷纷出台政府规章，直至2007年，国土资源部才联合财政部和中国人民银行颁布了《土地储备管理办法》。就融资建造而言，目前，包括北京、上海、重庆、沈阳、福州、郑州、武汉、昆明等多个城市均已出台了针对 BT 融资建造的专门性规定，但中央层面尚未对该种建设模式进行统一规范。

2. 国家法律法规

由于城市综合建设业务的综合性特点，我国并没有针对城市综合建设的统一性立法，而多是针对土地储备及一级开发、土地入市、规划设计等城市综合建设各项具体业务的分散规定。

（1）土地储备及土地一级开发

如前所述，我国城市综合建设立法显示出地方立法先行的特点。土地储备及土地一级开发方面，首先是由上海、杭州等地政府率先出台土地储备相关实施制度，积极推进土地储备运作。1999 年 6 月，国土资源部以内部通报形式转发《杭州市土地储备实施办法》和《青岛市人民政府关于建立土地储备制度的通知》，开始向全国推广杭州、青岛经验。

2001 年 4 月，国务院下发《关于加强国有土地资产管理的通知》（国发〔2001〕15 号），明确指出："为增强政府对土地市场的调控，有条件的地方政府实行土地收购储备制度。"

2002 年 12 月，建设部下发《关于加强国有土地使用权出让规划管理工作的通知》（建规〔2002〕270 号），要求各地充分认识实施土地收购储备制度、经营性土地招标拍卖和挂牌出让制度的重要意义，切实加强对土地收购储备、国有土地使用权出让的综合调控和指导，严格规范土地收购、国有土地使用权出让规划管理程序。

2006 年 12 月，国务院办公厅下发《关于规范国有土地使用权出让收支管理的通知》（国办发〔2006〕100 号），要求"国土资源部、财政部要抓紧研究制订土地储备管理办法，对土地储备的目标、原则、范围、方式和期限等作出统一规定，防止各地盲目储备土地。要合理控制土地储备规模，降低土地储备成本。"

至 2007 年，国土资源部联合财政部和中国人民银行颁布了《土地储备管理办法》。理论上普遍认为，该办法是我国目前调整土地一级开发活动的最高层级的规范性文件。《土地储备管理办法》对土地储备机构、土地利用计划与管理、土地储备范围与程序、储备土地开发与利用、土地供应、资金管理等内容作了较系统地规定。但该办法并未对企业参与土地一级开发作详细的规定，没有解决土地一级开发中企业的地位和市场机制的运用等问题。因此，各地对于企业在土地一级开发中的定位和作用仍有不同认识。

2011 年 1 月，国务院出台了《国有土地上房屋征收与补偿条例》，明确了国有土地上房屋征收与补偿的原则和"公共利益需要"限制、房屋征收与补偿的主体以及征收补偿范围、程序等内容，完善了作为城市综合建设重要一环的国有土地上房屋征收补偿制度。依据上述条例，2011 年 6 月，住房和城乡建设部制定了《国有土地上房屋征收评估办法》。办法规定，被征收房屋价值评估应当考虑被征收房屋的区位、用途、建筑结构、新旧程度、建筑面积以及占地面积、土地使用权等影响被征收房屋价值的因素，并以人民币为计价的货币单位，精确到元。办法还规定，房地产价格评估机构的选定方法及程序。

据悉，《农村集体土地征收补偿条例》目前也在起草讨论过程中，有望近期出台。与此同时，为能与《国有土地上房屋征收与补偿条例》相关内容相衔接，修订已停滞近两年的《土地管理法》也开始启动，国务院法制办已经在组织有关部门，包括国土资源部开展《土地管理法》的调研，力争在较短的时间里完成《土地管理法》的修改。

（2）土地入市及登记

1999 年 1 月，国土资源部颁布《关于进一步推行招标拍卖出让国有土地使用权的通知》（国土资发［1999］30 号），要求进一步扩大招标、拍卖出让国有土地使用权的范围。商业、旅游、娱乐和豪华住宅等经营性用地，有条件的，都必须招标、拍卖出让国有土地使用权。

2002 年 5 月，国土资源部颁布《招标拍卖挂牌出让国有土地使用权规定》（国土资源部令第 11 号），叫停了已沿用多年的土地协议出让方式，要求从 2002 年 7 月 1 日起，所有经营性开发的项目用地都必须通过招标、拍卖或挂牌方式进行公开交易。

2004 年 3 月，国土资源部、监察部联合下发《关于继续开展经营性土地使用权招标拍卖挂牌出让情况执法监察工作的通知》（国土资发［2004］71 号），要求各地协议出让土地中的历史遗留问题必须在 2004 年 8 月 31 日之前处理完毕，从 2004 年 8 月 31 日起，所有经营性的土地一律要公开竞价出让。

2007 年 9 月，国土资源部发布《招标拍卖挂牌出让国有建设用地使用权规定》（国土资源部第 39 号令），该规定根据《物权法》等有关内容制定，提出每宗地的开发建设时间原则上不得超过三年；规定了开发商在拿地时必须在完全付清土地款的情况下才能获得建设用地使用权证书，未按出让合同约定缴清全部土地出让价款的，不得发放国有建设用地使用权证书，也不得按出让价款缴纳比例分割发放国有建设用地使用权证书。

2007 年 12 月，国土资源部颁布《土地登记办法》（国土资源部第 40 号令），该办法的出台为进一步提高我国土地登记覆盖面、加强土地产权保护提供了契机。

（3）土地出让资金管理

2006 年 12 月，国务院办公厅和财政部分别印发《关于规范国有土地使用权出让收支管理的通知》（国办发［2006］100 号）和《国有土地使用权出让收支管理办法》（财综［2006］68 号），规定从 2007 年 1 月 1 日起，各地建立土地出让收支预决算制度，土地出让收入要全部缴入当地国库，支出一律通过基金预算安排，未列入预算的各类项目一律不得通过土地出让收入支出，实行彻底的"收支两条线"。在地方国库中设立专账，专门核算土地出让收入和支出情况。土地出让收入使用范围包括征地和拆迁补偿支出、土地开发支出、支农支出、城市建设支出以及其他支出。

2009 年 11 月，财政部、国土资源部、中国人民银行、监察部和审计署联合发布《关于进一步加强土地出让收支管理的通知》（财综〔2009〕74 号），要求土地出让收入要不折不扣地全额纳入地方基金预算管理。土地出让收入要及时足额征收，严格执行 10 个工作日划转地方国库的规定。

2010 年 9 月，财政部下发《政府性基金管理暂行办法》（财综〔2010〕80 号），对包括土地出让金在内的政府性基金进行全面预算监管，并纳入政府预决算，受本级人大监督。

2011 年 5 月，财政部、住房和城乡建设部印发《关于切实落实保障性安居工程资金加快预算执行进度的通知》（财综〔2011〕41 号），再次强调公共预算、公积金增值部分以及土地出让收入的 10% 均将作为保障性住房的建设资金。同年 7 月，财政部等部委又先后下发《关于从土地出让收益中计提农田水利建设资金有关事项的通知》（财综〔2011〕48 号）和《关于从土地出让收益中计提教育资金有关事项的通知》（财综〔2011〕62 号），两份文件明确要求各地方政府必须从土地出让收益中分别提取 10% 用于农田水利建设和教育基金。

3. 地方代表性法规政策

在地方层面，许多地区均针对城市综合建设活动出台了相关地方政府规章或其他规范性文件。由于各地对城市综合建设，尤其是土地一级开发的理解不尽相同，各地对企业是否可以参与城市综合建设以及企业参与模式等问题的规定相去甚远。

以杭州为例，根据相关规定，其土地收购储备制度采用以政府统一收购、储备为前提的土地运作模式，主要特点是：市区范围内凡需盘活的土地一律由政府收购储备；市区土地特别是经营性房地产开发用地统一由政府供应，政府垄断土地一级市场；由储备中心对城市存量土地适时收购。北京市 2005 年发布的《土地储备和一级开发暂行办法》，土地一级开发可由土地储备机构负责实施，可招标选择开发企业具体管理，开发企业管理费不超过土地储备开发成本的 2%；土地一级开发也可通过招标选择开发企业实施，利润率不高于预计成本的 8%。北京市规定的土地一级开发两种模式对企业参与土地一级开发作了明确规定，但北京市规定的利润率过低，一定程度上抑制了土地市场的发展。

在土地出让收益管理方面，各地也存在着不同的规定。根据海南省 2006 年 7 月 19 日颁布实施的《海南省人民政府关于规范企业参与土地成片开发的通知》（琼府〔2006〕34 号）的规定，"土地出让收入扣除土地开发成本后余下的纯收益部分，按照市、县政府所得不得低于 30% 的比例，确定市、县政府与主开发商的分成比例。"土地出让收入扣除土地开发成本后余下的纯收益部分，土地一级开发商可分成的比例最高达 70%。而根据四川省 2011 年 5 月 10 日实施的《关于进一步加强国有土地使用权出让收支管理的通知》（川国土资发〔2011〕36 号）的规定，"国有土地出让支出一律通过地方政府基金预算予以安排，实行彻底的'收支两条线'管理，企业不得以任何方式参与土地出让收益分成。"

此外，根据《贵阳市国有建设用地使用权"净地"出让工作实施意见（试行）》（筑府发〔2008〕127 号）的规定，贵阳市的土地一级开发可采取多种方式实施，包括由土地矿产资源储备中心负责实施、由区属国有独资地产公司或区土地开发整理机构负责实施、由原土地使用权人负责实施、通过招标方式选择土地一级开发单位负责实施等几种类型。其中，通过招标方式选择土地一级开发单位负责实施的，由市土地矿产资源储备中心与中标人签订《土地一级开发委托合同》并根据合同的约定支付中标人开发成本、管理费、利润以及增值收益。合同价款包括储备土地开发的预计总成本、管理费（不高于审定成本的 2%）、利润（不高于审定成本的 8%）以及储备土地开发地块出让收入中一定比例的增值收益。由此可见，在贵阳市，企业可以参与土地一级开发，并且可以获得不高于审定成本 8% 的利润，以及土地开发地块出让收入中一定比例的增值收益。

（二）城市综合建设业务规范体系的不足及完善

1. 城市综合建设规范体系的不足

根据以上分析，我国城市综合建设，尤其是土地一级开发规范体系还存在以下不足：第一，目前还没有关于土地一级开发的高层级的统一立法。现行《物权法》、《土地管理法》、《城市房地产管理法》等法律均未对土地储备及土地一级开发进行规定。国土资源部、财政部、中国人民银行于 2007 年联合制定发布的《土地储备管理办法》属于部门规章，立法层级较低。由于立法层级较低，导致动辄投资数十亿乃至百亿的土地投资领域所适用的法律法规缺乏足够的权威性和稳定性，进而增加了土地一级开发活动的法律风险。第二，由于地方立法缺乏统一上位法作为依据，各地在立法中对土地一级开发活动中企业是否可以参与以及企业参与后的收益分配等问题的规定各不相同，造成了土地一级开发立法的混乱局面。

2. 城市综合建设规范体系的完善

针对上述不足，立法者有必要针对土地一级开发活动专门制定法律进行规范，将其作为土地使用和管理制度的一项重要内容，纳入城市土地使用和管理的法律规范之中，实行统一的土地供应制度，建立与相关制度规范的有序对接，从而保证土地一级开发实践的统一、土地一级开发主体的合法利益以及土地一级开发市场化的有效运作。

此外，适逢《土地管理法》、《城市房地产管理法》等法律目前正面临修订，把土地储备及土地一级开发作为土地使用管理制度的一项重要内容，纳入土地管理立法之中，并充分考虑土地储备制度运作与其他相关制度的协调与衔接，也是完善我国城市综合建设规范体系的难得机会。

第二节　中国建筑业务运作与法律管理实务

一、中国建筑城市综合建设业务运作模式

（一）中国建筑城市综合建设业务一般运作模式

城市综合建设模式的本质是通过整合企业内外部资源，对区域进行统一规划和布局，并进行综合化的投融资、建设、开发、招商和运营，用全新的商业模式来打造新城区，促进城市建设快速发展。对中国建筑而言，开展城市综合建设业务的目的是通过土地一级开发、城市发展策划、规划与勘察设计、房屋建筑及基础设施工程承包、融资建造、房地产开发以及区域招商、产业构建、城市资源运营等多项业务有序组合、协同发展，提高投入产出效率和企业整体经营收益，其中，建筑及基础设施工程承包、土地出让收益分成以及获取土地进行房地产开发应是最基本的部分。由于不同的项目参与的深度、所涉及的业务板块不同，获取土地的方式也不完全一致，城市综合建设的业务运作并无定式。其一般运作模式图及要点总结如下（见图10）：

1. 区域规划编制与调整

参与片区发展战略和定位的制定，以及片区总体规划、控制性详细规划及土地利用计划的编制、修订或评审，是提升片区投资价值、抢占市场先机并开展招商策划活动的基础。开发企业要有能力、有机会参与目标区域发展策划，并提前介入片区的总体规划和布局、土地出让计划制定，熟悉片区的发展前景和城市空间扩展方向，提前把握投资机会，提高投资运营收益。

2. 土地一级开发

开发企业投资设立项目公司，项目公司作为实施主体按协议约定及当地有关政策参与制定土地收储与供应计划，完成目标片区土地一级开

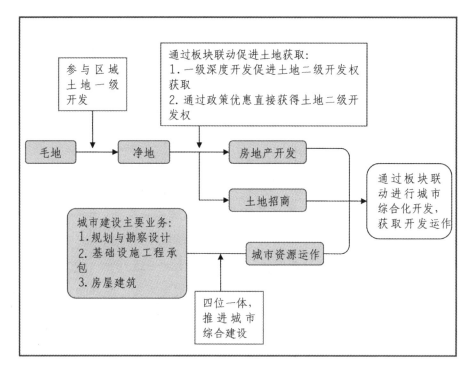

图 10：城市综合建设业务一般运作模式图

发的前期手续办理（环评、交通评价、地质勘察、规划意见、用地预审等）、征地、拆迁、市政基础设施、公共设施建设等工作，使土地达到上市交易条件。

3．房地产二级开发

根据区域发展规划，开发企业可采取滚动开发的模式逐步启动。优先启动核心区域的综合体开发，通过核心区的带动作用，带动土地升值、销售类型物业的售价上涨和招商引资工作。开发产品策划（包括定位和类型）、产业策划和招商引资策划、滚动开发策划应在项目正式启动前完成初步方案。

对于开发企业不具有比较优势的子项目，例如商业地产开发项目，可以转让土地或联合外部的优势企业进行合作开发。

4．基础设施及安置房建设

开发企业参与目标片区内市政道路、桥隧、轨道交通等交通基础设施工工程，行政办公、文教卫生等公共建筑工程，以及安置房等建设。交易模式包括施工总承包方式、融资建造纳入土地一级开发成本、土地抵押置换等。

5．土地获取

（1）一级开发带动二级开发。开发企业可以独资或与政府平台公司合资设立城市建设投资公司进行土地一级开发，开发企业控股，政府有明确的土地收储计划，并负责目标地块拆迁工作，开发企业通过介入投融资业务及土地一级开发、市政道路、管网等配套建设工程承包的便利条件，实现土地一、二级开发联动。对于未列入自身二级开发计划或开发企业未获得二级开发权的土地，可以按比例分享土地出让收益。

（2）融资建造项目与房地产开发联动。开发企业可以通过融资建造（BT）等方式承接区域基础设施、公共建筑项目，政府方以相应的土地进行抵押，并最终由开发企业按约定的价格获取土地二级开发权，并以土地价款冲抵 BT 项目回购款。开发企业寻找目标地块，政府负责安排收储和出让工作，将目标地块出让至指定政府公司名下，该公司负责将目标地块注入专门设立的项目公司，并抵押给开发企业。如果 BT 项目启动和地块抵押存在时间差，政府应负责寻找开发企业认可的其他担保物或第三方担保，待条件具备时，以土地抵押置换；在土地具备开发条件时，开发企业按预先协商的价格，收购拥有该地块的项目公司股权，并与 BT 回购款进行冲抵。

在政策许可的城市，开发企业还可采用 BT 项目建设与土地挂牌条件捆绑的方式（招标方式），在获得地块时负责按定额建设政府指定的工程项目。地价款在国家政策许可的时间内分期支付。地价款和工程款的确认和支付、冲抵程序应明确。一般情况下，BT 项目总投资额（回购款）应小于目标地块的地价款为宜。

（3）工程换土地。开发企业投入项目建设资金，出资建设基础设施、公共设施，并通过合法程序参与土地出让。同时，政府以土地出让金抵付开发企业投入的工程款，并负责解决将土地出让金抵付开发企业工程款的流程。

（4）通过合作获得政策优惠。与地方政府管理的国有企业（或其他背景特殊的企业）进行合作，利用合作伙伴的资源，争取当地政府的优惠政策。

6．项目招商、产业构建

开发企业参与片区项目招商、产业构建工作可采取"企业在授权范围内主导、政府支持"或"政府主导、企业配合"的方式。在符合规划及项目定位与开发方案的情况下，开发企业应在政府的主导与支持下及早与有意向或潜在的开发商、产业投资人接洽，初步确定合作意向。

7．城市资源运营

初期阶段可持有写字楼、商业、廉租房、公租房等物业进行经营，逐步成熟之后可参与城市水务、电力系统等公共设施经营。

综上所述，城市综合建设业务模式的实质是政府通过提供土地资源、政策资源、社会经济和产业条件，结合企业高强度的资金投入、高水平规划、高标准城市设施建设、高品质管理服务和高规格产业发展，实现城市形象改善、建设进程加快、长期税收和就业等社会综合效益。应该指出，随着业务的不断深入开展，中国建筑目前的城市综合建设业务运作模式也在不断完善。在未来的项目运作中，公司将加强城市综合建设业务的宏观规划、策划能力和产业导入能力，通过深化项目前期策划，强化宏观规划，为区域引入产业集群，可有效保障区域的可持续健康发展，对推动城市化、调整区域产业结构影响巨大，公司也可获取城市高速发展带来的综合收益。

（二）现阶段以土地一级开发为主的运作模式

基于目前中国建筑整体经营策略，现阶段在城市综合建设业务开展上主要以土地一级开发为基础，同时，鉴于土地一级开发业务运作模式实践中相对成熟。本书对城市综合建设业务一般运作模式进行介绍的基础上，着重对土地一级开发业务运作模式进行分析。

1. 政府运作模式

所谓政府运作模式，即完全由政府建立的土地储备中心或国有控股或参股企业进行土地一级开发。该种模式的基本特征为：土地储备中心或国有控股或参股企业自行完成全部土地一级开发工作。土地一级开发资金来源于政府财政专项拨款（例如土地储备资金）或国有股本，开发完成后或将"熟地"交由土地管理部门，通过招拍挂方式公开出让。此种模式一般不涉及民间资本的参与。结合实践，政府运作模式下的土地一级开发，又可以具体分为三种类型：

第一，由土地储备机构直接负责土地一级开发。例如，根据《北京市土地储备和一级开发暂行办法》第三条规定："市国土资源局（以下简称市国土局）负责本市土地储备开发管理工作，并委托土地储备机构组织实施。市发展改革、规划、建设、财政和审计等行政主管部门按照各自职责，做好相应工作。"根据该规定，在北京市，土地储备机构可直接负责实施土地一级开发，负责筹措资金、办理规划、项目核准、征地拆迁及大市政建设等手续并组织实施。

第二，由承担土地储备职责的国有企业或专门承担土地一级开发职责的国有企业负责一级开发。这类企业多是由土地储备中心和其他机构联合投资设立。例如，根据 2006 年 3 月出台的《杭州市人民政府办公厅关于进一步加强政府储备土地开发整理的实施意见》的规定，储备土地的开发整理实施方案经市政府批准后，市土地储备中心可以协议委托所在区人民政府组织的机构或国有独资公司进行储备地块的开发整理。

第三，由土地储备机构和国有企业联合负责土地一级开发。例如，在上海，储备土地的整理一般由上海市土地储备中心和上海市地产集团联合完成。一般先由土地储备中心针对储备地块的拆迁与被拆迁人进行协商，在达成一致后，由地产集团具体负责拆迁和后期的基础设施建设。

2．政府主导下的市场化运作模式

政府主导下的市场化运作模式，即政府通过公开方式选择企业进行土地一级开发。土地一级开发的主体为政府，这是各地土地一级开发法规的一个基本原则，也是"政府主导"的主要体现。"市场化运作"则主要体现在土地一级开发除必须通过行政行为完成的事项之外的开发事项，一般通过市场竞争方式选择具备资格的企业投资完成。这种模式的基本特征为：政府通过招标方式选择开发企业实施土地一级开发，由开发企业负责筹措资金、办理规划、项目核准、征地拆迁和大市政建设等手续并组织实施，通过招标方式确定开发企业后，土地储备机构与中标开发企业签订土地一级开发委托协议。这种模式在保证政府主导土地一级开发的基础上能有效利用市场资源，减轻政府开发资金压力。

目前，北京市的土地一级开发实践即为此种模式。2002 年出台的《北京市土地一级开发管理暂行办法》确立了这一模式，规定土地储备机构和政府应以招标方式选择土地一级开发公司，并委托其实施土地一级开发，在将土地开发为熟地之后，以公开方式向社会供应。其后，北京市国土资源局等部门先后出台了《北京市土地储备和一级开发暂行办法》和《北京市土地一级开发项目招标投标暂行办法》，对这一模式进行了再次确认。《北京市土地储备和一级开发暂行办法》第四条规定："土地储备开发坚持以政府主导、市场化运作的原则，可以由土地储备机构承担或者通过招标方式选择有相应资质等级的房地产开发企业（以下简称开发企业）承担。"《北京市土地一级开发项目招标投标暂行办法》第三条规定："除市政府确定的重大项目和利用自有国有土地使用权实施土地一级开发之外，其他土地一级开发项目通过公开招标方式确定项目承担主体。"第四条规定："土地一级开发项目招标投标活动应当遵循公开、公平、公正和诚实信用的原则，并接受社会的监督。"

市场化运作模式要求政府面向市场招投标，所有参与招标的企业都享有公平的投标、中标权利，在完成一级开发后，企业可以按照投入成本获取相应利润。《北京市土地储备和一级开发暂行办法》第十四条规定："通过招标方式选择开发企业实施土地开发的，由开发企业负责筹措资金、办理规划、项目核准、征地拆迁和大市政建设等手续并组织实施。招标底价包括土地储备开发的预计总成本和利润，利润率不高于预计成本的8%。通过招标方式确定开发企业后，土地储备机构应当与中标开发企业签订土地一级开发委托协议。"

值得注意的是，国土资源部办公厅2010年9月10日发文明确要求，在2011年3月底前，土地储备机构必须与其下属和挂靠的从事土地开发相关业务的机构彻底脱钩，各地国土资源部门及所属企事业单位不得直接从事土地一级市场开发。这意味着，未来土地一级开发将逐步向政府主导下的市场化运作模式转变，这也为建筑房地产企业进一步参与土地一级开发创造了基础和条件。

3. 政府与企业的合作开发模式

除前两种开发模式外，实践操作中还大量存在政府通过协议方式与企业合作进行土地一级开发的运作模式。"合作开发"是指政府与企业通过签订合作协议，由企业出资与政府共同参与土地一级开发。这种模式的基本特征为：企业通过自有资金或融资方式投入大量资金，并承担相应的投资风险，企业的利润来自于土地进入二级市场以后增值部分分成。在这种模式中，企业参与土地一级开发的程度更深。与政府主导下的市场化运作模式相比，在合作开发模式中，企业将参与储备土地一级开发投资，与政府共享收益，也与政府共同承担开发风险。

合作开发模式一方面有利于推动储备土地前期开发市场化，充分发挥市场机制的作用；另一方面，在政府主导储备土地一级开发的情况下，政府在扮演多重角色，既是管理者又是经营者，使得其容易受到各种政治因素的影响，导致政企不分，而合作开发模式则可以有效提高开发效率，降低开发成本。同时，合作开发模式也不会影响政府垄断土地一级市场以及政府的宏观调控职能，政府在储备土地前期开发中的主导地位没有发生变化，政府仍然可以对土地一级开发实行统一规划、统一征地、统一出让和统一管理。

对于合作开发模式，目前我国法律法规还缺乏相应的规定。由于我国法律规定的缺失，实践中对于该种模式的内涵、性质等问题的认识还很模糊，该种模式在实际履行中也还存在许多问题，这包括风险承担以及土地出让收益分成在实践中的合规性、一二级开发联动、企业参与征地拆迁、补偿安置的困境等。这都需要在理论上和实践中进行进一步探讨。

二、中国建筑城市综合建设业务盈利模式

（一）中国建筑城市综合建设业务一般盈利模式

一般来讲，城市综合建设项目通过协同规划设计、土地一级开发、房地产二级开发、建筑工程承包、基础设施建设以及项目招商、产业构建、城市资产运营等多个业务板块，推动项目区域的整体开发建设，从而实现项目的复合收益。城市综合建设的利润通常来源于包括但不限于以下几种业务板块的组合。

1. 土地一级开发：通过投资对目标地块的土地一级整理获取不低于一定比例（如北京市为 8%）的净利润率，在此基础上，或获取土地进行房地产二级开发，或与政府按一定的比例分享土地出让收益。

2. 房地产开发：通过土地二级开发实现投资收益，或直接通过土地转让的方式，获取土地增值收益。

3. 规划设计：通过承接规划、勘察设计项目获得收益。

4. 工程承包：通过承接区域内的房屋建筑、基础设施工程项目获得收益。

5. 融投资建造：采取 BT 方式承接的工程建设项目，除获得基本的施工利润之外，还应获取一定的融投资收益。

6. 城市资产运营：通过持有一定数量的相关资产，独立或在政府协助下运营，从而获取稳定运营收益。

7. 项目招商、产业构建：积极参与片区项目招商、产业构建工作，在符合规划及项目定位与开发方案的情况下，及早与有意向或潜在的开发商、产业投资人接洽，确定合作意向，从招商、产业构建对城市综合建设项目的品质提升中获取综合收益。

（二）现阶段以土地一级开发为主的盈利模式

基于目前中国建筑整体经营策略，现阶段在城市综合建设业务开展上，主要以土地一级开发为基础，同时，鉴于土地一级开发业务盈利模式实践中相对成熟，本书在对城市综合建设业务一般盈利模式进行介绍的基础上，着重对土地一级开发业务盈利模式进行分析。从政府已经出台的相关政策以及各地方政府的实际操作来看，土地一级开发主要有以下几种盈利模式：

1. 固定利润率模式

固定利润率模式，即企业接受土地整理储备中心的委托参与土地一级开发，土地一级开发整理完成后，通过土地公开交易市场出让土地，然后企业收益部分按照政府的相关规定的比率取得。土地一级开发企业接受土地整理储备中心的委托，按照土地利用总体规划、城市总体规划等，对确定的存量国有土地、拟征用和农转用土地，统一组织进行征地、农转用、拆迁和市政道路等基础设施的建设，开发建设完成后，由土地储备中心支付总建设成本的一定比例款项作为企业经营利润。在土地市场发育相对成熟的地区，例如北京、杭州等地区，土地开发风险较小，投资人参与的积极性较高，通常采取固定利润比例的模式。

例如，北京市对于企业参与土地一级开发即采用固定利润率模式。《北京市土地储备和一级开发暂行办法》第14条明确规定："通过招标方式选择开发企业实施土地开发的，由开发企业负责筹措资金、办理规划、项目核准、征地拆迁和大市政建设等手续并组织实施。招标底价包括土地储备开发的预计总成本和利润，利润率不高于预计成本的8%。通过招标方式确定开发企业后，土地储备机构应当与中标开发企业签订土地一级开发委托协议。"2006年12月，北京市土地储备中心已经出台《土地一级开发项目实施方案审批表》，使得土地一级开发成本结构透明化，开发企业的盈利能力主要表现在其对成本的控制能力。整体成本费用的控制在于系统周密的安排，其中，比重最大、控制难度最大的成本费用就在于征地拆迁费用，虽然市政府有相关标准和规定，但在实际执行中有难度。这就要求开发商具备较强的与当地政府、居民、企事业单位进行沟通、协调的能力，在补偿安置等方面妥善解决当地政府和农民的相关诉求，同时能够最大限度地降低成本。对于大面积的土地一级开发，需要分批次地批地、征地、拆迁，严格整合各步骤的节奏，这样才能有效保证固定利润率下投资收益的实现。

2. 收益分成模式

收益分成模式，即企业接受土地整理储备中心的委托参与土地一级开发，土地一级开发整理完成后，通过土地公开交易市场出让土地，出让所得扣除开发成本后，在政府和企业之间按照预先约定的一定的比例进行分成。在此模式下，开发企业有动力通过创新性的开发活动，最大限度地提升土地价值，从而获得最大利益。在土地一级开发中，能够尽快实现土地增值的措施包括但不限于：①投资环境景观，例如，改造旧河道、加强景观和园林的规划建设、美化环境，通过提高生态效益来实现经济效益；②投资公共配套设施，例如，配套制冷及热力供应、地下综合商城、停车场等，通过提高社会效益来实现经济效益；③第一期出让引入品牌商业设施或酒店，带动周边地块升值，实现一级和二级开发互动。土地市场发育欠成熟地区，例如海南等地区，土地开发风险较大，投资人参与的积极性不高，一般需要政府让利，通常采取土地增值收益分成的模式。

在制度层面，影响收益分成模式的主要是国家对土地出让收支管理的相关规定。根据《国务院办公厅关于规范国有土地使用权出让收支管理的通知》以及《国有土地使用权出让收支管理办法》等规定，从2007

年 1 月 1 日起，各地建立土地出让收支预决算制度，土地出让收入要全部缴入当地国库，支出一律通过基金预算安排，未列入预算的各类项目一律不得通过土地出让收入支出。因此，能否将土地收益分成列入土地出让支出预算，是决定能否采用土地出让收益分成方式的关键，也是开发企业面临的主要风险之一。根据上述规定，土地出让收入的规定使用范围为五大方面，分别是征地和拆迁补偿支出、土地开发支出、支农支出、城市建设支出和其他支出。其中"土地开发支出"，包括前期土地开发性支出以及财政部门规定的与前期土地开发相关的费用等，含因出让土地涉及的需要进行的相关道路、供水、供电、供气、排水、通信、照明、土地平整等基础设施建设支出，以及相关需要支付的银行贷款本息等支出，按照财政部门核定的预算安排。"城市建设支出"，包括完善国有土地使用功能的配套设施建设以及城市基础设施建设支出，具体包括：城市道路、桥涵、公共绿地、公共厕所、消防设施等基础设施建设支出。土地一级开发项目的投资成本部分可以分别纳入"城市建设支出"与"土地开发支出"的范围，列入土地出让支出预算。但对于投资收益部分是否可列入土地出让支出预算，存在一定的不确定性，需要在实践中根据各地财政部门的掌握而定。

在实践层面，在土地出让收益管理方面，各地也存在着不同的规定。例如，根据《海南省人民政府关于规范企业参与土地成片开发的通知》（琼府〔2006〕34 号）的规定，"土地出让收入扣除土地开发成本后余下的纯收益部分，按照市、县政府所得不得低于 30% 的比例，确定市、县政府与主开发商的分成比例。"土地出让收入扣除土地开发成本后余下的纯收益部分，土地一级开发商可分成的比例最高达 70%。而根据四川省2011 年 5 月 10 日实施的《关于进一步加强国有土地使用权出让收支管理的通知》（川国土资发〔2011〕36 号）的规定，"国有土地出让支出一律通过地方政府基金预算予以安排，实行彻底的'收支两条线'管理，企业不得以任何方式参与土地出让收益分成。"

因此，开发企业如采用土地收益分成模式进行土地一级开发，要与当地政府提前核实土地收益分成能否列入该市的土地出让收入支出预算，并要求政府就此出具正式的确认承诺文件。在项目实施过程中，开发企业要特别注意核实相应的预算程序是否履行。否则，开发企业将面临无法实现土地出让收益分成，投资成本及收益无法收回的风险。

3. 一二级联动开发模式

一二级联动开发模式，即企业接受土地整理储备中心的委托参与土地一级开发，土地一级开发整理完成后，土地储备中心和开发企业并不予以现金计算，而是由开发企业通过招拍挂在公开交易市场摘取一定面积的土地作为补偿，由开发企业进行二级联动开发。该盈利模式的前提是政府愿意让一级开发企业取得一部分二级开发权。该模式要求一级开发企业具有超强的二级开发能力，通过二级开发弥补一级开发收益的不足，实现一级开发和二级开发的联动。

从目前实践来看，土地一级开发整体难度大、资金使用量大、占用时间长，回款时间长，这都是开发企业在开发过程中所面临的现实情况。事实上，许多开发企业选择进行土地一级开发，都有联动进行二级开发的意愿。开发企业通过土地一级开发，将会对相关项目整体情况及项目地块成本平衡点的位置更加了解，相当于对这个地块进行了一次前期调研，使得土地入市之前的调研工作在一级开发过程中完成，这无疑有助于企业有效地进行二级开发。另外，企业参与土地一级开发，会和相关政府部门建立良好的关系，便于进行后续合作。因此，虽然新供应土地应全部在市场上公开交易，但是实践中许多开发企业均把介入土地一级开发作为获取二级开发权的一种前期工作。

土地一级开发企业在一级开发完成后希望参与二级开发，是开发企业的合理诉求，可以有效地提高区域开发的整体效率，同时节约社会资源。但是，联动开发模式应该有相关法律法规进行必要的规范。从目前的制度供给来看，规范的用地预申请制度有利于一二级联动开发模式的良好运行。

我国用地预申请制度实际上是借鉴了香港地区的"勾地"制度而产生的。2006 年 7 月，国土资源部出台了《招标拍卖挂牌出让国有土地使用权规范》，明确提出了"用地预申请制度"，该规范第 5.4 条规定："为充分了解市场需求情况，科学合理安排供地规模和进度，有条件的地方，可以建立用地预申请制度。为了单位和个人对列入招标拍卖挂牌出让计划内的具体地块有使用意向的，可以提出用地预申请，并承诺愿意支付的土地价格。市、县国土资源管理部门认为其承诺的土地价格和条件可以接受的，应当根据土地出让计划和土地市场情况，适时组织实施招标拍卖挂牌出让活动，并通知提出该宗地用地预申请的单位或个人参加。提出用地预申请的单位、个人，应当参加该宗地竞投或竞买，且报价不得低于其承诺的土地价格。"针对工业用地预申请，国家提出了相对紧迫的要求，2009 年 8 月 10 日国土资源部、监察部发布的《关于进一步落实工业用地出让制度的通知》（国土资发〔2009〕101 号）规定："各地要大力推进工业用地预申请制度，加快制定工业用地预申请政策措施和操作程序。"在 2010 年房地产市场调控政策收紧的情况下，国土资源部 2010 年 3 月 8 日发布的《国土资源部关于加强房地产用地供应和监管有关问题的通知》（国土资发〔2010〕34 号）再次强调："条件具备的地方，可以探索房地产用地出让预申请制度。"

综上所述，我国通过《招标拍卖挂牌出让土地使用权规范》（2006 年 8 月 1 日生效），试探性地引入了"用地预申请"制度，但并没有对"用地预申请"的适用提出强制性要求，而是授权地方政府对用地预申请制度进行探索。在这种较为宽松和开放的政策环境下，地方政府有权根据当地的实际情况，自行制定土地预申请制度的相关政策或地方性规定。目前，上海、佛山、广州、福州、厦门、天津、大庆等地都在试行或即将试行国有建设用地预申请制度，并出台了地方规定或征求意见稿。随着用地预申请制度的逐步完善，可以有效地规范一二级联动开发模式的运行，当然，这也需要理论和实践中的进一步探讨。

三、土地一级开发业务流程

土地一级开发是指政府依法授权相关开发企业为实施主体，由其对一定区域范围内的土地进行统一的征地、拆迁、安置、补偿，并进行市政配套设施建设，使该区域范围内土地达到土地供应条件的行为。鉴于目前中国建筑城市综合建设业务开展主要以土地一级开发为基础，本书着重对土地一级开发业务流程进行介绍。同时，鉴于目前不同地区企业参与土地一级开发业务流程存在一定差异，本书主要根据《北京市土地储备和一级开发暂行办法》及《北京市土地一级开发及经营性项目用地招标拍卖挂牌出让流程示意图（试行）》等相关文件及实践，对相对规范和成熟的北京市土地一级开发业务流程进行介绍。

（一）计划编制阶段

此阶段的主要工作是为土地一级开发提供计划准备。在计划编制阶段，由市国土局会同市发展改革、规划、建设、财政、交通、环保等行政主管部门和各区县政府，依据国民经济和社会发展计划、城市总体规划、土地利用总体规划和近期城市建设规划、年度土地利用计划、年度土地供应计划编制土地储备及一级开发计划（见图11）。

北京市土地储备及一级开发计划的具体编制程序如下：1. 区县政府、重点功能区管委会、中央、国务院在京机关（含所属单位）以及在京中央直属大型企业集团和驻京部队提出年度土地储备开发计划，于每年的10月上旬报市国土局。经济适用住房土地储备开发计划由市经济适用住房领导小组办公室综合平衡后报市国土局。2. 市国土局会同市发展改革、规划、建设、财政、交通、环保等行政主管部门提出计划草案和具体意见，于11月上旬反馈给各区县政府、重点功能区管委会、中央、国务院在京机关（含所属单位）以及在京中央直属大型企业集团和驻京部队。3. 各区县政府、重点功能区管委会、中央、国务院在京机关（含所

依据
1. 北京市国民经济和社会发展计划
2. 北京城市总体规划
3. 北京土地利用总体规划

市政府
1. 土地供应计划
2. 土地利用年度计划
3. 土地储备开发计划

原土地所有者或使用者
1. 征得区县和乡镇政府或上级主管部门同意;
2. 向市国土局提出土地一级开发申请

市国土局
1. 受理申请并进行土地预审
2. 委托市、区县土地储备机构编制土地一级开发实施方案

委办局联席会
市国土局会同市发改、规划、建设、交通、环保等部门就土地、产业政策、规划、资质、交通、环保等对土地一级开发实施方案提出原则意见

市国土局会同相关部门
1. 确定土地一级开发主体（委托或招标）
2. 下达土地一级开发批复
3. 签订土地一级开发合同

土地一级开发主体

市规委	市建委	市交通委	市园林局	市文物局	市环保局	市政部门	市发改委
规划意见	建设意见	交评意见	古树处理意见	文物保护意见	环境评价意见	市政接用意见	核准

市政府批准
1. 新增集体土地办理农用地征收或农转用手续
2. 存量国有建设用地收回国有土地使用权

相关委办局
办理征地、拆迁、市政基础设施建设等相关手续

土地一级开发主体
组织实施征地、拆迁和市政基础设施建设。危改、文保、绿隔等项目需按规定承担回迁房建设

市国土局商相关委办局
1. 审核土地一级开发成本
2. 组织验收土地
3. 根据委托合同支付相应土地开发费或管理费
4. 纳入市土地储备库

土地入市与成本收益实现

图11：北京市土地一级开发业务流程图

属单位）以及在京中央直属大型企业集团和驻京部队按照要求调整计划，于11月下旬报市国土局汇总。4. 市国土局征求市相关部门意见并完善后与市发展和改革委员会共同报市政府。5. 经市政府批准的土地储备开发计划，由市国土局下达给市和区县土地储备机构。

土地储备开发计划确需调整的，由市国土局会同相关部门提出计划调整方案，与市发展和改革委员会共同报市政府批准。

（二）前期策划阶段

此阶段是为土地一级开发实施提出方案阶段。根据已编制的土地储备及一级开发计划，原土地所有者或使用者在征得区县人民政府和乡镇人民政府或上级主管部门同意后，向市级国土资源管理部门提出土地一级开发申请。市级国土资源管理部门受理申请并进行预审，委托市、区县土地储备机构编制土地一级开发实施方案。其中，市政府确定的重点区域、重点建设项目用地的土地储备开发，由市土地储备机构负责组织编制土地储备开发实施方案；其他土地的储备开发实施方案由区县土地储备机构组织编制。土地储备开发实施方案主要包括待储备开发地块的范围、土地面积、控规条件、地上物状况、储备开发成本、土地收益、开发计划、实施方式等。

（三）意见征询和审批阶段

此阶段主要为土地主管部门对一级开发的意见征询和审批，最终确定一级开发授权主体。

1. 意见征询

在土地储备机构组织编制的土地一级开发实施方案报送政府土地主管部门后，由土地主管部门牵头，会同市发展改革、规划、建设、交通、环保等部门就土地、产业政策、城市规划、建设资质、交通及环保等条件提出原则意见，即委办局联席会。针对委办局联席会提出的意见和建议，由申报方予以适当调整后，再次交由委办局联席会审核确定。

2. 土地一级开发主体确定

北京市的土地一级开发可分为土地储备机构负责实施和通过招标方式选择开发企业实施两种方式。在通过招标方式选择开发企业实施土地一级开发的情况下，具体招标投标工作由土地储备机构组织实施，其中，市土地储备机构负责全市土地一级开发项目招标投标工作的组织实施，区县土地储备机构经市土地储备机构授权可以承担本区县范围内土地一级开发项目招标投标工作的组织实施。

土地储备机构作为土地一级开发项目的招标人，负责组织编制土地一级开发项目实施方案、组织实施项目招标投标活动、与中标人签订土地一级开发委托协议，以及对中标人在土地一级开发过程中实施监督管理。招标人应根据实施方案组织编制招标方案，对招标主体、招标时间、地点、招标组织方式等招标事项作出具体安排，并报市国土局审核。然后，招标人根据实施方案和招标方案，组织编制招标文件。招标文件的具体内容包括招标项目的技术要求、对投标人资格审查的标准、投标报价要求和评标标准等所有实质性要求和条件以及拟签订土地一级开发委托协议的主要条款。

具体招标投标按照下列程序进行：①编制招标文件；②发布招标公告；③索取招标文件；④投标、开标；⑤组织评标，确定中标单位；⑥发出中标通知书；⑦签订土地一级开发委托协议。

通过公开招标，最终选定土地一级开发实施主体，由市国土局及相关土地储备机构会同相关部门与中标实施主体签署土地一级开发合同，下达一级开发批复。

3. 审批

审批阶段，土地一级开发实施主体应向市规划部门办理规划意见，向市国土部门办理用地手续，向市发展和改革委员会办理核准手续，涉及交通、园林、文物、环保和市政专业部门的，应按照有关规定办理相应手续，包括但不限于环境评价批复、交通评价批复、定桩测量规划选址意见、古树处理意见、文物保护意见及国有建设用地征用、农用地征收或农转用手续等。

在意见征询及审批阶段，开发企业应重点审核土地一级开发合同相关条款约定，明确在土地一级开发中双方的权利义务、费用额度与支付方式、完成时间、征地面积、拆迁补偿标准及其他相关事宜，而土地储备机构审定的一级开发实施方案应作为合同附件，并作为土地一级开发验收的主要标准。

（四）组织实施阶段

在组织实施阶段，开发企业按照政府批准的土地一级开发实施方案要求完成征地拆迁手续与市政工程建设。因此，该阶段又可大致分为征地拆迁阶段与市政工程建设阶段。

1. 征地拆迁

该阶段可细分为征地补偿阶段和拆迁安置阶段。其中，开发企业在征地补偿阶段需要完成的工作是将土地使用权收归国有并对原土地使用权人进行补偿和安置，如为集体土地，要通过土地征用程序将其变为国有土地，其中集体土地中的农用地还需完成土地变性程序转为建设用地；如为国有土地，则直接收回国有土地使用权。上述两个过程都需要对原土地使用权人进行补偿。

征地补偿工作必须按相关部门规定的流程进行。根据国土资源部2004年11月3日印发的《关于完善征地补偿安置制度的指导意见》（国土资发〔2004〕238号）的规定，征地工作一般应当按照告知征地情况、确认征地调查结果、组织征地听证、公开征地批准事项、支付征地补偿安置费用、征地批后监督检查六个步骤进行。

拆迁安置主要是指根据城市建设和区域经济发展需要，取得房屋拆迁许可证的单位，对项目规划用地范围内的房屋及其附属物进行拆除，并依据法律、法规对被拆迁人进行补偿安置的活动。拆迁安置是土地一级开发中最重要的环节之一，也是土地一级开发中最为复杂和烦琐的一步。

针对国有土地房屋及集体土地房屋的拆迁安置，北京市人民政府分别颁布了《北京市城市房屋拆迁管理办法》（市政府令第 87 号）和《北京市集体土地房屋拆迁管理办法》（市政府令第 124 号），根据上述办法及相关规定，拆迁安置应遵循如下基本流程：

（1）办理拆迁公示

针对国有土地，开发单位持建设项目批准文件、建设用地规划许可证、国有土地使用批准文件等相关文件到区县建委申请办理拆迁公示。拆迁范围确定后，拆迁范围内停办新建、改扩建房屋，房屋租赁，改变房屋、土地用途等事项。

针对集体土地，用地单位取得征地或者占地批准文件后，向区县国土房管部门申请在用地范围内暂停办理新批宅基地和其他建设用地，审批新建、改建、扩建房屋，核发工商营业执照，房屋、土地租赁等事项。

（2）确定评估公司、拆迁公司

根据《北京市土地储备和一级开发暂行办法》的有关规定，土地一级开发企业应通过招标方式确定具有房屋评估和拆迁资格的单位，按照拆迁许可证的规定对拆迁范围内的房屋及其附属物实施评估和拆迁。

（3）入户调查与拆迁评估

在办理完拆迁公示后，需要对拆迁范围内的附属物进行摸底。入户团队一般由一级开发主体、拆迁单位、评估单位和熟悉当地情况的居委会成员、村民代表组成，主要是对房屋权属、使用权情况，被拆迁人家庭、年龄、职业等进行登记，对房屋层数、面积等进行测量登记。根据对拆迁房屋的面积测算、装修登记，以及附属物、地上物的登记记录，评估单位根据相应法律、规章对拆迁房屋进行估价。

（4）编制拆迁计划方案

开发单位负责根据调查核实的情况和有关拆迁补偿安置的规定编制拆迁计划、拆迁方案。拆迁计划的内容包括项目概况、拆迁范围、方式，搬迁期限，工程开工和竣工时间。拆迁方案内容包括被拆除房屋及其附属物的状况、补偿款和补助费预算等内容。

（5）办理拆迁许可证

拆迁人应向被拆迁房屋所在地区房屋拆迁管理部门提出拆迁申请，提交相应文件、资料，申请办理拆迁许可证。针对国有土地，开发单位应提交建设项目批准文件、建设用地规划许可证或建设工程规划许可证、国有土地使用批准文件等相关文件。针对集体土地，用地单位应提交用地批准文件、规划批准文件、拆迁实施方案、安置房或拆迁补偿资金证明文件等相关文件。

房屋拆迁管理部门应当自收到申请之日起 30 日内审查完毕，对符合条件的，核发房屋拆迁许可证，并将拆迁人、拆迁范围、拆迁期限等情况向被拆迁人公告。

（6）拆迁实施与拆迁补偿

在公告规定的期限内，拆迁人和被拆迁人应按国家和本地区相关规定，在协商的基础上签订协议书。在被拆迁人搬迁之后，拆迁人在批准的拆迁范围和拆迁期限内实施拆迁。

（7）拆迁结案

拆迁完成后，建设单位负责填写房屋拆迁结案表，到建委办理拆迁结案手续。

2. 市政工程建设

土地一级开发组织实施阶段的另一项重要工程，即市政工程建设。因市政工程建设主要是将水、电、气、通信、道路等大市政设施、管线引入待征收土地内，因此，市政工程建设可与征地拆迁工作同时开展。市政工程建设主要包括市政工程设计、签署接用协议、工程建设及工程验收四个阶段。

（五）项目验收、成本审计

土地一级开发项目验收是土地一级开发实施中的最后一个环节，是在所有建设项目完工以后，对项目进行整体评价和评估的重要阶段，是项目开发结果的检验，直接与土地一级开发项目交付相关，决定着项目开发成功与否。土地一级开发具体实施主体在土地一级开发项目完成并完成内部验收和监理验收后，应向土地储备机构申请项目正式验收，土地储备机构在收到项目竣工验收申请及监理验收报告后，应组织正式项目竣工验收。由土地储备机构负责会同相关部门组成验收委员会，下设若干检查小组负责对所建的市政设施、基础设施、土地开发程度等进行验收，并审查施工资料、财务、竣工报告及初步决算。验收合格的建设用地，纳入政府土地储备库。

开发企业完成土地一级开发项目后，开发企业作为土地一级开发的实施主体，在项目完工后，对土地一级开发成本进行核算，完成土地一级开发结案，并向审计部门（机构）提供由其编制的土地一级开发项目成本财务报告。国土部门会同相关委办局组织成本审计工作。具体而言，可由区县财政、审计等相关职能部门直接审计或委托专业审计单位进行审计，也可由区县土地储备机构委托专业审计单位进行审计，出具审计报告；最终审计结果须经区县人民政府确认。为实现审计工作的客观、公平、公正，在实际运作过程中若由专业审计单位进行独立审计时，审计单位需由市或区县土地储备机构从房地产和土地评估机构库、审计机构库中抽取。鉴于一级开发成本是土地上市交易价的基础，因此，审计机构应充分发挥职能，在公平、公正、合理的基础上对已发生的一级开发费用进行审核认定。

（六）土地入市与成本收益实现

1. 土地一级开发验收合格的建设用地，纳入政府土地储备库。由市土地储备中心（区县土地储备分中心）召开地价评审会，确定土地上市价格，其中包括政府土地收益（土地出让金）和土地开发建设补偿费（土地一级开发成本）。

2. 土地储备中心将土地上市，二级开发企业通过招拍挂获得土地二级开发权，并支付土地成交价款。

3. 二级开发企业与土地储备中心签订《国有建设用地使用权出让合同》和《土地开发建设补偿协议》，前者为二级开发企业缴纳土地出让金的依据，后者是二级开发企业向一级开发企业支付土地开发建设补偿费（即土地一级开发成本）的依据。至此，土地一级开发企业成本及收益实现。

第三节　主要法律风险及应对

一、项目启动阶段的风险

（一）国家宏观调控政策与产业导向调整风险

城市综合建设业务涉及土地一级开发、规划设计、房屋建筑及基础设施工程承包、融资建造、房地产开发等多个板块，参与目标区域整体开发建设全过程，建设周期一般较长。城市综合建设业务的上述特性决定了其对国家及地方相关政策的敏感性。影响城市综合建设业务开展的政策包括但不限于：1. 土地政策，包括征地拆迁、土地供应、交易、一级开发、土地利用、土地用途管制等；2. 房地产政策，包括安全生产、物业管理、住房贷款、公积金管理、房屋交易、房屋租赁，产权管理、评估管理等；3. 金融投资方面，包括货币政策、财政政策、税收政策、投资政策、信贷政策、利率政策、汇率政策、保险政策等；4. 规划政策，包括规划编制政策、规划审批政策等；5. 国家发展规划、产业导向政策等其他相关政策。

目前，我国并没有针对城市综合建设的高层级统一性立法，有关城市综合建设各项业务的规定散见于各级各类规范性文件，这在一定程度上导致了城市综合建设相关政策不明晰，诸多操作不很规范。而且，各地方政府有关城市综合建设的政策和操作流程各不相同，也造成一定的信息瓶颈和操作上的不确定性。应该说，随着土地管理制度的改革和发展，国家对城市综合建设的政策将越来越完善，但在政策完善过程中，存在对现有城市综合建设政策和所涉产业进行进一步完善或调控的可能与风险。例如，当前国务院和相关部门连续出台文件，对房地产市场进行宏观调控，土地政策、银行信贷政策持续收紧，并且在可预见的未来，上述领域和产业可能仍会面临较严格的政策调控。

在一个成熟而富有成效的城市综合建设业务模式尚未完全建立的情况下，城市综合建设业务受相关政策影响仍较大。国家关于土地、房地产、信贷、税收、投资、产业导向等方面的政策，都会对城市综合建设业务的开展产生重大的影响，对各项政策的理解和把握是项目前期，尤其是立项阶段及可行性研究阶段的一项重要工作。通过研究相关政策，可以有效地降低项目开发的风险。因此，对于新出台的法规政策应给予第一时间的关注和应对，要对国家的宏观政策可能出现的变动进行理性分析，科学判断，减少因政策调整导致投入回报不能实现的情况。结合城市综合建设现有相关的法律法规制度，在实践中不断地规范和完善城市综合建设的商业模式。

（二）地方政府政策变动及履约风险

在企业参与城市综合建设业务过程中，地方政府的强势地位是毋庸置疑的，其在城市综合建设业务开展过程中具有很高的垄断性、控制性和主导性。开发企业与地方政府进行合作，合作对象单一，议价空间有限，对地方政府政策的稳定性以及履约能力及信用具有很高的依赖性和敏感性。虽然开发企业可以通过收益分成及多种合约文件等进行相应约束，与政府方面的利益紧密捆绑，但仍不能消除地方政府政策变动及履约风险。

1. 地方政府政策变动风险

就地方政府政策而言，相比国家法律法规，其具有一定的不确定性，包括政府领导班子换届、施政目标变化、行政部门职能变更、上级政府出台与该政策相冲突的文件等原因均有可能导致地方政府的政策变动。

所以，在城市综合建设业务运作过程中，存在着地方政府政策变动影响投资方收益的风险。例如，就土地出让收益分成来讲，其作为城市综合建设业务盈利的重要来源，并不为我国法律、行政法规明确禁止，大部分地区在实践中允许企业参与城市综合建设中土地出让收益分成。但是，根据 2011 年 5 月 10 日发布的《关于进一步加强国有土地使用权出让收支管理的通知》（川国土资发〔2011〕36 号），四川省境内已禁止企业以任何方式参与土地出让收益分成。

针对地方政府政策变动风险，项目投资方在具体参与城市综合建设项目前的可行性研究阶段，需要对当地城市综合建设方面的相关政策法规文件进行充分的调研，特别是涉及土地溢价分成、回购担保、项目收益实现路径等方面的政策法规，以及当地政府的态度和底线，以便在谈判过程中争取更大的利益，同时保证项目运行合法合规。在项目正式实施前以合作开发协议等对双方均具有约束力的文件将合作双方的权利义务固定下来，明确约定违约赔偿，并约定该协议只适用国家或省级以上人民政府颁布的政策法规，对于签约方、签约方授权主体或其同级政府颁布的不利于项目实施或不利于投资方利益的政策法令原则上不予接受。在项目实施过程中，要适时掌握宏观和微观经济政策动向，对城市综合建设项目进行全面跟踪，积极与政府各部门沟通，尽量规避政策风险。通过对国家及地方经济政策的正确把握，制定相应的符合政策规定的应对机制，结合投资项目的实际，从而作出正确的投资决策。

2. 地方政府履约能力及信用风险

开发企业在城市综合建设业务开展过程中的合作方或最终合作方一般都是地方政府，而不同地区地方政府在财力等影响合约履行的条件方面不尽相同，这也就使得不同地区地方政府的履约能力往往存在着差别。此外，在政府换届过程中政府施政目标的变化、政府职能结构的调整、不同主要领导人风格的差异等，都会为企业城市综合建设业务的开展带来不确定因素。事实上，这方面的风险已经在实践中多有暴露。此外，城市综合建设业务往往与土地获取挂钩，在土地市场向好的情况下，地方政府有可能不愿意放弃土地增值收益而拒绝向项目公司按约定价格出让土地，或故意延迟净地交付期限。地方政府还有可能单方面废止与开发企业的关于优惠价格拿地和土地溢价分成的相关协议，导致政府履约信用风险。

针对地方政府履约能力及信用风险，开发企业应在目标项目选取上，尽量选择城市建设决心坚定、区域发展前景明朗乐观、相关政策制度较为完善、财政收入相对充裕、政府信用相对较好的地方政府合作，并以地市一级及以上人民政府或其授权机构为合作主体，合作方案报省级人民政府备案。在城市综合建设项目实施前，应确保包括政府常务会议对城市综合建设项目的通过文件等，以及齐全的政府投资及开发相关程序。如果涉及政府委托职能部门或政府平台公司签署城市综合建设协议，还应要求政府出具相应的授权委托书。对于开发企业在城市综合建设的相关成本及回报，地方政府还应落实相应担保措施，确保投资行为有足够的保障。

在一般性地方政府履约能力及信用风险之外，城市综合建设业务开展过程中，还容易产生地方规划调整风险。一般地方政府拥有对城市发展规划和土地利用规划的垄断权力，并有权根据城市发展的需要调整规划。在地方政府换届的情况下，新一届政府在调整施政目标和城市发展方向时有可能会相应调整土地利用规划和城市发展规划，甚至重新规划。规划调整将直接改变城市区域的集中人群和项目的整体收益，带来规划调整风险。针对此项风险，在开展城市综合建设项目前期调研时，必须确保项目所在区域必须在城市总体规划范围内，城市总体规划必须为近期编制并经过正式审批。项目所在区域必须有经过审批的控制性详细规划或者是控制性详细规划草案。同时，项目公司应当掌握对控制性详细规划的修编权，从而及时掌握和影响规划调整的变动方向，并在一定程度上避免对开发企业不利的规划调整，降低规划调整风险。

（三）项目获取合法性风险

鉴于城市综合建设项目以土地一级开发项目为主体，因此，就项目获取而言，主要适用土地一级开发项目获取的相关规定。综合相关法律规定及各地土地一级开发实践，土地一级开发项目的获取大致有公开招标和授权委托两种方式。其中，公开招标方式指政府土地储备机构对列入年度土地储备开发计划的特定一级开发项目，通过公开招标确定土地一级开发实施主体的行为。在指定期限内，由符合条件的单位以书面形式投标，竞投土地一级开发项目的开发权，招标小组根据一定的要求择优确定土地一级开发主体。这种模式综合了政府和企业的力量共同完成土地一级开发工作，政府部门主要负责规划制定、制度建设等公共管理职责，而企业在政府的指导和监督下，负责具体开发工作的实施，是目前较为普遍的一种方式。授权委托方式则是指针对特定情形和项目，由政府土地储备机构直接授权开发企业进行土地一级开发。例如，根据《北京市土地一级开发项目招标投标暂行办法》第三条规定，除市政府确定的重大项目和利用自有国有土地使用权实施土地一级开发之外，其他土地一级开发项目通过公开招标方式确定项目承担主体。这种模式在实践中不具有普遍性。

开发企业在具体项目操作过程中，应严格遵循当地关于土地一级开发项目获取的相关规定，对于必须通过公开招标方式获取的项目，应严格履行相关公开招投标程序，确保项目获取的合法性。以北京为例，土地一级开发项目招标投标应按照下列程序进行：1. 编制招标文件；2. 发布招标公告；3. 索取招标文件；4. 投标、开标；5. 组织评标，确定中标单位；6. 发出中标通知书；7. 签订土地一级开发委托协议。对于不需通过公开招标方式获取，或者国家及当地对是否进行公开招标没有进行明确规定的土地一级开发项目，应向当地相关政府部门提出申报，取得书面批复文件或相关会议纪要（包括确定相关土地一级开发主体资格及合作的主要原则），以避免因主体资格模糊而可能导致的项目获取合法性风险。

（四）项目前期运作风险

目前的城市综合建设项目，要经过前期策划、征询意见及审批以及城市综合建设实施等漫长的周期，涉及土地一级开发、城市发展策划、规划与勘察设计、房屋建筑及基础设施工程承包、融资建造、房地产开发以及区域招商、城市资源运营等一系列环节，所以，在项目前期应对项目后期实施过程中可能出现的问题进行充分的评估，把前期工作做实做细，防患于未然。

首先，在项目可行性研究阶段，要编制全面系统的可行性研究报告，对项目可行性进行全面的分析和研判。一般可行性研究报告包括但不限于目标城市片区市场分析、项目概况、基础设施建设、土地报批和征地投资分析、项目投资估算及资金成本估算、项目收益预测、可能风险与防范措施、结论等内容，特别应对合作模式、开发分工、利益分成、风险承担做出明确、具体的衡量与说明，确保风险可控。

其次，在可研阶段后项目实质性启动前，项目公司应尽快落实项目前期可行性研究过程中并未落实的相关政府性文件，这些文件包括但不限于：地方政府应提供的确定项目土地开发成本的征收拆迁评估报告、地籍资料、规划文件；地方政府承诺提供融资的相关保证性文件；地方政府将项目采购纳入财政拨付计划的文件及同级人大做出的审议文件；地方政府相关常务会会议纪要；地方政府同意减免税收的文件等。同时，项目实施过程中也应注意留存地方政府出具的影响项目成本、规划、税收、土地供应计划、土地入市交易方式、土地收益分配等的相关文件。此外，项目启动前应重视项目文件档案管理工作，制定相关管理制度，项目实施过程中应注意文件的收集、整理和存档工作并注意相关文件的保密工作，项目实施后应及时组卷存档或移交。

最后，在签署实质性合作开发协议阶段，应当确保双方权利义务等相关内容在协议中有明确体现，尤其是涉及土地一级开发成本范围及认定、土地出让方式、土地溢价分成、回购担保、项目收益实现路径等内容，争取合理约定保底条款，保证开发企业相应的投资利润回报。此外，如果城市综合建设项目在实施前应取得政府相关部门的相关许可和批复，且该等行政批准手续作为确保城市综合建设项目合法有效的基本保证属于当地政府义务的，开发企业在签署开发协议时应当将上述行政批准手续作为协议的附件及生效条件，以确保自身合法权益。

二、项目建设阶段的风险

（一）项目行政审批风险

根据我国《行政许可法》的相关规定，只要直接涉及有限自然资源开发利用、公共资源配置、生态环境保护等事项，都应该设定行政许可。城市综合建设业务是包括土地一级开发、规划设计、房屋建筑及基础设施工程承包、融资建造、房地产开发等多个环节的系统工程，涉及诸多行政审批事项。开发企业即便通过招投标已经取得了相关政府部门城市综合建设的授权，也要有在手续齐全的情况下才能进行征地、补偿、拆迁、基建等一系列活动。仅以土地一级开发为例，根据《北京市土地储备和一级开发暂行办法》相关规定，土地一级开发实施单位应向市规划部门办理规划意见，向市国土部门办理用地手续，向市发展和改革委员会办理核准手续，涉及交通、园林、文物、环保和市政专业部门的，应按照有关规定办理相应手续。土地一级开发涉及征收集体土地或农用地转用的，由土地储备开发实施单位依法办理相关手续；涉及行政企事业等单位使用的国有土地的，由土地储备开发实施单位与原用地单位签订补偿协议；涉及房屋拆迁的，由土地储备开发实施单位办理有关拆迁手续，并组织实施拆迁；涉及市政基础设施建设的，由土地储备开发实施单位办理相关手续，并组织实施建设。土地一级开发实施单位在组织实施拆迁和市政基础设施建设过程中，应按照有关规定通过招标方式选择评估、拆迁、工程施工、监理等单位。

开发企业作为在较长一段时间深度参与区域城市综合建设的主体，在一定程度上说，和地方政府的诉求是重叠的，业务的顺利开展对双方都是有益的。针对目标项目行政审批风险，开发企业要与政府相关部门建立有效的沟通协调机制。此外，城市综合建设需要妥善处理各种复杂的政府关系，也要求开发企业要加强与政府沟通。在有效沟通的基础上，要强调地方政府在整个城市综合建设中的领导地位，从而促使政府相关行政部门，建立有关审批协调机制，加强协调与配合，各司其职、高效行政，保证城市综合建设的有效运行。合作中，开发企业还可以与地方政府建立联席会议制度，在双方合作过程中出现的重大问题及时协商并形成会议文件或补充协议，以便遵照执行。

（二）项目融资风险

城市综合建设项目大多建设周期长、资金投入密集度高、投资规模大，一般要长期占用大量资金。在目前城市综合建设的操作模式中，一般都需要开发企业负责筹集资金。开发企业虽然可以采取分期滚动开发模式，使得后续资金投入可以由前期项目的现金流入来补充，但即使是为启动项目的第一期投入，动辄往往达到数十亿元资金的规模，资金需求巨大。如果遇到银行信贷政策紧缩、产业调控等不利变化，资金筹集不确定的风险就将凸显出来。减少融资风险、保证融资渠道的畅通、提高资金运作能力对于城市综合建设项目的成功运作至关重要。城市综合建设项目的融资大致可以采用以下几种方式：

1. 银行贷款

一般来说，企业开展城市综合建设业务的主要资金来源仍然是银行贷款。在项目前期谈判阶段，开发企业应深入研究国家及当地土地储备贷款等相关政策，争取政府协助进行融资，并积极与意向贷款银行沟通，邀请其提前介入，共同对项目交易模式及盈利能力进行论证，同时就融资的相关条件及时与政府沟通，以落实项目融资方案。融资担保方面，由于城市综合建设项目以土地一级开发为基础，不形成固定资产，只形成应收账款，缺乏有效的抵押物。开发企业可以尝试应收账款质押、指定地块抵押、当地政府平台公司固定资产抵押或股权抵押等方式进行融资担保。这些方式均可以避免开发企业提供担保，降低开发企业融资风险。此外，鉴于项目获取银行贷款的难易度与项目自身性质及国家政策支持程度紧密相关，因此，开发企业应通过与政府的沟通和谈判，从项目立项阶段开始将项目性质界定为国家支持的项目类别，从而争取国家的扶持政策。

2. 创新性融资

除传统银行贷款方式外，城市综合建设项目还有必要拓展多元化的融资渠道，比如土地资产证券化、债券或股权融资、信托融资、基金融资等创新性融资形式，从而有效降低资金来源过于单一的风险。但是，创新融资方式成本往往较银行贷款高，因此，在使用时应当对项目公司负债及收入等问题格外重视，严格控制创新性融资风险。总体而言，进行融资创新应满足以下三个要求：项目公司以较高成本引入的资金不能在公司合并资产负债表中反映为负债，同时争取将所投项目营业收入并入财务报表中；在能够成功募集资金的前提下，项目公司需提供的保证措施及让渡权利应在项目公司可接受范围内；融资期限应满足项目需求。

针对以上融资方式，开发企业应在城市综合建设项目前期对项目进行缜密的财务筹划与调查分析，充分利用拟开发项目的原始资料及周边区域关联项目的开发补偿政策及事实效果比较资料，充分估算实施过程中的财务风险。将项目规划条件、拆迁难度、资金利用率、开发成本、销售价格、费用支出、资金风险等进行财务指标分析，仔细测算城市综合建设需要投入的资金总量与投入周期，制定科学合理的融资实施方案。

（三）项目运营控制风险

1. 成本投入控制

城市综合建设项目在具体实施过程中，几乎每一个环节都涉及资金成本投入。以土地一级开发为例，其成本是指开发企业在进行土地一级开发，将生地变为熟地过程中所发生的各项费用支出，主要包括征地、拆迁补偿费用、前期开发费用、市政基础设施建设费用、配套设施建设费用、环境景观建设费用及管理费用等各项间接费用。开发过程中不确定因素较多，尤其拆迁成本较难以控制，若处理不当，极易导致项目成本投入失控，进而导致开发企业亏损。

针对项目成本投入控制风险，首先，应优化运作流程，提升管理能力，有效控制成本，尤其是涉及征地、拆迁、基建、土地出让等环节。同时，城市综合建设又是一个综合性系统性工程，涉及众多和政府对接以及和外部合作单位谈判的环节。因此，优化运作流程、提升管理能力对一级开发企业的成本控制有着重要作用。其次，在项目初期，应在合作开发协议等文件中明确项目的范围和内容，并严格按照区域土地一级开发成本审核办法或其他相关标准确定不同子项目的还款来源：可以计入土地一级开发成本的，明确投资额度、建设数量、计价原则和方法等；不能计入土地一级开发成本的，按照公司对于融投资建造项目的要求，明确要求地方政府将其列入政府采购范围并出具回购函。在项目运营过程中，对于项目范围之外未列入建设内容的子项目，除非与地方政府另行签订补充协议，否则原则上不予投资建设。最后，可有效运用合同管理控制财务风险。城市综合建设过程涉及贷款合同、规划设计合同、施工承包合同、拆迁委托合同、拆迁补偿合同、咨询合同、采购合同等各类合同，合同管理是控制财务成本的坚实基础。合同谈判过程中，各业务部门与法律事务、财务资金等职能管理部门应共同参与、相互制约。此外，成本控制重要的一条是要切实把握企业与政府的投资投入与收益分配比例，包括需要政府投入的项目和具体的政府利益分配，比如拆迁费用可由政府投入或部门投入。在利益分配上，可以约定一个成本加收益的模式，也可以约定风险共担的模式，即根据土地出让的最终价格来确定企业的收益比例。

此外，在项目实施过程中，如果由于当地政府需要或项目实际需要调整项目成本，将土地一级开发成本以外的相关费用纳入项目土地开发成本，或将项目土地开发成本中的一部分分离出项目土地开发成本，则需要联动规划设计、土地发展，认真分析项目投入产出、平衡项目收益后进行决策，并取得当地政府或项目开发主体的确认文件。

2. 开发节奏控制

开发节奏控制最主要的目标是实现资金的循环利用，即用尽可能少的资金量来实现城市综合建设项目开发目标，提高资金使用效率，实现滚动投资。同时，控制项目开发节奏，使项目建设进度与政府协助工作及利润回收情况、资金到位情况、投资回转情况相匹配，可以在一定程度上保证项目在实施过程中实现利润，降低项目风险。

一般来说，城市综合建设要管理好项目推进节奏，审慎做好过程投资安排和资金平衡。原则上应分阶段、分片区、分地块、分项目地进行，开发节奏应与规划审批进度、银行贷款到位进度、土地出让进度、大市政配套计划、土地一级开发成本及固定比例回报支付情况、土地使用权获取情况、土地溢价分成获取情况等相匹配，既要保证项目开发建设速度，又要考虑项目投资回收和利润回转时间，从而使资金合理有效地运转起来，实现项目的滚动开发和收益的最大化。

（四）项目征地及拆迁风险

城市综合建设往往会涉及征地与拆迁安置等相关事项，征地拆迁成本一般占土地一级开发成本比重较大，征地拆迁也就成为城市综合建设较大且不可预知的风险。相关单位、个人对征地、拆迁及安置方案的利益诉求不尽相同，如果因拆迁方案设计不合理，或拆迁方案沟通程度不足，使得拆迁工作不顺利，将导致征地拆迁周期不确定的风险，进而推迟整个项目的完工时间。因此，征地拆迁风险是城市综合建设业务开展过程中的一大风险。

针对项目征地及拆迁风险，在开发企业作为征地拆迁的具体实施主体的情况下，要严格按照国家相关政策法规进行征地拆迁，在政策允许的范围内严格控制人为因素导致的成本提高。征地拆迁要在保护当地居民和企事业单位合法权益的前提下，尽可能地降低征地拆迁的成本。征地拆迁是政策性极强的工作，如果不顾被拆迁人的利益，不按政策法规办事，宣传疏导工作不到位，征地拆迁补偿不合理，极易引发社会矛盾。要降低征地拆迁成本，首先，要加强征地拆迁工作的组织力度，建立外部与内部的征地拆迁组织体系，积极依靠当地政府，充分发挥地方政府的积极性和主动性；其次，要进行深入细致的征地拆迁调查工作，在此基础上根据国家的相关法规和政策确定科学合理的征地拆迁补偿标准，科学安排和监管补偿资金使用，根据征地拆迁实施方案对被拆迁人进行妥善安置；最后，应通过公开招标的形式选择专业拆迁公司进行征地拆迁的组织实施工作，通过拆迁公司加强与被拆迁人的沟通，合理听取被拆迁人的意见，注重对被征收人切身利益的保护，确保征地拆迁工作顺利推进。

（五）项目公司法人治理结构风险

公司治理结构是一种联系并规范股东、董事、监事及高管人员权利义务分配的制度框架，包括公司董事会的职能、结构，股东权利等方面的制度安排。良好的公司治理结构，可解决公司各方利益分配问题，对公司能否高效运转、是否具有竞争力，可以起到决定性的作用。在城市综合建设项目投资中，一般都需要设立项目公司，项目公司治理结构是否合理和有效对项目运作的成败至关重要。而且，针对部分城市综合建设项目，还存在地方政府设立投资公司等机构与中标投资人共同对项目进行投资的情况，或多家企业联合对特定城市综合建设项目进行投资的情况，在这些情况下，项目公司的股东多元化，也使得项目法人治理结构问题成为城市综合建设项目运作过程中的重要风险。

针对项目公司法人治理结构中可能存在的股权结构不合理、董事会与执行层之间关系不畅、对监事会制度的设定缺乏操作性等诸多风险，首先要积极改善项目公司的股权结构，明确项目公司股东之间的权利义务关系，健全项目公司股东会议制度，有效地对董事、监事及高级管理人员进行监督约束。其次要积极规范董事会的运作，优化董事会的结构和功能，提高董事及高级管理人员的经营管理水平和业务素质，完善董事对公司的义务和责任制度，并对董事会的授权范畴及职责进行明确规定。最后，要积极强化监事会的监督作用，切实发挥监事会对于保障企业健康发展、规范公司日常运作的作用。

三、项目运行后期的风险

（一）税务风险

对建筑企业而言，城市综合建设业务一般均涉及土地一级开发和融资建造业务的开展。对于土地一级开发税收缴纳问题，目前关于土地一级开发的最高层级规范性文件《土地储备管理办法》并没有进行明确规定，实践中关于土地一级开发项目如何征收营业税也比较混乱。例如，2005 年北京市地税局发布了《北京市地方税务局关于奥林匹克公园中心区土地一级开发收入征收营业税问题的函》（京地税奥〔2005〕25 号），其中规定，根据《财政部、国家税务总局关于营业税若干政策问题的通知》（财税〔2003〕16 号）第三条二十款规定，对土地一级开发收入按减去不动产或土地使用权的购置或受让原价后的余额计算征收营业税。2009 年，国家税务总局发布了《国家税务总局关于政府收回土地使用权及纳税人代垫拆迁补偿费有关营业税问题的通知》（国税函〔2009〕520 号），其中规定：纳税人受托进行建筑物拆除、平整土地并代委托方向原土地使用权人支付拆迁补偿费的过程中，其提供建筑物拆除、平整土地劳务取得的收入应按照"建筑业"税目缴纳营业税；其代委托方向原土地使用权人支付拆迁补偿费的行为属于"服务业—代理业"行为，应以提供代理劳务取得的全部收入减去其代委托方支付的拆迁补偿费后的余额为营业额计算缴纳营业税。由此也可以看出，土地一级开发项目面临税收征管规范相对缺失问题；对于融资建造税收缴纳问题，目前，国家税务总局并未出台针对该业务的统一规范，使得融资建造项目在税收征管中缺乏明确规定。在征管实务上，各地税务机关或以取得的回购价款按照"建筑业"税目全额征收营业税，或以取得的回购款扣除支付给施工企业工程承包总额后的余额按照"建筑业"税目征收营业税，或区分立项主体，以投融资人为立项人按"销售不动产"征收营业税，以项目发包人的名义立项建设则按"建筑业"税目相关规定征收营业税。不同的税收征缴方式势必会对开发企业投资收益产生影响。

针对上述税务风险，在项目谈判前期，开发企业就应该与项目所在地的税务部门进行沟通，明确各种税费的缴纳方式。此外，在城市综合建设业务开展过程中，一般情况下，政府对开发企业会有较为优惠的税收政策。企业在与政府签订合作协议时，开发企业应争取政府明确税收优惠政策的种类及企业应享有税收优惠政策的节点及范围等，并提供当地政府税收优惠的相应政策文件或政府会议纪要，以避免今后可能出现的问题，也可以防止因政府机构换届等原因而影响优惠政策的执行。

（二）审计风险

城市综合建设项目的审计风险主要集中于土地一级开发上。土地一级开发项目成本审计可分为开发企业的内部审计和针对开发企业经济投入活动进行的外部审计。对开发企业而言，所面临的审计风险主要指土地一级开发成本的审计结果与实际投资成本额之间存在偏差的不确定性，尤其是成本审计结果小于实际开发支出的可能，开发成本不能得到全部认可，投资无法完全返还，可能给企业造成巨大损失。

针对审计风险，开发企业首先应优化土地一级开发成本核算。开发企业在具体确定土地一级开发成本归集对象时，应结合本区域的土地开发特点和实际情况，在满足成本计算的基础上加以确定。在此过程中，开发企业应深入研读并执行当地已经颁布的土地一级开发成本核算办法，掌握能够计入土地一级开发成本的项目及其计价原则，在此基础上进行土地一级开发成本的核算。对于尚未颁布土地一级开发成本核算办法的城市，应以可比城市颁布的成本核算办法为基础，在项目合作协议等对双方均具有约束力的文件中明确土地一级开发成本核算原则，确定可以计入土地一级开发成本的项目、计价原则和方法、审核时间节点、审批周期等，并尽量争取实现分地块、分项目的过程审核。其次，开发企业应注重完善内部审计制度，应注重内部审计体系的建设和发展，强化对审计人员专业素质的培养，建立健全内部审计档案。此外，还应促进内部审计与外部审计的协调。企业内部审计部门应与外部审计主动探讨具体审计程序和审计方法的缺陷，加强与外部审计部门机构及人员的沟通，并及时交换修改意见，以降低审计风险。

（三）项目土地出让风险

由于我国实行土地利用计划管理及建设用地总量控制，土地出让要依据年度用地供应计划进行，纳入供应计划的土地才能上市出让。若土地预计未来上市出让时间不确定或超出预期，开发企业不能及时收回投资，融资成本将会随之增加，难以实现既定的项目投入产出比。目前来看，由于房地产调控的严峻形势，土地出让的风险也正不断加大，若土地出让指标和上市出让时间不确定或超出预期，势必影响开发企业的项目实施进程。

针对上述土地出让风险，开发企业在与当地政府协商土地出让收益分成事宜时，注意确认项目土地的供地指标及上市出让时间，并考虑该上市出让时间是否与投资人的预期投资回报周期相符。否则，开发企业的投资将面临较大商业风险，应该重新评估采用土地出让收益分成模式收回开发成本的可行性。

（四）项目收益最终实现风险

鉴于我国目前对土地出让收入实行"收支两条线"的政策，土地出让收入要全部缴入当地国库，支出一律通过地方政府基金预算安排，土地出让收益分成是否可列入土地出让支出预算存在一定的不确定性，在实践中各地财政部门对此的理解和操作各不相同。而且，政府关于土地出让金规定的基金提取比例不断提高，同时对土地出让金的管理也越来越规范，也有可能挤压开发企业参与土地收益分成的利润空间。

针对此项风险，首先，开发企业应通过与当地政府协商，以同级人大决议及相应政府文件、会议纪要等形式确定土地溢价分成的合法性，要特别注意与当地政府提前核实土地收益分成能否列入政府的土地出让收入支出预算，并要求政府就此出具正式的确认承诺文件。在项目实施过程中，注意核实政府是否按其承诺完成了相应的预算程序。其次，开发企业应在项目合作协议等对双方当事人均具有约束力的文件中明确约定分成基数、分成比例、支付时间节点及支付部门等内容。其中，分成基数应为土地成交价款扣除土地一级开发成本及法定利润和其他政策性收费后的全部余额，其他政策性收费的项目名称、计提基数、计提比例、计提金额等需以列表形式明确，并作为项目合作协议等的附件。在此基础上，开发企业还应在前期谈判和协议中应争取明确项目运行过程中，后期国家及地方出台的各类法定计提基金均应包含在当地政府的分成收益中，以保证开发企业的基本收益。最后，开发企业在业务开展过程中，应根据当地土地市场行情细致分析土地价值，管理好项目推进节奏，按计划落实土地出让指标，并分析上市出让计划是否与其预期的投资回报周期相符，审慎做好过程投资安排和资金平衡。

Chapter

03

第三篇

国际工程承包法律

风险管理

第一章
国际工程承包概况

第一节　中国企业国际工程承包实践

国际工程承包是发包人和承包人之间的一种经济合作关系，是一个跨地域并具有多种业务模式的产业范畴。近年来，在中国政府"走出去"战略的指引下，我国国际承包工程行业快速发展，在业务规模、业务领域、市场拓展等方面都取得了世界瞩目的业绩。

一、我国国际工程承包发展历史

我国国际工程承包在 20 世纪 50 年代对外提供经济援助的基础上发展起来，在党的十一届三中全会以后随着改革开放的不断深入逐步发展、壮大。20 世纪 70 年代末在阿拉伯石油输出国掀起大规模建设高潮时进军中东市场，80 年代中期在中东市场出现严重衰退时，实现了向亚洲和周边地区市场进军的重大战略转移，1998 年金融危机后开始了面向全球市场的多元化布局。1999 年，根据国内外形势的变化，中央明确提出了"走出去"战略，努力推动各类企业"走出去"成为我国新时期开放型经济发展的重要内容，中国国际工程承包也进入了持续快速增长的重要阶段。在"走出去"战略的指导下，有关部门协调配合，金融、保险机构大力支持，中国国际工程承包行业克服了一系列的困难和障碍，取得了骄人的成绩，在我国外经贸总量的增长和国民经济的发展中发挥了重要作用。据统计，截至2013年2月底，中国对外承包工程业务累计签订合同额10184亿美元，完成营业额6686亿美元。

作为中国最早从事国际工程承包业务的中国建筑行业品牌，中国建筑自1978年经党中央和国务院批准率先进入国际市场、迈出海外经营的第一步以来，迄今已逾30余年。截至2011年底，中国建筑累计完成海外合同额1076亿美元，完成营业额838亿美元，先后在116个国家和地区承建了5500多项工程，很多工程已成为当地标志性建筑，在海外树立了"中国建筑"——CSCEC国际知名品牌，为提高中国企业的国际地位和国际形象作出了突出的贡献。

二、我国国际工程承包发展现状

目前，中国从事对外承包工程的企业有3000多家，在房屋建筑、交通运输、加工制造业、电子通信、石油化工、电力工业、供排水等领域发展良好，具有越来越强的国际竞争力。

（一）业务规模持续增长

近十年来，中国对外承包工程业务完成营业额的年平均增长率达到27.10%，新签合同额年平均增长27.63%。即使在全球金融危机的不利形势下，对外承包工程业务仍然一枝独秀，保持了高速增长的态势。2011年我国对外承包工程新签合同额1423亿美元，完成营业额1034亿美元，分别同比增长5.9%和12.2%，其中新签合同金额在10亿美元以上的特大项目20个。

（二）市场格局日趋多元化

目前，我国对外承包工程业务遍及全球180多个国家和地区，多元化市场格局已经形成。亚洲和非洲一直是中国对外承包工程的主要市场，近几年对业绩的贡献率为80%左右，而欧洲和美洲已成为不少大型对外承包工程企业下一步市场开拓的目标。

（三）业务模式不断创新

在国际化经验日益丰富、承揽实力不断增强、企业实力进一步提升的情况下，企业对外承包工程的业务模式也在发生变化。一方面，扩大EPC总承包在业务中的比例，提高总包水平；另一方面，紧跟国际工程发展趋势，积极探索工程与投资相结合的业务模式，通过BOT等特许经营项目、境外房地产开发、资源开发合作等方式，推动对外工程承包业务向高端发展。

（四）企业实力大幅提升

目前中国从事对外承包工程的企业竞争优势已经不仅仅体现在劳动力成本、价格等方面，更体现在技术、成套设备、资源整合和项目管理等多个方面，并且得到了世界范围内的普遍认可。近几年，连续有超过50家中国承包人入选美国《工程新闻记录》，每年的ENR225强国际承包人名录，蝉联上榜企业数量和业务总额的双料冠军，同时也有多家大型企业进入"财富500强"的排名。以中国建筑为例，从1984年起，中国建筑连年跻身于世界225家最大国际承包人行列，2011年排名第20位。自2006年开始，中国建筑成功进入世界500强企业行列，之后排名逐年上升，2012年已升至第100位。

三、我国国际工程承包面临的挑战

尽管我国国际工程承包取得了骄人的成绩，但是，当前形势下内外多种因素形成的挑战也不容忽视，主要体现在以下几个方面：

（一）世界经济的走势仍不明朗，尤其是欧、美、日等主要经济体均面临需求不足、增长乏力的情况。

（二）国际市场的风险不断加大，中东北非市场的政治动荡导致企业人身安全和财产安全风险增加，给对外承包工程企业提出了新的课题。

（三）国际环境的不稳定限制了某些国家投资大型项目的能力，导致国际工程承包市场投资出现萎缩。

（四）国内设计咨询和金融、法律服务业不能与国际市场接轨，制约了对外承包工程行业向高端发展的脚步。

（五）虽然我国国际工程承包行业发展的速度快、规模大，但在一定程度上存在业务结构和市场结构不尽合理、国际化和属地化运作能力亟待加强的问题，凸显了提升企业核心竞争力、业务发展方式从以规模扩张拉动，向质量效益增长拉动转型的紧迫性。

四、国际工程承包发展趋势

随着国际大环境的不断变化，全球建筑市场投资者主体正在发生转变，国际工程承包呈现新的发展趋势。

（一）工程承包模式日益多样化

设计采购施工（EPC）、项目管理总承包（PMC）等一揽子式的交钥匙工程，建设—运营—转让（BOT）、公共部门与私人企业合作模式（PPP）等带资承包方式，成为国际大型工程项目广为采用的模式。[1]

（二）国际承包人之间的联合与重组愈演愈烈

国际承发包方式的变化使得承包人的角色和作用都在发生变化，承包人不仅要成为服务的提供者，而且要成为项目的投资者和资本的运营者，尤其在对大型和超大型项目的运作方面，一般企业很难独立承担。很多国际工程承包企业都在通过兼并重组、成立项目联合体或者战略联盟等方式，扩大规模，提高竞争力。

（三）融资能力逐渐成为承揽工程承包业务的关键因素

近年来，工程发包方式发生了重大的变革，带资承包成为普遍现象，项目融资呈现出不可阻挡的发展势头，尤其是全球金融危机爆发以来，国际市场信贷紧缩，承包人如果没有强有力的金融支持将很难有所作为。

---

[1] 王锡岩. 国际工程承包的发展趋势与项目管理过程. 2007，2. 项目管理技术.

融资能力已成为承包人能否承揽工程承包业务的关键因素，企业与金融机构强强联手、以资金优势撬动市场已成为必然之选。巴哈马大型海岛度假村项目就是典型的以金融投资带动工程总承包模式实施的项目。中国建筑在该项目上既是投资人又是总承包人，通过充分利用自身管理、技术、劳务的优势和中国政策性银行提供项目融资的得天独厚条件，实现了金融资本与产业资本相结合，创造了中国银企携手、共同开拓国际市场的典范。[1]

（四）工程安全和绿色工程逐渐为各国所重视

可持续发展是当前全球关注的问题，如何在发展国民经济的同时注重"以人为本"和保护环境，将绿色工程的原则融入项目的规划、设计和施工，已经成为建设工程领域的新兴潮流。同时，全球最主要的发包人和承包人都认为工程现场零事故是可以实现的，并在安全保护方面投入巨资，使得事故率大大下降。

在整体趋势的带动及影响下，我国国际工程承包企业正在主动融入国际竞争，适时进行变革与创新，调整业务结构，逐渐渗入对外工程承包的高端业务领域。除了承揽现汇项目外，提供融资服务或带资承包已经成为我国企业扩大国际市场份额的重要手段。

第二节　国际工程承包意义

多年来，国际工程承包在我国的基本定位就是服务贸易、技术贸易与货物贸易的综合载体，是落实"走出去"战略最好的路径之一，是服务贸易出口的优势产业之一，是国际工程承包领域世界六强之一。从国际经济合作的角度看，我国国际工程承包业务一直发挥着利国、利民、利世界的重要作用。

---

[1] 于振德. 转变发展方式——促进海外业务持续健康发展. 2011, 4. 国际工程与劳务.

一、对中国的意义[1]

（一）带动相关产业出口，拉动国民经济增长。随着改革开放的不断深化，经济全球化浪潮下的国外建筑市场早已是我国建筑市场需求量的重要组成部分，据统计，国际工程承包业务年营业额约占国内建筑业产值的 5%~6%。由于建筑业的产业关联性强，其"派生需求"远远超过建筑业本身的增加值，因而国际工程承包也能够连带推动国内相关产业乃至国民经济的增长。

譬如，作为世界最大的建材生产国和消费国，我国水泥、石材、平板玻璃、建筑卫生陶瓷和墙体材料的产量多年雄踞世界首位，新型建材、绿色建材和节能建材亦层出不穷，国际工程承包一直是建材打入国际市场的便捷通道；此外，国际工程承包业务在带动工程施工机械出口方面也发挥了重要作用。据清华大学专家组研究，我国国际工程承包营业额每增加 1 亿美元，当年 GDP 就增长 4.92 亿美元，即国际工程承包对国民经济增长有 1∶4 以上的拉动力。

（二）以项目换资源，促进能源供应多元化。在国家号召"走出去"的同时，国际工程承包企业与金融机构联合拓展国际业务，通过投资国家稀缺资源矿产项目，以项目换资源，用资源锁定风险，既促进了我国能源供应多元化，又实现了国家和各方利益最大化。

（三）拓宽就业渠道，增进社会和谐稳定。国际工程承包业务带动了大批劳务人员出口，不仅增加了大量的就业机会与外汇收入，更重要的是发挥了良好的社会效益"连锁反应"，对促进经济发展与社会稳定、加快社会主义新农村建设有着积极而深远的影响。

（四）促进外交，树立中国良好形象。做好境外工程可以服务于国家整体外交，并树立中国的良好形象。我国国际工程承包在工程质量、工

---

[1] 贾琳. 对外承包工程的"内外联动"作用. 2008，6. 国际经济合作.

程进度以及人员工作作风等方面均受到了工程所在国及各合作方的高度赞赏，许多公司多次在国际上获奖；许多竣工项目被誉为"样板工程"、"中国橱窗"、"中国政府第二种形式的援助"。例如，2003年阿尔及利亚大地震损失惨重，可是由中国建筑建造的房屋却无一倒塌，当地民众交口称赞，誉之为"震不垮的丰碑"。

二、对工程所在国的意义

中国企业从事国际工程承包业务，在贡献精品工程项目的同时，为工程所在国在促进就业、改善生活条件、兴建公益项目、培养人才、保护生态环境等方面作出了很大贡献。

以中国建筑为例。在促进当地就业方面，中国建筑在美国大量使用本土劳动力，累计直接和间接使用劳动力一万余名；在阿尔及利亚累计聘用阿国专业分包队伍500多支，共聘用阿籍管理人员、工程技术人员1000多人，聘用当地工人20000多人；在新加坡、阿联酋等地，中国建筑当地员工比例更是高达30%以上，有些项目当地员工比例甚至达到了98%。在改善生活条件方面，中国建筑在刚果（布）国家1号公路项目部的营地内单独为当地人铺设管道，无偿为他们提供无污染的地下水，帮助当地人民解决饮用水问题。在兴建公益项目方面，同样是在刚果（布），中国建筑无偿为当地村民修建进村公路，极大地便利了当地民众的出行；在阿尔及利亚，中国建筑无偿为当地清真寺提供人力和物资支持，完成了宣礼塔的装修工程。在培养人才方面，中国建筑在阿尔及利亚通过与职业教育培训部签订框架合作协议的方式共同开展对当地青年的职业培训，大大提高了当地青年员工的职业技术水平。在保护生态环境方面，中国建筑积极倡导使用新工艺，新材料，发展绿色建筑，呵护环境，取得了一定的成效，承建的美国南卡大学精英学院、新加坡勿洛商业中心等多个项目获得了当地政府颁发的绿色标志奖章。

三、对国际工程承包企业的意义

对我国建筑企业来说，通过参与国际工程承包业务，可以强化国际竞争意识，培养国际化人才团队，提升企业的竞争力，平衡企业经营风险。

（一）提升国际竞争力。在从事国际工程承包业务、身临其境参与国际竞争的过程中，中国的建筑企业逐步意识到仅凭低成本的劳动力和相对单一的施工承包模式已经不能满足市场竞争的需要，企业必须通过资源整合，优化配置海外营销、资金、技术、商务、劳动力及供应链等资源，丰富国际化经营模式，提升国际竞争力，去争取更多技术含量高、附加值高、影响力大的项目。中国一批具有实力的跨国企业正在形成，已经在国际上确立自己的品牌形象和专业优势，形成了稳定的市场区域和市场份额。当前，中国企业在交通运输、电力及普通房建等领域具备技术特长，竞争优势明显。例如，近年来中国建筑在美国承揽了地铁站、高速公路等多个本土项目，标志着我国承包工程企业的整体实力上了一个新水平。

（二）培养国际化人才团队。实践证明，中国的建筑企业在从事国际工程承包业务的过程中，培养了一大批具有国际化意识和胸怀的管理人才，以及国际一流的知识结构、视野和能力达到国际化水准的高层次人才，他们在全球化竞争中善于把握机遇和争取主动，这些人才成为企业国际工程承包业务持续健康发展的首要保证。

（三）平衡企业经营风险。我国国际工程承包业务最早以非洲、中东为主要市场，目前已发展到业务遍及全世界180多个国家和地区，基本形成了"亚洲为主、发展非洲、恢复中东、开拓欧美和南太平洋"的多元化市场格局，有效平衡了企业可能面临的经营风险。

第三节　国际工程承包法律风险

一、项目前期开发阶段法律风险

在中国企业"走出去"的过程中，一定要有足够的风险意识，一般来说，每个项目都包括前期开发、谈判签约、工程建设及保修阶段。在项目各个阶段，其存在着的风险并不相同，且随着项目发展而变化。建筑企业要能够识别、分析、评价在项目的各个阶段存在着的种种风险，以便防范和控制风险，作出科学的决策。在项目前期开发阶段，要特别注意国别风险和发包人风险。

在国际工程领域，作为发包人进行项目招标的通常是政府部门及私营发包人。对于承包人来讲，要注意发包人是否有足够的资金来源及良好的信誉。一般政府部门作为发包人，与私营发包人相比，其项目投资有国家资金作为保障，资金来源可靠，不会发生资金链断裂的危险。此外，发包人的良好信誉也很重要。如果经过调查发现，项目发包人曾经借口承包人违约，终止与该承包人合同，没收该承包人履约保函，将该承包人告上法庭或仲裁庭，则应慎重进行项目投标。

所以，在项目前期开发阶段，建筑企业需要借助国内外各种资源，采用各种手段，如让当地律师出具尽职调查，通过国内的政府部门、承包商会等权威来源发布的信息等，对准备进入的市场、项目进行可行性研究，了解项目工程位置、发包人资金条件，熟悉工程所在国合同、招投标、公司形式、税收、诉讼、仲裁等相关法律和判例，尤其是关于建筑工程施工许可、发包与承包、施工资质、监理、标准等方面内容，识别、分析、评价、防范可能存在的各种风险，打一场有准备之仗，作出正确的决策。

二、项目谈判签约阶段法律风险

合同是对风险的平衡和划分，在谈判签约阶段，发包人和承包人的重心是合同条件，承包人面临着国家风险、发包人风险、技术风险、设计风险、报价风险、工期风险、财务风险、质量风险及建筑行业的共性风险等多重风险。

由于目前的国际建筑市场属买方市场，发包人提供的合同版本往往不能在发包人和承包人之间公平分配风险，而是片面强化对自己有利的条款，对承包人的权利则给予很大的限制和约束，导致双方权利义务和责任的分配很不平衡，承包人承担了更大的风险。即使发包人采用相对比较公平的 FIDIC（国际咨询工程师联合会）合同版本，也会在特殊条款中修改合同条件，使承包人承担更多的合同项下风险与责任。

如果工程所在国局势动荡或自然灾害多发，为避免风险，合同条件中一定要加上不可抗力条款。承包人和发包人都不希望看到战争、内乱、自然灾害等不可抗力事件的发生，如果不可抗力事件持续发生会严重影响施工进程，损害发包人和承包人双方的利益。在不可抗力情况下，承包人应可以得到工期延长、费用补偿，并在持续发生的情况下有权终止合同。但是一些发包人在合同条件中并不列入不可抗力条款，或对不可抗力事件或情况进行限定，或对承包人终止合同的权利进行限制。承包人在谈判中一定要坚持主张自己的应有的权利。

海外施工中，承包人面临的一个难题是工程所在国的自然、地质条件与本国情况并不相同，即使发包人已经提供地质资料、水文资料等材料，且承包人已经对工地进行了现场勘察，但受制于费用和时间，一般承包人不可能在短暂的现场考察中，检查核对所有的现场数据是否准确、发包人所提供的数据是否足够。在施工过程中，有可能出现不可预见的外界物质条件，包括自然条件及人为的条件和其他外界障碍，这些外界阻碍会造成工程严重拖期和巨大的经济损失。如正在施工的道路工程中，岩石开挖量比招标文件中大量增加。在此情况下，工期会严重拖延。为此，在合同条件中要对不可预见的外界条件发生情况下，承包人获得工期延长和索赔的权利作出规定。

在施工总承包合同中，一般而言，发包人负责工程设计，承包人负责施工建设。因此，一般设计风险应由发包人承担。但发包人提供的合同文件中，关于承包人义务的描述，往往将工程设计义务加给承包人，或承包人要为指定设计单位的设计负责，大大超出了施工合同总包商应当承担的义务范围。在 EPC 模式下，发包人通常提供发包人要求，承包人根据这些要求编制设计方案，进行投标，但是，发包人通常在合同中规定承包人要为发包人要求中存在的错误承担责任，加大了承包人风险。

一般来说，在招投标阶段给出的工程量只能是一个估算值，在实际工程施工过程中，因设计变更或工程量清单漏项等各种原因，工程量会发生变化。如果不在合同中约定工程量大规模变动等情况下，发包人可给予价格调整，并在价格调整中考虑到承包人的各种费用、利润，则承包人要面临巨大风险。

发包人喜欢采用固定总价合同形式，实行一次性包死的价格。通常情况下，发包人提供的合同中规定：除了有重大变更，一般不允许调整合同价格，承包人的索赔机会较少。但对于承包人固定价格有较大的风险。如果合同成立以后客观情况发生无法预见的、非不可抗力造成的重大变化时，如工程所在国主材价格与投标报价时的价格相比上涨幅度过大，超出了承包人所能承受的范围；工程所在国立法发生变化，导致工程费用增加等。在这种情况下继续履行合同对于承包人明显不公平，或者不能实现合同目的，这就明显违背了公平原则。因此，如果适用固定价格合同，应当在合同中明确规定可以调价的情形。

国际工程项目一般工期持续时间较长，实施的过程中不可避免会受到各种因素的影响，包括政治经济形势、资源条件、技术发展情况等。为保证承包人按原定工期竣工，从而发包人按期使用工程，发包人通常会在合同中规定承包人要定期提供施工计划，同时，对承包人延长工期的各种情况进行限制，对承包人工期延误约定罚款，如果工期延误罚款达到一定限额，还会赋予发包人合同解除权。因此，承包人要防范工期风险。

在国际工程承包领域，为保证承包人履行合同义务，按时完成合同规定的工程，发包人在合同条款中往往要求承包人向发包人提供符合其要求的履约担保，一般为无条件的见索即付的银行保函，通常由工程所在国银行出具。由于履约保函独立于基础交易合同，发包人只需向银行提交保函中所规定的文件或声明，即可以获得保函项下的款项。因此，通常保函被视为发包人"手中的现金"。而且，发包人如要求承包人开具可转让的保函，更增加了保函被兑付的风险。所以，承包人要特别防范保函风险。

发包人通常会在招标文件中规定工程的质量标准，可能会采用国际标准，如欧标或者美标。对于中国承包人来讲，无论是欧标还是美标，都不同于我们比较熟知的中国标准，这就增加了履约风险。为保障工程质量，发包人不仅在合同中会规定进行各种检验和试验，而且，即使工程竣工，颁发接收证书后，也还会通过约定不同长度的保修期来约束承包人，这样就加大了承包人的质量风险。

根据意思自治原则，当事人有权选择合同适用法律，而合同的各个方面，如合同效力、合同履约、合同变更及合同违约责任等问题也都按照协商选择的法律来决定。一般发包人在选择合同适用法律时，都会选择工程所在地国法或其本国法，由于发包人的强势地位，承包人只能接受，但是因为承包人对工程所在地国的法律并不熟悉，所以面临着很大的风险。

总之，在合同谈判中，要在识别上述风险的前提下争取对承包人最为有利的合同条件，如最大限度地争取固定总价前提下合同调价的可能性，最大限度减少承包人所应承担的合同项下的风险等。

三、项目建设阶段法律风险

在项目建设施工阶段，承包人还需要考虑来自发包人、工程师、分包商、劳工短缺、成本上涨等方面对正常施工可能产生的阻碍。

根据国际工程惯例，发包人应任命工程师对工程施工进行管理，工程师行使的权力包括批准、校核、证明、同意、检查、检验、指示、通知、建议、要求、试验等。承包人要遵从工程师的指示。尽管 FIDIC 合同中规定工程师在对任何事项进行确定时，要与发包人及承包人进行协商，尽量达成协议。如果达不成协议，工程师要对各种情况给予应有的考虑，按照合同做出公正的确定。但是工程师是作为发包人人员，代表发包人对工程施工管理，承包人在施工过程中要考虑到这一点。

发包人为了尽早利用工程，通常在工程整体接收前会使用部分工程，但是因为发包人提早利用工程会对承包人的正常施工造成阻碍，造成费用的增加，而且发包人可能会要求承包人承担该部分工程使用过程中的风险及照管责任，这就增加了承包人的风险。

如果一个工程规模很大，发包人为赶工期，通常会将工程分为很多标段同时施工，由不同国家的承包人在现场施工作业。发包人在合同中通常会规定，要对各个标段承包人的工作进行协调配合，但是实际施工过程中，其他标段的承包人可能会对某一承包人施工造成阻碍，而发包人则未必会对该承包人因此而产生的费用和工期进行补偿。此外，发包人指定的分包商在施工中可能会不听从承包人指示，为此也会对正常施工造成影响。

国际大型工程施工的工期一般会很长，在施工过程中可能会发生劳工短缺、成本上涨等在订立合同时无法预见的、非不可抗力造成的重大变化，导致工程费用大幅增加。承包人要考虑应对措施，以尽量降低风险。

工程完工后，发包人通常都会接受工程，并签发接收证书。但是如果承包人已提供符合合同要求的工程，但发包人阻碍工程验收，以多种理由拒不接受工程，拒不签发接收证书，则承包人面临工程款结算、保留金返还等多重风险。

四、项目保修阶段法律风险

在项目的保修阶段，承包人要注意缺陷责任期的起算、保留金返还，以及维修责任等风险。

通常情况下，发包人签发接收证书后，就进入工程缺陷责任期，发包人应将一半保留金退还给承包人，并将承担照管工程的责任。一般而言，如果因发包人负责的原因阻碍工程或单位工程接收，此时工程师应相应地颁发接收证书。如果发包人在接收工程前已占有并使用部分工程，则使用的部分应视为在使用的日期起已被接收。在此种情况下，承包人如提出要求，则工程师应颁发该部分工程的接收证书，则该部分工程的缺陷责任期应从发包人占有时起算。但是国际工程实践中，因发包人负责的原因阻碍承包人工程或单位工程接收，或发包人在整体工程接收前使用部分工程，发包人一般都不会颁发接收证书，不承担工程的照管责任，也不会返还相应的保留金，则承包人承担的风险无疑就会增加。

为了确保在施工阶段，或在缺陷责任期间，由于承包人未能履行合同义务，由发包人指定他人完成应由承包人承担的工作所发生的费用，发包人会在工程进度款中扣留一定金额作为工程的保留金，总额一般为合同金额的5%。通常情况下，保留金的退还分两次进行。当颁发整个工程的接收证书时，将一半保留金退还给承包人；当工程的缺陷责任期满时，返还剩余一半保留金。如果承包人已履行合同规定义务，但发包人以各种理由扣发接收证书和履约证书，拒绝返还相应的保留金，则承包人面临着重大的风险。

工程缺陷责任期内，承包人要承担缺陷维修责任，对由承包人原因造成的缺陷，承包人负责维修，并承担鉴定及维修费用。但是如果缺陷是由发包人或其他非承包人原因而造成的，则承包人不应承担相应的风险及修复费用，此类修补缺陷如由承包人进行，承包人应请工程师批准该项工作为工程变更。

　　总之，到国外进行工程承包，一定要对工程所在国的法律环境进行深入了解，遵守所在国的法律、法规、规章，依照所在国的法律进行各项活动，防范和控制项目签约、履约和保修阶段的各种风险，才能保护企业的合法权益。

第二章
市场环境调查

第一节　市场环境调查内容

市场环境调查是指对影响企业生产经营活动的外部因素所进行的调查，从宏观上调查和把握企业运营的外部影响因素及市场营销条件等。对企业而言，市场环境调查的内容基本上属于不可控制的因素，包括政治、经济、社会文化、技术、法律和竞争等，它们对所有企业的运营和市场营销都产生巨大的影响。因此，每一个企业都必须对主要的环境因素及其发展趋势进行深入细致的调查研究。市场环境调查的主要内容包括：

（一）政治环境

政治环境是指企业面临的外部政治形势，状况和制度，分为国内政治环境和国际政治环境。对国内政治环境的调查，主要是分析党和政府的路线，方针，政策的制定与调整及其对市场、企业产生的影响。

（二）法律环境

企业在市场经营活动中，必须遵守各项法律、法令、法规、条例等。法律环境的调查，是分析研究国家和地区的各项法律、法规、尤其是其中的经济法规。

（三）经济环境

经济环境是指企业面临的社会经济条件及其运行状况、发展趋势、产业结构、交通运输、资源等情况。经济环境是制约企业生存和发展的重要因素。经济环境调查具体包括：社会购买力水平，发包人（市场国家政府）收支状况，发包人信贷等情况变化的调查。

（四）技术环境

科学技术的发展，使市场生命周期迅速缩短，生产的增长也越来越多地依赖科技的进步。新兴科技的发展，新兴产业的出现，可能给某些企业带来新的市场机会，也可能给某些企业带来环境威胁。

（五）社会文化环境

市场社会文化环境调查对企业经营也至关重要。文化是一个复杂的整体概念，它通常包括价值观念，信仰、兴趣、行为方式、社会群体及相互关系、生活习惯、文化传统和社会风俗等。在不同国家，民族和地区之间，文化之间的区别要比其他生理特征更为深刻，它决定着人们独特的生活方式和行为规范。文化环境不仅建立了人们日常行为的准则，也形成了不同国家和地区市场发包人态度和推行项目的取向模式。

（六）自然地理环境

一个国家和地区的自然地理条件，也是影响市场的重要环境因素，与企业经营活动密切相关。自然环境主要包括气候、季节、自然资源、地理位置等，都从多方面对企业的市场营销活动产生着影响。

（七）竞争环境

企业调查竞争环境，目的是认识市场状况和市场竞争强度，根据本企业的优势，制订正确的竞争策略。通过竞争环境调查。了解竞争对手优势，取长补短、扬长避短，与竞争者在目标市场选择、市场布局、业务模式、市场发展策略上有所差别，与竞争对手形成良好的互补经营结构。

第二节　法律环境调查

实施工程建设项目是一个较长的时间过程，会涉及工程所在国的政治、经济、法律、政策的调整和变化。因此，经常出现承包人与发包人之间以及承包人与分包商之间的各种纠纷。预防和解决纠纷，法律环境调查至关重要。因此，进入一个新市场前，必须对新市场所在国的法律环境进行调查，有效评估和规避新市场和新项目的法律风险。

法律环境调查的内容主要包括：

一、政体

政体指一个国家政府的组织结构和管理体制，对于具有成文宪法的国家，政体都会在宪法中明确规定。根据中央和地方的权限划分，一般将国家分为单一制国家和联邦制国家。单一制国家和联邦制国家的主要区别如下：

在单一制国家，中央政权享有最高权力，地方政权在中央政权统一领导下，在宪法和法律规定的权限范围内行使其职权。在法理上，单一制国家的一切权力属于中央，地方的权力具有中央授权性。单一制国家的明显外部特征是：全国只有一个中央政权，一部宪法，一种法律体系，是国际交往中的国际关系主体。

在联邦制国家中，国家整体与其组成部分的权限范围由联邦宪法规定，它们各自在规定的权限范围内享有最高权力，并直接行使于人民，相互间不得进行任何干涉。联邦制国家明显的外部特征是：除联邦有中央政权外，各组成部分也有各自的中央政权；联邦立法机关通常由联邦各组成部分的代表组成；除有联邦宪法和联邦法律体系外，联邦各组成部分也有自己的宪法和法律体系。有的联邦制国家，其组成部分在某些问题上可以成为国际交往主体。

以上两种划分，只是从学术上的一个抽象划分，很多国家既不是标准的单一制，也不是标准的联邦制，要从一国的宪法及现实状况作深入研究，才能充分了解一国的整体。

一个国家法律环境受到政体的决定性影响，只有先清楚一个国家的政体，才能更好理解该国立法、行政、司法的设置、各项法律制度等。

二、法系

了解一国法律制度，首先要判断其属于哪个法系，法系是在对各国法律制度的现状和历史渊源进行比较研究的过程中形成的概念。当代世界主要法系有两个：大陆法系和英美法系。

大陆法系主要表现为成文的法典，欧洲大陆上的法、德、意、荷兰、西班牙、葡萄牙等国和拉丁美洲、亚洲的许多国家的法律都属于大陆法系。诉讼程序采用职权主义，即纠问式诉讼方式，法官在诉讼中起积极的作用。英美法系以判例法为主要表现形式，没有严格意义上的法典，英、美、澳大利亚、新西兰、中国香港等国家和地区的法律制度均属于英美法系。英美法系诉讼程序倾向于当事人主义，即抗辩式诉讼方式，法官的作用是消极中立的。

不同法系中的法律规定会有很大差别。即使在同一法系中，不同国家的具体法律和执行情况的差别也很大。我国是具有大陆法系特点的国家，有成文的建筑法典，对建筑工程施工许可、发包与承包、施工资质、监理、标准等方面作出了详细的规定。在走出国门的国际工程施工活动中，工程所在国的法律环境无论是属于大陆法系，还是英美法系，都不同于中国企业已经很熟悉的国内法律环境，中国企业不能按固有的思路、方法办事。

三、基本法律制度

在一国开展经营活动，需要涉及各方面的法律，如公司法、合同法、投资法、海关法、税法、劳动法、银行法、建筑法、反垄断与价格法等。

（一）外国投资法律制度

进入新市场前，首先要调查的就是新市场所在国对外资的相关规定，主要有如下三个方面：

1．行业限制。任何国家都不是完全对外资自由开放，会根据其国情，对外资制定不同的行业限制。

2．市场准入。除行业限制外，即便是运行外资进入的行业，还存在市场准入的问题，如对于建筑行业，欧美等国家普遍实施专业执照、从业资格等制度。

3．代理人制度。在阿拉伯国家，普遍实行代理人制度，国外建筑公司必须通过当地代理人才能进入。

（二）民商法律制度

民商法是任何国家经济活动最基本的法律，因此，在进入一国从事经营活动前，必须先了解该国的民商法律制度，尤其是合同法和公司法。对于合同法，应调查合同主体、合同生效条件、合同无效规定等。对于公司法，应着重了解设立代表处、分公司、子公司的条件，并购与收购规定以及如何撤出等。

（三）税收制度

各国都有不同的税法及税收体系，部分国家的税种和征收方式极为复杂。税种的设置因国家而异，一般按课税对象的不同，税种可以分为所得税、财产税和流转税三类，有的国家税收主要依赖所得税，有的国家则流转税为主。此外，也要注意征收主体，一般国家都存在中央税（或联邦税）和地方税（州税）的区分。征收方式一般分为属地原则和属人原则。属地原则，是指一个国家以地域的概念作为其行使征税权力所遵循的原则，它依据纳税人的所得是否来源于本国境内，来确定其纳税义务，而不考虑其是否为本国公民或居民。属人原则，是指一国政府以人的概念作为其行使征税权力所遵循的原则，它依据纳税人与本国政治法律的联系以及居住的联系，来确定其纳税义务，而不考虑其所得是否来源于本国领土疆域之内。

（四）纠纷解决法律制度

进入一个新市场开展经营活动，纠纷是不可避免的。因此，必须提前对一个新市场所在国的纠纷解决制度予以研究。纠纷解决制度主要包括诉讼法律制度、仲裁法律制度、替代纠纷解决制度等相关法律制度。诉讼是最传统的纠纷解决方式，但耗时较长，一个复杂的案件甚至可能拖延十多年才能取得终审判决。仲裁一般是一裁终局，解决纠纷的时间一般短于诉讼，但部分国家仲裁制度不发达，没有常设仲裁机构，且裁决执行力较差。替代纠纷解决不通过司法机关解决纠纷，特点是效率高，成本低。

（五）其他法律制度

汇率与外汇管制、劳动法律制度、知识产权、环境保护等也非常重要，应作基本的了解。

四、国际条约和双边条约

尽管国际法一般是调整国家与国家的法律关系，不调整个人与国家或个人与个人的法律关系，但是在某些国家的法律体系中，国际法可以直接适用，甚至效力层级还高于国内法。因此，在遵守新市场所在国当地法律制度的同时，还要积极利用国际条约与双边条约保护自身合法利益。双边协定主要指中国与外国签订的相关条约，主要有司法协助条约、双边投资协定、避免双重征税协定等。比较重要的国际公约包括 WTO 相关制度、《纽约公约》、《华盛顿公约》。

（一）WTO 制度

WTO 相关制度主要包括《关税与贸易总协定（GATT）》、《服务贸易总协定（GATS）》和《与贸易有关的知识产权协定（TRIPS）》。

（二）《纽约公约》

《纽约公约》是指 1958 年 6 月 10 日在纽约召开的联合国国际商业仲裁会议上签署的《承认及执行外国仲裁裁决公约》（the New York Convention on the Recognition and Enforcement of Foreign Arbitral Awards）。该公约处理的是外国仲裁裁决的承认和仲裁条款的执行问题。

（三）《华盛顿公约》

《华盛顿公约》是指 1966 年 10 月正式生效的《关于解决国家和其他国家国民投资争端公约》，华盛顿公约主要规范关于缔约国与其他缔约国国民之间关于投资争端的解决机制，并设立解决投资争端国际中心（ICSID）。

五、法治情况

了解一个国家属于哪种法系，以及具体的法律制度如何规定，还是停留在纸面上，具体还要考察一个国家的法治状况，衡量一个国家的法治状况需要考虑多方因素。例如政府权力的受限情况、腐败情况、社会秩序、公民基本权利、政府开放程度、法律实施力度、民事救济途径、有效惩罚犯罪以及非诉讼纠纷解决等。一般来说，发达国家法治情况良好，但这些国家建筑市场对中国建筑企业来说，机会却相对较少。

六、法律环境调查途径

（一）中国商务部门信息

我国商务部会定期发布一些国别投资的指南或报告，如对外投资合作国别指南、中国对外投资促进国别报告等，其中包含大量法律环境相关信息。

（二）所在国政府网站

几乎各国的外国投资相关机构都会提供本国的法律环境信息，但普遍较为抽象，仅部分具有实践价值。此外，由于各国信息化建设程度不同，从新市场所在国政府网站得到的信息相对有限。

（三）国际组织

众多国际组织中，提供国别信息最全面的是世界银行（World Bank）和国际金融公司（International Finance Corporation）联合建立的全球营商环境报告网站（http://www.doingbusiness.org/），该网站免费提供全球180多个国家开展业务的有效信息，涉及的领域包括行业准入、劳动法、公司设立、税收、贷款、合同执行等。

（四）法律数据库

除政府机构和国际组织外，一些法律数据库也提供国别法律环境信息，如北大法宝、Westlaw、LexisNexis 等。

（五）律师事务所

律师事务所专业从事法律行业，能提供的国别法律环境信息更加专业和权威，部分律师事务所也会编写一些行业的国别法律制度介绍免费提供，但一般不会免费提供某国别全面详尽的法律环境调查报告。

如果拟在新市场设立机构、并购或涉及的项目法律关系复杂（如BOT 项目），应考虑聘请当地知名律师事务所，在早期就对新市场所在国的整体法律环境作详细的法律调查。

在新入市场选择资信良好的律师机构签订法律咨询协议是规避潜在法律风险的一个有效途径。律师可协助客户开展法律调研和评估，从整体法律环境来说，提供工程建设相关环节执法情况，以及参与相关多边条约和与中国签署相关双边条约的情况。就具体法律要求而言，律师可协助开展法律调研，了解其法律体系、法律制度、信守合同的环境，以及参与相关多边条约和与中国签署相关双边条约的情况等，可调研工程所在国关于外国公司承包工程的主体资格与资质要求，需取得哪些许可，是否有在当地采购设备和材料的强制性法律要求、设备、材料、施工机械进口、复出关的程序，涉及的税种和税率，雇佣当地劳工的比例、雇佣相关条件（如工资、保险等）的法律要求，外国劳工进入当地工作的手续、费用方面的法律要求和责任，是否有法定的投保险种及要求，关于外汇管制及相关要求等。

第三章
招标投标与合同签署

第一节　招标投标

一、招标文件评审

（一）评审程序及意义

近年来，随着海外经营业务规模的迅速拓展，中国公司在海外工程中所面临的市场环境的复杂性和风险的不可预见性大大增加，与此相应的海外经营面临的法律风险也日益增加。为了及时识别和有效防范海外大型项目投标中的风险，稳步扩大海外经营规模，应制定国际工程招标文件与投标文件评审制度，从而有效控制项目实施中的风险。

1. 评审范围

评审工作，包括招标文件评审和投标评审两个阶段（特殊情况下两个评审阶段可以合并进行），评审工作将形成评审意见。

2. 评审程序

（1）招标文件评审阶段。在收到招标评审资料的三个工作日内，应组织进行招标文件评审，并完成《招标文件评审记录》和《招标文件评审意见》。

（2）投标评审阶段。在收到被评审单位提交的投标评审资料的三个工作日内，应组织进行投标评审，并完成《投标评审记录》和《投标评审意见》。

（3）如被评审单位一次性提供招标文件评审和投标评审阶段的全部资料，则招标文件评审和投标评审可以合并进行。此种情况下，评审组将完成《招标、投标评审记录》和《招标、投标评审意见》。

（二）评审的风险要素与应对

1. 工程所在国政治、经济、社会风险

（1）政治风险在国际工程承包中具有决定性影响，如果一个国家政局不稳，就会带来诸如政权更迭、种族冲突、权力争夺等事件，影响工程承包项目的实施。

战争和内乱，由于战争和内乱而使政权发生更换，由此可能导致原有建设项目的终止或毁约，或因战争使建设现场遭到破坏而中断施工等。[1]

（2）市场风险

当地市场物价稳定与否，对项目成本起着决定性作用，最终也会影响到承包人的经济利益。[2]

（3）汇率、利率风险

国际工程一般采用外汇结算，这就不可避免地面临各国货币的汇率变化问题。对于大型承包工程项目来说，每次付款金额大，如果对应的付款时间发生拖延的话，将会给承包人带来巨大的经济损失。

（4）社会风险

社会人文环境包括当地社会服务条件、基础设施情况、人文民风等。当地的行政机构办事效率、当地生活居住条件和医疗卫生条件等都会影响项目工期和质量。

---

[1] 薛铁柱. 国际工程承包中的风险管理. 2010，7. 载《企业导报》.
[2] 张志宏. 国际工程风险管理研究. 2009，11. 中国地质大学.

2. 发包人资信风险

投标前应了解发包人的资信情况，尤其应详细调查私人开发商项目发包人情况，以规避发包人资信风险。

发包人资信状况调查一般应关注以下 5 个方面：

（1）履约情况如何，历史上是否有违约行为；

（2）财政情况如何，支付能力怎样，是否面临破产危机；

（3）对将要实施的工程项目紧迫程度的要求；

（4）工作人员是否腐败；

（5）发包人聘用的咨询公司资信情况等。[1]

3. 承包模式及其适用范围

在国际建筑承包市场中，传统的施工承包模式，正逐渐被以设计与施工为核心的工程总承包模式所取代，如 EPC 模式、DB 模式等，这种设计施工一体化已成为未来施工承包领域的发展趋势。

（1）EPC 模式

EPC 模式是指发包人选择一家总承包人或者总承包联营体，负责整个工程项目的设计、设备和材料采购、施工以及试运行的全过程、全方位的总承包任务。

由于 EPC 总承包模式的基本出发点在于促成设计和施工的早期结合，以充分发挥设计和施工的优势，从而提高项目的经济性，便于进度控制和投资控制，促进项目的集成管理。EPC 项目从立项开始到项目竣工验收，并交付发包人使用的时间一般为 3~5 年，有的长达 10~15 年或更长。EPC 模式一般适用于大型工业投资项目，主要集中在石油、化工、冶金、电力工程等领域。

EPC 项目要比设计或施工等单项承包复杂得多，风险也大得多。因为，必须面对设计、采购、施工安装和试运行服务全过程的风险，所以

---

[1] 何涛. 国际工程项目施工风险分析和研究. 2003, 12. 施工技术.

总承包项目风险控制的难度必然更大。[1]

（2）DB 模式

DB 项目指在建筑工程领域的设计加建造项目。在 DB 模式下，承包人均承担全部或大部分设计任务和全部建造任务，以总价合同模式和交钥匙方式向发包人交付工程。

根据承包人承担设计任务程度的不同，DB 项目分为两种模式：一种为完全 DB 方式，即发包人仅完成项目计划书，设计工作全部由承包人完成；另一种为接力式 DB，即发包人完成相当于国内初步设计，施工图设计由承包人完成。这里的施工图设计占整个设计工作量 40%~50%。涉及大量计算复核、材料设备选型和专业协调，相比国内施工图设计而言，DB 项目的工作量和难度都更大。

（3）BOT 模式

BOT 即建造、运营和移交（Build—Operate—Transfer），是一种项目融资方式。在实施中政府通过项目特许权协议，在规定期限内，把公共工程项目经营权授予承包人和投资财团组成的项目公司，由项目公司负责投融资，负责项目建设、经营和管理，并从项目经营中回收投资，偿还贷款并赚取利润。特许期满，项目公司将项目无偿转交给政府经营管理。[2]

BOT 模式一般适用于收费的高等级公路、桥梁、隧道、港口、码头、城际轨道交通等交通设施项目、城镇水源供应工程，以及发电或城镇供水等经营性效益为主的综合利用水利枢纽等水利建设项目。

4. 合同条款和条件

在实践中，发包人的地位日趋强势，建筑市场也呈现出买方市场的格局，发包人提供的招标条件与合同条款相对苛刻，片面强化对己有利

---

［1］刘晓燕. EPC 总承包模式下承包人的风险性分析. 2007，4. 基建管理优化.
［2］张爱均. 污水处理 BOT 项目的风险管理研究. 中国科学院研究生院工程教育学院学位论文. 2008. 贾莉. 多个地铁运营企业的合作研究. 中南大学学位论文，2009.

的条款，对承包人的权利则给予不同程度的限制和约束，双方权利义务和责任分配失衡。如对此未有深刻认识并加以防范，一旦风险发生，承包人往往处于极为不利的地位。

（1）承包人的履约担保与发包人的资金担保

发包人提供的招标文件中的合同条件，一般都没有发包人向承包人提供项目资金安排、支付担保的相关条款，但却要求承包人提供履约担保。如果发包人使用 FIDIC 合同版本，一般也都会在特殊条件中规定，"2.4 Employer's Financial Arrangements ——DELETED,"将发包人支付保障的条款删除。因此，在招标文件评审时，需对此特别注意。如果发包人并非诚信的政府部门，或此前与其没有合作记录，则可争取发包人提供相关证明。如无法要求发包人提供相关证明，则应在投标前调查发包人的资信状况及项目资金是否已经落实。同时，在合同中应明确当发包人不能按时支付工程款时，承包人享有放慢施工进度、停工、延长工期、索赔经济损失，甚至终止合同的权利。

（2）现场数据

现场数据是影响承包人报价的关键因素之一。在施工总承包情况下，承包人的投标报价主要基于招标文件和现场考察，如果发包人提供的数据有错误，必然会影响承包人报价的准确性，并有可能在施工过程中严重影响工程施工，并造成延期和经济损失。对于施工合同，发包人应当对现场数据的准确性负责。FIDIC 红皮书第 4.10 款［SiteData］规定，承包人并不对其充分性和准确性承担全部责任，只在可行的范围内承担责任。

但大部分发包人提供的招标文件中的合同条款规定，发包人不对其招标文件中的地质信息的准确性、充分性负责。承包人要承担全部责任。承包人不可能在短暂的现场考察中就能检查核对所有的现场数据是否准确、发包人所提供的数据是否足够，发包人在发布招标文件时，有责任将自己掌握的现场资料提供给承包人，并应对承包人无法进行核实的数据的准确性、充分性负责。

因此，在评审招标文件和合同条件时，应关注合同条件中是否含有承包人只在可行范围内（考虑到费用和时间）对现场数据的准确性、充分性承担责任或者类似的规定，如果没有，则应争取增加相应规定。对发包人确实不同意增加相应条款的，承包人在投标前应当慎重评估相应的风险，采取措施予以防范，并在投标报价中予以充分考虑，或者不予投标。

（3）暂停工程与终止合同的权利

发包人为保护自身利益，通常在提供的招标合同文件中规定"发包人暂停或终止合同的条款"，即发包人在何种条件下有权终止合同，终止合同的程序以及终止的后果。

在发包人权益得到保障的同时，根据公平原则，承包人也应享有相应的暂停工程和终止合同的权利，以保护自己的权益不受损害。FIDIC红皮书第16条对此专门予以规定。

但是，在发包人提供的合同条件中，发包人往往删除这样的规定，或者对承包人暂停工程和终止合同的权利给予不合理的限制。因此，建议承包人在评审招标文件与合同条件时，应特别注意此条款，不能允许发包人删除或者任意限制承包人的暂停终止权。承包人的暂停终止权是发包人违约特别是发包人延期付款或者不支付工程款时最有力的武器，如果在该条款上让步太大，将会给承包人的履约带来巨大的隐患。

此外，该条款不仅能作为制约发包人违约的有效手段，同时，可以为承包人增加许多不需要通过诉讼仲裁即可获得的索赔机会。

（4）合同价格

发包人通常采用固定总价合同形式，价格一次性包死。通常情况下，除非有重大设计变更，发包人提供的合同中一般不允许调整合同价格，这也就减少了承包人索赔的机会。适用固定价格一般会对承包人带来较大的风险。因此，FIDIC红皮书第13.8款专门规定了因成本变更调整合同价格的方式。

但是，发包人往往倾向于使用对其更为有利的固定价格形式，即一般不允许对价格进行任何调整，承包人几乎承担了全部价格风险。因此，承包人确定报价时，必须考虑施工期间物价变化以及工程量变化等因素对工程成本增加的影响。但如果合同成立以后，发生了在订立合同时无法预见的、非不可抗力造成的重大客观变化，如主材价格与投标报价时的价格相比上涨幅度过大，超出了承包人所能承受的范围，导致工程费用增加等，在这种情况下继续履行合同对承包人明显不公平，或者使合同目的不能实现，这就违背了公平原则。因此，建议在评审合同时，承包人应尽量选择不适用固定价格合同，如果选择适用固定价格合同，应当明确规定可以调价的情形，原则上不予签署在任何情况下都不能调整价格的合同。

（5）违约责任

违约责任是合同违约一方应当承担的法律责任。根据合同法的公平原则，合同各当事人所承担的违约责任应当公平和对等。如 FIDIC 红皮书第 8.7 款规定了承包人误期违约应当承担的赔偿责任，第 14.8 款也规定了发包人延期付款应当承担的赔偿责任。发包人提供的合同版本中，往往对承包人工程延期课以很重的违约责任，而对因发包人原因造成工期延误则不约定违约责任或约定很轻的违约责任。因此，建议承包人应重视违约责任条款的规定，特别注意合同对误期罚款（LD）的规定不能过高，同时应当规定 LD 总额的上限和承包人的责任总额上限。对于发包人的违约责任，特别是发包人出现延期付款等严重违约行为的，必须予以明确，规定在此情况下承包人有权索赔工期、费用和利润损失。

二、投标文件评审

（一）投标报价

国际工程承包业务具有跨行业、跨地域、多种业务模式并存的产业特点。项目投标报价阶段工作是国际工程承包业务的重要组成部分，投标报价阶段的一部分风险将延续至项目中标以后实施执行的过程中，并对项目实施结果产生影响。在项目投标报价阶段，如果对项目自身风险因素的规避措施过于稳妥，会加大项目中标难度，也会增加企业的机会成本。因此，承包人在投标报价阶段，采取恰当正确的风险对策十分重要。[1]

1. 工程量核算不准确的风险

国际工程承包项目招标文件通常情况下附有工程量表，承包人按照标书工程量表填报单价，并由此汇总出总价，此种方式属于单价合同。如果招标文件中不附工程量清单，承包人依照招标图纸和其他文件，按照国际惯例自行计算工程量并编写工程量清单，此种方式则属于总价合同。无论是单价合同，还是总价合同，承包人都要在投标报价阶段复核或核算工程量清单表，任何漏算或错算都可能导致承包人巨大损失。

导致承包人风险损失的做法有：

（1）未核算标书工程量清单，即以标书工程量清单编写报价用施工组织计划。施工组织计划中的机械配置、资金流量、材料计划、劳动力计划，均应依据标书工程量清单推导出来。

（2）未研究标书中工程量计量规则。报价人员直接用中国的工程量计算规则，套上招标项目的图纸，核算项目标书工程量，因国内外计量规则不同，导致核算出来的工程量结果不正确。

（3）承包人的工程量核算人员未到现场。现场实际情况和标书图纸标示的情况有重大差别，或承包人考察现场的时候未发现。

（4）投标组只安排单纯工程报价人员核算标书工程量。因为，报价人员在设计、规范、标准、现场施工等方面有知识缺陷。

2. 单价分析风险

国际工程项目投标报价的最基本单元就是子目单价分析，子目单价

[1] 王立杰. 投标报价阶段风险对策. 国际工程与劳务. 2010，3.

计入工程量清单，单价乘以工程量构成项目总报价。标书子目的单价，通常由人工费、材料费、机械设备使用费、管理费、应缴纳的税费和承包人合理利润等组成。

承包人投标报价阶段单价分析的风险主要包括：

（1）套用不适当定额的风险；

（2）子目内容测算时缺项漏项的风险；

（3）计算错误的风险；

（4）有的子目内容没弄清楚，未得到分包商、供应商报价，承包人盲目估价的风险。

承包人应积极构建企业定额体系，建立本企业投标报价平台，汇集全球范围内投标报价资料，积极利用在建项目核算当地项目分部分项成本。在投标报价初始阶段，要首先甄选出不熟悉工作内容的子目，尽早咨询专家意见。

3. 汇率风险

国际承包工程项目工程款支付通常采用多种货币按照一定的比例支付，这些货币包括承包人本国的货币、工程所在国的货币（当地币）、国际上通用的第三国的货币、其他国家货币等。有些项目工程款也会全部以当地币支付。在时间跨度较大的国际工程承包项目施工过程中，不同币种汇率不断变化，使承包人的收入和支出的货币价值总是处在浮动变化中，承包人面临收入贬值、支出成本增大的风险。

投标阶段，承包人应对汇率变化加以研究，努力减小汇率风险，并充分调查以下情况：计算完成本工程项目实际所需花费的各种外汇金额总额，项目总报价中外汇金额的比例，项目所在国的外汇管制制度，当地货币五年以来与世界主要自由外汇货币的汇率变化情况，合同条款中对于外币申请和支付的规定。承包人通常能够争取到的条件是汇率锁定，即从项目中标一直到项目结束，始终采用截标前28天的汇率结算，大多数通用合同条款也是这样规定的。如果投标报价阶段没能争取到高外汇比例，则承包人应加大报价组合中不可预见费的比例。

4．物价上涨风险

国际工程承包项目施工周期长，项目无论是采用总价合同，还是单价合同都面临物价上涨、成本增大的风险。有些合同对物价上涨的调整补偿方式进行了规定，但这也只能为承包人争取到一部分成本补偿，却并不能完全弥补承包人的损失。有时发包人会采取"重大差价调整"的原则，即规定价格调整的唯一条件是"物价指数上升到某一指定的百分比（如5%以上）"。

其实，即使发包人在合同文件中给予了物价上涨后调整标价的计算公式，承包人仍然面临不小风险：[1]

（1）当地物价上涨后，国家统计机构资料滞后，计算物价上涨系数又是根据国家统计机构的数据测算的；

（2）从外国进口的材料、设备、劳务价格也在上涨，但是很难找到相应的文字证明材料；

（3）承包人综合管理费用也因物价整体上升而提高，这一因素却常常不能被列入调价公式；

（4）硬通货贬值，承包人原来赖以抵消风险的手段失效。

承包人在投标报价阶段应对物价上涨的措施包括：增加投标报价中的不可预见费用比例，用不可预见费抵消得不到补偿的那部分物价上涨损失。承包人投标报价阶段应编写项目资金流量图，选择最佳时间收取外汇部分工程款。

（二）设计文件及施工组织设计方案

1．设计文件

据研究表明，60%~80%的工程纠纷是因设计而起，设计变更常常是造成工程索赔的重要原因。设计方案的不确定会带来风险，而且由于各

---

[1] 王立杰．投标报价阶段风险对策．2010，3．国际工程与劳务．

国发包人对设计方案均有各自的喜好。因此，对于"设计+建造"项目，绝对不能掉以轻心，需要适当考察当地的传统做法和风格，以及相应的专业资源和工人资源。另一方面，在工程设计审查时，政府项目并非完全从技术或规范的角度来做，往往会夹杂政府行政命令的色彩，从而增大了项目风险。企业一定要高度重视合同中有关设计方面的约定，针对招标文件的工作范围进行详细的分析，对其涵盖设计的项目格外留心，探明设计的深度和工作界面，必要时要向发包人澄清。[1]

2. 技术规范

建筑行业的特点使我们的产品具有特殊性和不可复制性，因此，每一个项目均有其技术特点和新颖性，均具有一定的工程技术风险。在总承包项目中，项目本身的技术规范（Specifications）的严格程度和详细程度通常会高于常用的国家标准，或者集各国标准规范之大成。很多项目的招标文件中，技术规范体系庞大，对其理解和把握的深度和准确度至关重要。然而，由于国内外状况的差异，许多中方工程人员对国外规范知之甚少。作为施工最为直接的约束文件，技术规范的体系庞大而完整，也大量夹杂着设计师或咨询公司的喜好，而且国际工程对施工条件、施工材料的要求比较苛刻，极有可能发生因吃不透技术规范而造成工期延误、成本上升的情况。因此，一定要吃透招标文件的技术规范，慎重考虑其中相对陌生的专业条款。

3. 施工组织计划风险

有些承包人在投标报价阶段对施工组织设计方面投入的人力不足，施工方案流于形式，限于纸上谈兵，以符合发包人招标要求为目标，不具备可操作性。在项目的投标报价的合同谈判阶段，有些承包人未经仔细论证就被动、草率地接受发包人提出的苛刻技术条件，项目中标后自身却难以兑现相应承诺。

---

[1] 尹文斌. 国际工程项目投标评审中的问题. 2010，7. 国际工程与劳务.

第二节 合同签署

在发包人颁发招标文件，承包人提交投标书并中标之后，就将进入建设工程施工合同的谈判与签署阶段。建设工程施工合同是确定承包人与发包人的权利义务关系的协议，是工程实施阶段约束承包人和发包人的文件，也是双方在发生争议时的最高行为准则。

建筑工程具有规模大、工期长、材料设备消耗大、产品固定、施工生产流动性强、受自然和社会环境因素影响大等特点，合同风险是客观存在的。因此，在合同签署和谈判阶段，承包人应当对具体合同条款作出仔细审核，以平衡发包人与承包人所承担的法律风险，有效提高承包人在履约过程中的风险预见能力和处理能力。

一、形式审查

形式审查是对合同的形式予以审查，签约人是否有授权，对方主体的法律地位，合同是否需要政府备案或批准等。有时合同的形式审查比实质审查更为重要。

二、定义条款

对在合同中频繁出现，含义复杂、意思难理解的术语，应明确其定义，其目的是使得合同简明精确。在国际工程承包合同通常予以定义的术语有：发包人、雇主、承包人、分包商、合同、合同价、工程、永久性工程、临时工程、工作范围、工地、施工期、工程师、工程师代表、图纸、投标文件、合同文件、批准、成本费用等。

三、承包人和发包人的义务条款

对于发包人标书中要求承包人承担的义务应逐项审慎审查，对于不合理及承包方无能力承担的义务应在投标书中提出异议。由于承包人通常有义务承认在投标前已对施工现场进行过详细调查，并承认他在投标时所报的价格清单或价格表里的价格已是足够支付施工所需的一切费用。因此，承包人在投标前对施工现场的调查和分析，以及对承包工程的成本预算工作是尤其重要。

发包人的义务，是根据合同范围而定。但无论任何合同，发包人最主要义务是必须履行合同规定，按期支付其应付的费用给承包人，不得为此影响或损害承包人的利益。特别应强调，对与某些属于承包人的义务，应在合同中明确发包人负有协助义务，例如，工程所在国的施工许可证、进口报关手续、运输许可证等，否则，承包人可能难以完成有关工作。

四、通知条款

在履行合同过程中，双方均需要互发一些通知，如何标写通知地址和发送方法，以及通知生效的时间等，应在合同条款中明确约定。最通常的规定是，如果通知按合同所确定的地址和方式发送，即使没有到达或迟到也视为另一方已接收。

五、工程的工期条款

工期表明承包人或分包商所承担的工作内容必须在一个规定的时期内完成。工期是承包合同的关键条件之一，是影响价格的一项重要因素，同时它也是违约误期罚款的唯一依据。承包人在保证的工期内如不能完成施工任务，根据合同条款的规定，就要给发包人承付违约误期罚款或其他罚金，承包人可在合同中提出保护自己的条款，如设定工期违约金限额及提前竣工奖等。

六、合同价格条款

工程承包合同主要分为固定总价合同、成本加酬金合同和单价合同。固定总价合同主要特征是承包人同意按议定的价格承建工程，承担一切不可预见的风险，发包人也同意按议定的总价付给承包人款项，不问承包人是否取得巨额利润或遭受巨大损失。成本加酬金合同的特征是要有双方同意的概算，包括以概算为基础的成本、利润和酬金，最高造价限额及其他内容。单价合同是在合同中规定单价，合同的总价是按照合同规定的单价乘以实际完成的工程数量计算的。不管合同价是采用哪种方式计算，在拟定合同条款时，均应特别注意规定各类指标数增减幅度达到多大的百分数，就需调整合同价格或单价。为了避免当地货币贬值的风险，在签订合同时可在合同条款中确定一个固定的汇率。如果合同计价的货币与付款所用货币不相同，在合同中还要明确规定两种货币之间的兑换率。

七、保函条款

在国际工程承包合同中，对承包人所要求的保证包括履约保函、预付款保函、保修金保函。

承包人应重点关注保函独立性、有效期、可转让性及争议管辖等，尤其是"见索即付"保函。此种保函使受益人掌握绝对的主动权，在索偿有效期和担保金额内，只要受益人提出书面要求，银行必须无条件支付现金给受益人，而不必征求申请人的同意。另外，一般标书或合同规定保函由当地银行或当地注册的外国银行开出，当未具体指明哪家银行时，承包人可选择一家担保条件不苛刻、资信好、收费合理、办事效率高的银行开出保函。

八、保险条款

国际工程承包业务中的保险主要有三种，即工程保险（或财产保险），第三方责任保险和人身伤害保险。关于工程保险，最好在合同中不作国别限制，争取发包人接受由中国保险公司开出的工程保险单；关于工人的工伤事故保险和其他社会保险，应力争可向承包人本国的保险公司投保（对当地招聘的工人可同意在当地保险公司投保）。有些国家往往有强制性社会保险的规定，对于外籍工人，由于是短期居留性质，应争取免除在当地进行社会保险。否则，这笔保险金应计入在合同价格之内。

九、税收条款

国际工程承包合同通常涉及的税金项目有合同税、所得税、社会福利税、社会保险税、养路及车辆执照税、地方政府所征收的特种税，以及关税和进口税。各种海外工程承包合同的税金条款无一定标准。因为不同的国家、不同的地区和不同的发包人，要求承包人支付的税金种类、税率及课征办法各不相同。因此在签订合同时，当事人各方应对纳税的范围、内容、税率和计算方式一一明确规定。

同时，由于中国与世界其他国家签订了为数不少的避免双重征税的协定。因此，签署合同之前，承包人应当对相关双边协定进行分析和参考，可以在合同中确定各个税种的征税国，使得协定中规定的税收抵免方法得以有效执行。

十、劳务条款

签订合同前，应当了解当地的劳工法、移民法、出入境规定等，还应当了解个人所得税法的规定，并获得相应的解决办法，避免雇用外籍劳务和当地劳务中可能的障碍。

如当地有限制外籍劳务的规定，则承包人须同发包人商定取得入境、临时居住和工作的许可手续，并在合同中明确发包人协助取得各种许可手续的责任。

对于限制外籍劳务的国家，为了防止因缺少熟练的当地劳务从而导致工期的延误，应争取在合同中列入"当公开招雇和当地劳动人事部门协助下仍不能获得足够的当地的熟练劳务时，允许外籍劳务入境实施该项工程"条款。

在签署合同时应当拒绝列入对外籍人员和劳务有侮辱性和歧视性的条款，但现场劳务人员必须遵守当地法律，尊重当地风俗习惯，禁酒、禁止出售和使用麻醉毒品、武器弹药，不得扰乱治安的条款。

第三节　授权委托

对企业实行授权管理是大型企业常见的管理方式，工程承包企业对海外经营实行授权管理也是经营过程中必须采取的管理方式。国际工程公司一般会根据其驻外机构的经营需要及管理能力，给予对各驻外机构负责人一定期限的相应业务经营授权额度，驻外机构负责人在授权权限范围内行使相关权利。海外经营授权管理可以激发作为被授权人的海外机构拓展市场和实施海外工程管理的积极性，保证被授权人迅速有效地实现目标，减少管理链条，增强对海外市场的应变能力。

对驻外机构负责人的这种授权管理实际上就是一种委托代理关系。委托代理，又称授权代理，是指代理人按照被代理人的委托而进行的代理。委托代理人所享有的代理权，是被代理人授予的。一般来说，公司作为一个法人实体，只有法定代表人有权在职权范围内，直接代表法人对外行使职权。但法定代表人不能事事亲力亲为，为此法定代表人会将驻外机构一定范围内的业务经营及机构管理等相应权利授予代理人，在海外经营中代理人一般是驻外机构的负责人。法定代表人作为委托人，是被代理人；各驻外机构负责人作为受托人，是代理人。

就国际工程承包企业来讲,"授权"可以更理解为公司法定代表人以授权委托书、文件、制度、相关会议决策及职位说明书等形式,将有关事项(如对外经营投标签约、金融事项、纠纷解决、机构管理等)、权限内容和时间等内容授予代理人代为履行的行为。所以授权就其授权事项、内容来讲,可以分为针对单个项目或具体事项办理的单项授权,和对各级部门或机构负责人的经营管理权限的综合授权,主要包括投资、担保、保函办理及费用支出等内部管理分级授权,以及对外经营投标签约分级授权。

委托代理可以用书面形式,也可以用口头形式。通常情况下,为避免授权的随意性和不确定性,委托代理行为都需要采用书面形式,制作授权委托书。书面委托代理的授权委托书应当载明代理人的姓名或者名称、代理事项、权限和期间,并由委托人签名或盖章。

一般情况下,大型国际工程公司为防范风险,会根据公司实际经营管理需要,制定标准格式授权委托书,在标准格式中对一些权限进行限制,如无特殊原因,都需要使用公司规定的标准格式授权委托书。但如因经营管理客观需要,发包人或政府主管部门、银行机构等有指定授权委托书格式的,经审核同意,也可以使用指定格式。

为避免授权不明、实施授权不规范、无权代理等行为给被代理人造成损害,在出具授权书时需要注意一些事项。如授权对象的限制:因为代理人在代理权限范围内的行为所产生的后果要由被代理人承担,代理人失职及代理人与他人恶意串通情况下,被代理人要遭受相关的损失,所以在代理权限的审查、代理人的选择上一定要慎重,代理人一般均应为公司正式员工;如对转委托的限制:一般情况下,不应当允许代理人将获得的授权进行转授权,只有在确有必要,确有正当理由时才可以授权代理人转委托权;如对融投资授权限制:中国建筑一般都对融资、投资、贷款、开立账户、办理保函和担保业务的授权作了规定,所以经营投标签约综合授权委托书需注明不得开展该类业务,如确需融资、投资、贷款、开立账户、办理保函和担保业务的授权，需单独申请该项授权，而且此类授权一般禁止转委托。

　　授权委托书是代理人具有授权的法律文件，必须制定严格的授权管理制度和授权委托书的管理制度，对海外经营授权严加管理，减少和避免代理人滥用授权行为的发生。

第四节　公证与认证

一、公证

　　各国为保护本国公民和法人在国际经济、文化、科技、体育等领域的交往活动中的正当权益，对所发生的一系列涉外民商事关系都制定有完整的相关法律，并得到国家强制力的保证。当涉外活动需要时，各国往往要求当事人（个人和法人）提供相关的公证文书（如学历公证书、出生公证书、无犯罪公证书、授权委托书公证书、营业执照公证书、公司章程公证书、审计报告公证书、财务文件公证书等）。

　　英美法系和大陆法系的公证制度并不相同。在英美法系国家，一般没有固定的公证机构，公证事务由公证人来处理。公证人一般是个人执业，其固定职业可以是律师、政府官员等。其作用侧重于形式证明、形式审查，如证明签名属实，但无权证明文件的真实性。而在大陆法系各国，公证制度赋予公证机构（公证人）代表国家行使公证证明职能，要求公证对申办事项的真实性、合法性负责，同时，详尽规定了公证文书制作程序及公证文书的格式等形式要件。

　　在国际工程承包活动中，发包人通常要求中国承包人提供各种公证文件，公证的事项主要包括：授权委托书，公司营业执照、公司章程、审计报告、财务文件、银行开户证明，合同、竣工验收报告等文书上的签名、印鉴、日期，以及文书的副本，影印本与原本相符，个人学历学位证书、护照、驾照、工作经历，保全证据、招标投标活动、无犯罪证明，及其他民事法律行为、具有法律意义的事实和文书。

在办理涉外公证时一定要注意公证书的拟使用国。因为，这决定着公证书的翻译语言，公证书的有效时间、公证书是否相符等内容。如俄罗斯驻中国使馆要求使用的公证书需有俄文或英文译文，须附译文与原文相符公证，且公证词中须证明所证文件译文与原文相符。荷兰使馆要求所有公证书半年有效。要在法国使用的出生公证书须加贴当事人照片并盖钢印等。

二、认证

从广义上讲，认证是指一国外交、领事机构及其授权机构在公证文书或其他证明文书上，确认公证机构、相应机构或者认证机构的最后一个签名或者印章属实的活动。中国国内出具的涉外公证书或者商业文书在送往国外使用前，根据国际惯例，应当先办理中国外交部领事司或被授权地方外办的领事认证。如果文书使用国和其驻华使领馆要求办理该国驻华使领馆的领事认证，这就是"双认证"；如果不要求办理该国驻华使领馆的领事认证，文书使用国即可接受该文书，这就是"单认证"。

为使送至外国使用的各类文件被外国有关部门和机构顺利接受，在认证时我们要注意各个使馆对于认证的不同要求，如语种、份数、认证时间、认证费用、认证内容、附属文件要求等。利比亚使馆要求认证文件要有阿拉伯译文；菲律宾使馆要求文书需一式两份；玻利维亚使馆办理认证的时间根据该馆所持有税花数量的情况而定；叙利亚使馆要求商业文书按发票金额收费；卡塔尔使馆要求发票和产地证须一起认证；津巴布韦使馆只认证复印件与原件相符公证书；巴基斯坦使馆要求申办商业文书的认证需提供 1 份英文的说明；俄罗斯使馆则不认证护照和商业单据；卢旺达使馆要求办签证用只需外交部单认证。

第四章
重大合同风险法律分析

意思自治原则已是各国法律所公认的基本民法原则，平等的民事主体在各类经济活动中自由签订合同，对各自的权利义务关系予以约定是意思自治原则的基本表现。只要不与当地法律相抵触，合同便是当事人的"法律"，当事人之间的各种经济或法律行为都必须依照双方当事人之间合同来进行，不能违反合同约定；在当事人之间发生纠纷时，法院或仲裁机构一般也是以合同为解决纠纷的主要依据。由此可见，合同在经济活动中有着至关重要的作用。

由于建设工程项目周期长、涉及面广等特点，工程合同本身与一般民商事合同相比，更加复杂。国际工程项目，牵扯到各种跨国因素，如工程款支付、货物设备进出口、工程适用技术标准、劳务输入输出、跨国纠纷解决等，将本来就复杂的工程合同进一步复杂化。事先归纳和研究国际工程的常见风险与各国国际工程惯例，有助于在合同签订前，提前识别国际工程合同中的主要风险，帮助企业有效防范和化解国际工程的各类风险。

下面介绍国际工程合同中的常见六类风险及应对措施。

第一节　地质风险

一、地质风险含义

依 American Geological Institute 之定义，所谓工程地质系指将地质科学应用于工程实务（engineering practice）方面，并假设影响工程结构物位置、设计、施工、营运及维修之可能相关地质因子均能被确认并适当提供。依此定义，工程地质风险系指肇因于某些地质特性或现象，致使工程遭遇建造成本或工期上之损失或无法确定者。[1]

广义的地质风险还包括地下设施的风险。业主招标资料关于地下设施的描述可能是不准确的，并且这些设施可能会阻碍永久工程的施工。因此，需要对项目设计进行修改或转移地下设施。如果选择转移设施，则会对工程工期有影响；如果采取修改设计，则承包人就会向业主提出索赔。除了承担与工期有关的费用的风险，业主可能还要承担设计变更的直接或间接成本。

二、发包人与承包人地质风险分担

（一）常见国际工程合同条件关于地质风险的约定

FIDIC 1999 红皮书第 4.10 现场数据：

"在基准日期之前，雇主应向承包人提供雇主掌握的一切现场地表以下及水文条件的有关数据，包括环境方面的数据，以供其参考。雇主同样应向承包人提供其在基准日期后得到的所有数据。承包人应负责对所有数据的解释。

在一定程度上只要可行（考虑到费用和时间），承包人应被认为已取

---

[1] 张吉仕等．隧道工程地质风险分摊模式之探讨．2007．海峡两岸地工技术论文集．

得了可能对投标文件或工程产生影响或作用的有关风险、意外事故及其他情况的全部必要资料。在同一程度上，承包人也被认为在提交投标文件之前已对现场及其周围环境、上述数据及提供的其他资料进行了检查与审核，并对所有相关事宜感到满意，包括（但不限定）：

1. 现场的形状和性质，包括地表以下的条件；

2. 水文及气候条件；

3. 为实施和完成工程以及修补任何缺陷所需工作和货物的范围和性质；

4. 工程所在国的法律、程序和雇佣劳务的习惯做法；

5. 承包人要求的通行道路、食宿、设施、人员、电力、交通、水及其他服务。"

FIDIC 1999 银皮书第 4.10 现场数据：

"雇主应在基准日期前，将其取得的现场地下和水文条件及环境方面的所有有关资料，提交给承包人。同样，雇主在基准日期后得到的所有此类资料，也应提交给承包人。

承包人应负责核实和解释所有此类资料除第 5.1 款〔设计义务一般要求〕提出的情况以外，雇主对这些资料的准确性、充分性和完整性不承担责任。"

ICE 第 6 版第 11（3）条规定：

"承包人被认为：

他的标书是基于上述的发包人所提供的信息、他自己的全部检查和检验。"即发包人对投标阶段他所提供的信息的准确性负责。

ICE 第 71 版的第 11（3）条中这样规定：

"承包人应该被认为……他的标书是基于前面提到的自己的检查和检验和所有信息，无论是他自己搜集的，还是发包人提供的……"

根据 ICE71 版，承包人的标书被认为不但是基于发包人提供的信息或者他检查的结果，而且还应该有其他来源的信息。例如，通过市政当局获得的信息。

NEC 工程与施工合同文本：

"第 60.1 条如果承包人遇到在合同期间被认为发生概率很小的自然条件，他有权索赔工期和费用。

第 60.2 条，在对自然条件进行分析判断时，承包人被认为已经考虑过一般由发包人提供的有关现场的信息。"

GC/Works/l 1998 条件：

"第 7（1）条规定，承包人尤其应该充分了解需开挖的土质和材料的特性。

第 7（3）条继续规定，如果承包人遇到无法了解，且不能够合理预见的地质条件（已经注意到他已经或应该合理确定的任何信息），他应该有权索赔额外的工期和费用。"

（二）地质风险分担方法

在我国香港和马来西亚的一般公共工程的承包市场，地质状况的风险完全是承包人的风险；在大多数国家，地质责任或多或少地由业主和承包人共同承担。但在承包人负责设计和一些交钥匙工程中，如 FIDIC 银皮书所规定的 EPC 类型的项目，合同一般约定承包人完全负责现场及其地表和水文条件。

要求承包人承担地质状况的风险，反映了业主希望能够十分确定项目时间和成本，如 FIDIC-EPC 合同。但是对这种风险分配方式并非公平合理，经常会出现争议。并且承包人在投标前，详细现场调查的方法和机会通常也有诸多限制。让合同一方承担特定的风险，但该风险又是该方无法控制且无法进行估量的，这样的风险分配是很容易引起纠纷的结果。

承包人不承担设计责任，设计图纸和地质资料由业主提供，业主通常委托第三方进行详细地质勘察和其他调查。在另一方面承包人有义务使用根据其所获得的资料及其应当获得的其他资料而决定使用的方法，来建设永久工程。承包人的合同性设计义务一般只是一些临时工程的设计，或是适当的深化设计。一般承包人不能自行变更永久工程的设计。

另一种风险分担的方法是，承包人在"参考条件"的基础上制定的价格，但若出现更为不利的条件将按工量单增加付款。该方法对承包人最明显的好处在于承包人就其实际碰到的情况获得款项，而这会让业主尽可能准确地描述参考条件。

英国建筑行业实践中，部分业主和承包人选择如下的地质风险分配方法：

"a 如果出现了这些明确定义的条件，则承包人所应当承担的经济和时间后果的分担和估价；

b 超过估价分担的经济和时间后果所引起的各方的责任。

举例，如果对所遇到的岩石不利条件所引起的费用估价可能是 10 万美元。业主和承包人可能约定该风险按照 50∶50 承担，即各方承担 5 万美元。在这些情况下，由于不管风险是否发生，承包人对风险的承担价格都包括在了合同价格中，业主将就承包人所承担的部分进行付款，如果出现了额外的风险费用，则再支付费用的一半。所以如果风险没有出现，但承包人处理岩石条件所出现的费用（在公开账簿的基础上进行估算）低于 5 万美元，则承包人将无权获得额外的付款。如果风险出现，而承包人处理风险的费用超过 5 万美元，则超过的部分将在双方间按 50∶50 的比例承担。同样的方法也适用于与时间有关的后果。"

在英国的公司采购项目中，承包人实际上也是对项目公司就地质状况承担全部的风险，就像项目公司要对公共机构承担相同风险一样。但是，市场有时通过政府聘请的现场调查承包人向承包人发出保证的方式来规定风险转移的范围。另外，在英美法系国家内，获得间接担保的另外一个方法把现场调查报告"转让"给承包人。通常这要求公共部门保证由其委托的现场调查承包人完成的现场调查报告，不仅仅交给公共部门，而且还应当交给承包人。这种做法的法律依据是由现场调查承包人对其所出具报告的准确性向承包人负直接责任。

（三）风险防范与案例分析

对于业主提供的错误地勘信息，在普通法国家，一般承包人以被误导为由提出索赔，但也不是一定能得到支持。

Max Abrahhamson 在他的《工程法律和 ICE 合同》（ Engineering Law and ICE Contract ）一书中认为：“法庭无意允许一方提供没有根据的误述，而不承担后果责任。”

在 Pearson and Son Ltd 诉 Dublin Corporation（1907）案例中，工程师在合同图纸中标示的一堵墙位于他已知的不正确的位置。合同中有一个条款规定，承包人应该知道自己已经明确了解现有全部工程的尺寸、标高和特性，并且业主将不会对提供信息的准确性负责。尽管如此，业主仍然被裁定为不足以抗辩对其欺诈行为的诉讼。

在 Bacal Construction 诉 Northampton Development Corporation（1975）案例中，承包人 Bacal 已经根据选定的基础条件提交了选定的六栋建筑的下部结构设计和详细的、已标价的工程量清单，作为他们投标书的一部分。合同的明示条款规定，设计和已标价的工程量清单是合同文件组成部分。基础设计是基于这样的假设，即业主 Northampton 所提供的基于有关钻孔数据的地质条件是真实的。

在施工过程中，在现场的某些部位发现了凝灰岩，这些部位的基础需要进行重新设计。因此，发生了额外工作。承包人主张业主违背了默示条款或默示保证，即地质条件与承包人进行基础设计所依据的情况应当一致。还主张他们有权得到因业主违约而造成的损害的赔偿。业主拒绝承担责任，坚持认为不存在这种默示条款或保证，但是法庭同意承包人的观点。

如果业主在投标阶段为承包人提供了现场勘探报告，在计算投标价格的时候，承包人有权利信赖这个报告。如果勘探报告被证明不准确，承包人因此发生了额外费用，他通常能够找到有利的依据索赔这笔费用。

中国建筑管理丛书

法律实务卷

然而很多合同都规定，业主应当提供地质勘探报告，但是未规定业主应当承担责任。在很多情况下，规范中都包含了这种免责条款。尽管合同没有这方面的规定，甚至有免责条款，如果信息不正确是由于业主、建筑师或工程师的欺诈或粗心大意，并因此给承包人造成损失，他也可以找到有利依据来索赔额外费用。

业主如果专门免除了对提供信息的责任或者限制承担不正确信息的责任，根据英国1977年《不公平合同法》，他们需要证明这种免责或限制是合理的。在任何情况下，免责条款都不能解除发包人过失造成的后果，除非这种过失责任被明示免除。

在提供地质勘探报告情况下，从业主利益考虑，应当明确该信息只是对钻孔位置上的和钻孔当时的地质情况的说明，同时明确告知承包人，不能假定这个条件适用于现场的所有位置和今后的任何阶段。

但在 Railtrack plc 诉 Pearl Maintenance Services Ltd（1995）案例中，法庭裁决"因为合同明确规定由承包人确定地下市政设施的路径，他应该对给市政设施造成的损坏负责。"

结论：

由承包人来承担地质状况的责任其实是相互实力的问题，它并不会影响公平或是谁有能力来承担风险。简言之，是风险分配游戏的结果，并且也是自由市场经济的一个特征。当然这也并不是说它反映了风险分配中最有效的方式。

第二节　设计风险

建设工程活动离不开设计，设计是建设工程的第一步，没有设计，建设工程活动便无法开工。正因为设计在建设工程中如此重要，设计责任的划分也成了建设工程项目中的重要课题。

一、设计责任的种类

传统工程承包中设计责任的划分（FIDIC 银皮书与黄皮书模式）：

在传统施工模式中，承包人往往承担的是深化设计责任，初步设计由发包人聘请的设计咨询公司完成。

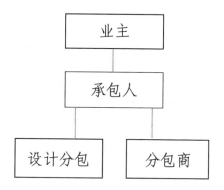

图12：设计施工总承包中涉及责任的划分（FIDIC 银皮书与黄皮书模式）

在施工总承包中（DB 或 EPC），承包人既要完成初步设计，也要完成深化设计，发包人往往只提供概念设计或发包人要求。

二、设计责任的承担与风险防范

（一）传统承包模式下设计责任的承担

尽管传统承包模式中设计的责任由发包人聘请的建筑师（工程师）承担。但是，施工合同文本中往往都设置了要求承包人承担某些设计工作的条款。很多预定推出的工程合同文本都要求承包人应该负责根据技术规范对设备或工程进行细化设计。

这里面没有严格的界限规定工程师的义务终止点和承包人或分包商的义务的起始点。这需要视具体情况而定。

在 H Fairweather and Co 诉 London Borough of Wandsworh（1987）案例中，使用的分包合同是 NFBTE/FASS 指定分包合同，在这个文本的附件

中界定的工程内容是"负责完成对技术规范中描述的地下供热系统进行安装和测试。"技术规范有两个相关条款。第1.15条规定了分包商提供安装图纸的责任，并且他们还要"负责在满足已经批准的工程进度计划规定的时间提供全部安装图纸口"技术规范第3（6）节还要求分包商应该准备和提供详细的图纸。

在签署指定分包合同之前Fairweather致函建筑师，主张免除"可以由你的指定分包商承担的设计工程的任何责任"。他们还要求"对指定分包商承担的设计工程造成的缺陷给予适当补偿"口建筑师在答复中提醒注意第1.15条的规定，并且指出这没有"要求（他们）承担系统设计的责任"。Fairweather没有进一步深究此事，并且签署了分包合同。

仲裁员认为，安装图纸不属于设计图纸，法官同意他的观点，虽然他没有看到这种图纸。这并不是表明在有关安装图纸应包含内容的责任方面存在争论。根据这个案件，人们似乎不能够推断一般意义的"安装图纸"不体现"设计"。建筑师已经明确需要提供安装图纸，以便满足进度计划的要求，并且分包商不应该对系统的设计负责。然而在进行系统安装的详细设计过程中，负责图纸制作的人士作出了有设计性质的决定。在没有明显相反的规定时，有关的承包人、分包商或供应商都应该承担责任。

设计或概念设计和施工图之间的界限一般都不是很清晰。制作施工图的目的是什么？有些人认为，其目的是赋予承包人或分包商负责填补设计或概念设计图纸中的空白的职责。还有些人认为，施工图的目的是把设计信息转变成能够对材料进行制作加工和安装就位的格式。

（二）施工总承包中设计责任的承担与风险防范

EPC总承包与传统的施工总承包的主要区别之一是：设计工作基本由承包人完成，发包人将设计风险绝大部分转移给承包人。而设计工作始终是EPC项目的关键。建设工程的规模、标准、组成、结构、构造等特征都是通过设计来体现的，设计是项目运作中材料设备采购和施工的前提。设计所设定的材料设备技术规格和技术要求一旦通过设计审核，材料设备的采购费用和施工费用也基本确定。

1. "发包人要求"与设计法律风险防范

发包人要求是阐述发包人对工程进行中的工作要求、竣工工程标准的文件，是优先于承包人投标书和合同条件的重要文件，它包括工作范围、内容和成果、规范标准、设计准则等，承包人以这些要求作为编制方案进行投标的依据，但是，在EPC合同项下，发包人要求存在错误，承包人是否承担设计法律风险呢？

FIDIC（1999年版）EPC合同条件规定：

"5.1 承包人应被视为，在基准日期前已仔细审查了雇主要求（包括设计标准和计算，如果有）。承包人应负责工程的设计，除下列情况外，对雇主要求（包括设计标准和计算）的正确性负责。

除下列情况外，雇主不应对原告包括在合同内的雇主要求中的任何错误、不准确或者遗漏负责，并不应被认为，对任何数据或资料给出了任何准确性或完整性的表示。承包人从雇主或其他方面收到任何数据或资料，不应解除对承包人对设计和工程施工承担的职责。

在下列情况下，雇主应对雇主要求中的以及由雇主提供下列数据和资料的正确性负责：

（a）在合同中规定的由雇主负责的，或不可改变部分的数据和资料；

（b）对工程或其任何部分的预期目的的说明；

（c）竣工工程的试验和性能标准；

（d）除合同另有说明外，承包人不能核实部分的数据和资料。"

在FIDIC EPC合同中，除"5.1"项下所列举的由雇主要求外，对雇主其他要求，承包人对雇主其他要求中的正确性负责，也就是说，承包人应对雇主其他要求的错误负责，如因信赖雇主要求而编制投标文件错误或导致设计错误，承包人需要承担全部设计法律责任。

应对措施：

（1）承包人在投标准备阶段，对"雇主要求"进行充分研究，对雇主要求中的错误或模糊，及时要求雇主给予澄清；

（2）承包人应根据雇主的正确要求、事实调查和设计规范等相关专业知识，编制投标文件的设计方案；

（3）对于"雇主要求"错误的资料，如雇主认为正确，拒不改正，在中标后签订合同时，则列入雇主应负责的范围，在合同中明确约定为"由雇主负责的，或不可改变的数据和资料"，以明确设计法律责任。

2. 发包人审批与设计法律风险防范

在工程施工合同中，发包人确认的设计文件是施工合同双方履约的基础，发包人确认的设计文件发生变更的，施工单位可以提起索赔。但在 EPC 合同项下，设计文件是否经发包人审批，就可免除承包方的法律责任呢？

FIDIC（1999 年版）EPC 合同条件 5.2 款规定：

"雇主对承包人文件的任何审核，都不应解除承包人的任何义务和职责。雇主在审核期可向承包人发出通知，指出承包人文件不符合合同的规定。如果承包人文件确实是如此不符合，该文件应由承包人承担费用，重新上报，并审核。

第 5.8 款规定：如果在承包人文件中发现错误，遗漏、含糊、不一致、不适当或其他缺陷，尽管雇主做出了任何同意和批准，承包人仍应自费对这些缺陷和其带来的工程问题进行改正。"

从以上规定中可以看出，发包人对设计文件的审批，并不免除承包人设计责任，无论发包人是否对设计文件进行审批，承包人仍应对设计文件的合法性、合规性负责。

应对措施：

（1）保证设计文件符合设计规范、法律法规、行业惯例和合同约定。

（2）对发包人审核设计文件后指出设计文件不符合合同规定的情况，一定要认真研究，根据专业判断原则向发包人作出回复，决定是否需要修正，不能无原则满足发包人要求。

3. 设计适用性责任与设计风险防范[1]

设计适用性问题也是承包人在 EPC 建设项目中所遇到的常见的风险。EPC 项目发包人通常要求承包人承担设计适用性责任。

一般来说，设计责任的标准是设计方，在设计过程中应使用合理技术。在这种标准下，只要设计方使用了一个合格的设计方应当具有的技术并尽到了合理谨慎的义务，则即使设计未达到预期标准或不具有预期功能，该设计方也不一定要负责任。[2]

而设计适用性标准是指承包人保证设计具有预期功能。如果没有达到预期功能，作出保证的一方，不论其是否有过错，或设计师是否在设计过程中使用了合理的技术，尽到合理谨慎的义务，都必须就此负责。很显然适用性责任规定了更为严格的义务和要求。

如何防范设计适用性法律风险呢？这就需要承包人尽可能拒绝使用设计适用性标准，承包人如果迫不得已一定要接受适用性条款，则应当尽可能对预期目的或预期功能作出准确定义，以使承包人的风险降到最低。另外，还应注意到合同中一些隐含的措辞往往会与"适用性"具有同样的效果，而使承包人承担适用性责任。

4. 设计分包与设计法律风险防范

承包人在实施 EPC 项目过程中，设计部分一般是总承包人选择有能力的设计单位进行设计工作。但设计分包会带来如下问题：

第一，合同条款是否允许设计分包？

根据 FIDIC（1999 年版）EPC 施工合同条件第 4.4 款规定，承包人不得将整个工程分包出去。承包人应对任何分包商、其代理人或雇员的行为或违约，如同承包人自己的行为或违约一样地负责，但应提前 28 天通知发包人。

因此，在总承包人拟进行设计分包时，必须事先核实合同约定，按

---

[1] 李太成. 国际工程施工中与设计有关的典型问题. 2004，10. 国际工程与劳务.
[2] 丘健雄. 国际建筑工程项目中的风险管理. 2004，7. 国际工程与劳务.

照合同程序进行分包。

第二，承包方对设计分包方承担连带责任。[1]

EPC 项目的基本法律构架是承包人向业主就工程设计、采购、施工负责，即使是设计方、分包商、材料供应商的过错导致工期延误或业主损失，承包人都应承担法律责任。对于施工型的 EPC 工程总承包人，可采取如下措施控制设计分包为其带来的法律风险：

（1）如不采取联合体投标或承包方式，则可要求设计分包单位出具不可撤销的、见索即付的独立银行保函。这样在出现设计责任索赔时，即使总包商向业主承担了设计责任，也可以立即兑付设计分包的保函。

（2）为设计责任投保。在有条件的地方，承包人可以要求设计分包采取投保设计责任保险方法控制部分设计风险。设计责任保险的被保险人为设计分包人，第一受益人为业主，第二受益人应设定为总承包人。

（3）另行委托专业设计机构或设计鉴定机构监督设计分包单位设计行为。如承包人无足够实力监督设计分包设计行为，可另行委托专业设计机构或设计鉴定机构监督设计分包设计行为。

（4）在合同条件中明确设计分包方应承担其设计文件侵犯知识产权的法律责任。由于业主一般都要求总承包人承担 EPC 项目中所涉及的任何侵犯知识产权的法律责任，为合理转移风险，总承包人应在《设计合同》中明确要求设计分包方承担设计文件侵权责任。

5. 在发生设计变更时，及时按照合同约定提出索赔

根据 FIDIC（1999 年版）EPC 施工合同条件规定，发包人在颁发工程接收证书的任何时间，提出工程变更，承包人应遵守并执行每项变更，除非承包人迅速向雇主发出通知：说明：第一，承包人难以取得变更所需要的货物；第二，变更将降低工程的安全性或适用性；第三，变更将对履约保证的完成产生不利影响。雇主在接到此类通知后，应取消、确

---

[1] 罗瑶. 浅谈 EPC 合同下承包人的风险规避. 2011. 第四届西部律师发展论坛.

认或者改变原指示。

根据上述规定，承包人在接到发包人关于设计变更的指示后，应严格审查设计变更给自身带来的影响，如出现给承包人带来不利的情况，应书面向发包人做出说明，让发包人修改或取消指示。如不会给承包人带来不利影响，则应根据 EPC 合同约定的变更程序，向发包人提出设计变更方案、设计变更而增加的费用等，以备将来结算或索赔时，承包人处于有利地位。

结论

承包人承担的设计责任首先要根据项目类型确定，对于纯施工项目下，尽管承包人不承担设计责任，但由于在合同中很难将设计图纸与承包人的施工图或深化设计之间划出明显界限，因此，承包人在施工过程中，要尽到审慎的义务，同时及时按照合同约定通知发包人或提出索赔；对于含设计的施工总承包类项目，承包人要根据设计部分是否分包采取不同措施，如设计责任保险，最高责任限制等。

第三节　工期风险

由于建筑工程项目实施的过程受到政治、经济、社会情况等因素的影响，这使得工期的实际实施可能偏离其施工计划，从而给承包人带来很大的风险。例如，原材料价格上涨、劳务费用增加、汇率变动等，都可能给承包人造成损失。因此，工期管理是施工活动中的重要一环，有时甚至成为项目成败的决定性因素，在国际工程项目中，更是如此。

一、工期风险分担

建筑工程项目规模巨大，工期持续时间较长，整个项目将面临许多不确定性因素。在工程建设项目前期，承包人和发包人双方事先已经预料到在项目的实施过程中，必然存在着某些因素以至影响项目的实施。

为了维护各自的利益，双方在签订合同的过程中作了一些特殊的规定。确定在以下因素存在的情况下，只要施工单位及时向建设单位提出申请，建筑工程的工期可以顺延而不需要向建设单位交付任何罚款。这些因素包括：[1]

a. 工程量变化和设计变更；

b. 非乙方原因停水、停电、停气影响施工造成停工；

c. 不可抗力（指战争、动乱、空中飞行物体坠落或其他非甲乙双方造成的爆炸、火灾以及协议条款约定的等级以上的风雨雪震等对工程造成损害的自然灾害）；

d. 基础施工中遇到不可预见障碍物或古墓、文物、流沙需处理。

二、工期风险防范与案例分析

（一）施工进度计划

工期管理中最重要的依据之一就是施工进度计划。一般的合同条件中都会要求承包人向业主或工程师提供施工进度计划，如 FIDIC1999 年银皮书第 8.3 条进度计划规定：承包人应在开工日期后 28 天内，向雇主提交一份进度计划。当原定进度计划与实际进度或承包人的义务不相符时，承包人还应提交一份修订的进度计划。

然而，大多数合同条件都未将施工进度计划列为合同的组成文件，但在出现纠纷后，业主或工程师确认的进度计划却是处理纠纷的重要依据。施工进度计划不是作为合同组成文件，是因为施工中不可能严格按事先订下的计划执行，若把施工进度计划列入合同，就必须严格执行，否则就是违约，这不利于维护合同的严肃性，同时也会造成更多的纠纷。因此，施工进度计划不作为合同的组成部分有其合理性，但合同当事人，特别是承包人应视其为准合同条件。所谓准合同条件可以理解为比正式

---

[1] 许振中. 建筑工程项目工期风险管理的对策措施. 2008，3. 沿海企业与科技.

合同更具有弹性的一种约定。施工企业应重视并自觉维护进度计划的严肃性。实践中，出于某种策略，个别施工企业提交一份进度计划（施工组织设计）用于投标，使用另一套文件指导实际施工，两份文件有一定差异，一旦出现争议，局面非常不利于施工企业。

另外，各种合同文本中一般都有施工进度计划工程师确认的程序，但各种合同文本都约定工程师确认不能减轻承包人责任。因此，工程师的确认，甚至是应工程师要求修改后的施工进度计划，都是承包人工期管理的依据，承包人在提出或应工程师要求修改施工进度计划时要量力而行。

（二）工期纠纷的证据

诉讼或者纠纷的协商解决都需要用证据，工期纠纷的证据有其自身特点，工期纠纷的举证呈现发包人相对容易、承包人比较困难的格局。

根据举证责任分配规则，发包人提起工期延误索赔，只需证明对方的实际施工时间长于合同约定的施工时间，因而只需提供施工合同和竣工验收报告即可。而承包人的工期索赔还必须提供经发包人同意的工期顺延证明。在实践中，承包人的证据除事实证据外往往系承包人单方制作，未得到发包人的认可。这样一来，承包人就不得不提供鉴定结论作为证据，因而不得不申请法院或仲裁机构就工期顺延的天数委托鉴定。

FIDIC1999 银皮书 20.1 承包人的索赔：

"如果承包人认为，根据本条件任何条款或与合同有关的其他文件，他有权得到竣工时间的任何延长期和（或）任何追加付款，承包人应向雇主发出通知，说明引起索赔的事件或情况。该通知应尽快在承包人察觉或应已察觉该事件或情况后 28 天内发出。

如果承包人未能在上述 28 天期限内发出索赔通知，则竣工时间不得延长，承包人应无权获得追加付款，而雇主应承担有关该索赔的全部责任。"

因此，承包人应及时提出工期索赔报告，事件发生当时、当场，相关证据和证人亦相对较容易获得。因此，证明事件发生的难度相对较低。

索赔报告中对损失的估计应细致，有时虽然表面看来只是几天损失，但几天的拖延带来的相关损失也应充分估计并在报告中充分体现。即使工程师不同意或不完全同意该索赔，也可为承包人赢得调整的时间，而且也为可能发生的仲裁或诉讼积累相应的资料和证据。

（三）对自由时差的使用[1]

在承包人提交工程师认可的施工进度计划中，非关键线路上的工序都会含有自由时差。理论上，网络进度计划可以优化到每一个工序都是关键工作，即所有工序都不存在自由时差。但这种做法十分不利于承包人的工期管理，承包人出于管理的需要一般都会在施工进度计划中设置非关键工作，设置自由时差，因此，自由时差理应被视为承包人为自己留出的机动时间，是否使用自由时差应被视为承包人的权利。

实践中，"被延误的工作应是处于施工进度计划关键线路上的工作内容"被认为是工期索赔的要件之一，非关键工序的延误不会得到工期索赔，即发包人也有支配自由时差的权利。这种处理方式已成为行业惯例。非关键工序的延误被（发包人）认为没有损失发生，因此，也不存在索赔。实际上，非关键工序的延误从局部可能看不出有什么损失，而且所产生的损失的确难以确切计算，但这种损失（至少是广义上的损失）是确实存在的，否则承包人就没有必要设置自由时差。

结论

工期风险是施工企业的常见风险，应加强管理。要管好就必须在细节上下功夫，在一些司空见惯的常规做法上多问问为什么这么做，结合相关文件，深入理解管理的目标及其实现的途径，全面识别这些常见做法中所暗藏的风险，并通过合同、技术和管理措施等手段化解。

[1] 陈勇. 施工企业工期风险若干法律问题初探. 2008, 2. 建筑经济.

第四节　质量风险

工程质量是一个项目的灵魂与核心，质量有隐患，不仅会对发包人和公共安全造成损害，还会对一个承包人的信誉造成毁灭性打击。

一、工程质量问题

从广义上说，工程质量问题都是程度不一的工程质量缺陷，缺陷达到了一定的程度，即构成了工程质量不合格。

质量缺陷，是指房屋建筑工程的质量不符合工程建设强制标准以及合同的约定。由此可见，建筑工程质量缺陷，是指建筑工程存在危及居住安全的不合理因素，建筑工程的质量不符合工程建设强制性标准及合同的约定。

（一）保修期

保修期是工程竣工交付后的第一个质量责任期，各国法律制度下保修期的名称虽不同，但一般期限为一年。

FIDIC1999 银皮书第 11 条规定：

"11.1　完成扫尾工作和修补缺陷

为了使工程、承包人文件和每个分项工程在相应缺陷通知期限期满日期或其后尽快达到合同要求（合理的损耗除外），承包人应：

（a）在雇主指示的合理时间内，完成接收证书注明日期时尚未完成的任何工作；

（b）在工程或分项工程（视情况而定）的缺陷通知期限期满日期或其以前，按照雇主可能通知的要求，完成修补缺陷或损害所需要的所有工作。

如果出现缺陷，或发生损害，雇主应根据情况，通知承包人。"

"11.2　修补缺陷的费用

如果由于下述原因达到造成第 11.1 款［完成扫尾工作和修补缺陷］

（b）项中提出的所有工作的程度，其执行中的风险和费用应由承包人承担：

（a）工程的设计；

（b）生产设备、材料或工艺不符合合同要求；

（c）由承包人（根据第5.5至5.7款或其他规定）负责的事项产生不当的操作或维修；

（d）承包人未能遵守任何其他义务。

如果由于任何其他原因达到造成此类工作的程度，雇主应根据情况通知承包人，并应适用第13.3款[变更程序]的规定。"

（二）保修期满的法律责任

保修期内如发现有瑕疵，承包人都应该无偿修复；保修期届满以后，业主只有在工程有质量问题时，才能向承包人主张赔偿。

在大多数国家，如意大利、西班牙、瑞典和英国，将损害分为微小和重大损害程度，只有重大损害才可追究责任。当然，至于怎样算"微小"怎样算"重大"，这些国家的法律都没有一个确定的标准，可以说因事而异。[1]

另外，法国及部分法语区国家则实行强制工程保险，包括十年责任险。法国的《建筑职责与保险》中规定，工程项目竣工后，承包人应对工程主体部分在十年内承担缺陷保证责任。鉴于工程的质量责任期较长，一旦出现大的质量问题，不但承包人的经济负担重，业主也不能及时得到赔偿，因而法国规定承包人必须投保，否则不能承包相应的工程。在承包人向保险公司投保后，如果工程交付使用后，第一年发生质量问题，由承包人负责维修并承担维修费用；在其余九年发生质量问题，仍由承包人负责维修，但维修费用由保险公司承担。[2]

［1］ 孟勇. 建筑工程质量的风险及法律责任. 中国新技术新产品. 2011，2.
［2］ 陈春来. 工程保险运行机制的研究. 学位论文. 浙江大学. 2002.

二、风险防范与案例分析

（一）保修期与诉讼时效

在英国，为了防止出现对违约行为提出过时的索赔，时效确定了一个诉讼必须开始的时间范围。这个范围应该认为是很宽大的。

1980 年时效法第 7 条规定：

"如果提交的不是加盖印鉴的文书，自诉因产生之日起 6 年截止将不能再提起要求判决的诉讼。"

第 8 条规定：

"关于特殊情况的诉讼自诉因产生之日起 12 年截止，将不能再提起诉讼。"

实际上这意味着，如果合同是口头合同或书面合同，如果实际竣工 6 年内没有提出诉讼，诉讼将因时效而受到限制。如果合同属于特殊合同，换言之，加盖印鉴的或者表示为契约的合同，这个期限为 12 年。

如果施工合同包括了一个缺陷或维修期，它短于时效法规定的期限，缺陷或维修条款的规定是否能缩短时效法规定的期限？

JCT98 和其他 JCT 文本、ICE 第 6 版和第 7 版和 GC/Works/ l/ 1998 都包括了缺陷责任期和维修期。这个缺陷或维修期的目的是让承包人有机会修复自己的缺陷然而对于很多承包人和分包商来说，并没有意识到这个条款实际上赋予了他们一项利益。在《Keating 论建筑合同》第 5 版第 247 页中，这样认为：

"除非有明示规定，承包人在损失赔偿方面的责任并不因为缺陷条款的存在而被取消，所以在没有这种明确规定的情况下，这个条款授予了一项额外的权利，但并不免除承包人违约的责任……但是应该认为，大多数缺陷责任条款都被解释为赋予承包人修复该条款范围之内的缺陷的权利和义务。"

在 HW Nevill（sunblest）诉 William Press and son（1981）中，法官认

为：建筑工程中的缺陷构成违约，发包人有权就此索赔违约金。在没有缺陷责任条款且如果实际竣工之后发现工程有缺陷，发包人将有权雇佣其他人来修复缺陷，并且要求承包人支付费用。缺陷条款的存在赋予承包人权利，修复自己造成的缺陷，其费用应该低于雇请他人承担修复工程的情况。

在《Hudson 论建筑与工程合同》第 11 版第 5050 段中这样认为：

"因为由原来的承包人来实施这种工程的费用要比建筑物发包人聘请的外来承包人更加便宜，并且实施效率可能更高，实际上缺陷条款对合同双方都赋予了一些实质性的好处。"

JCT98 第 17.2 条要求建筑师应该在缺陷责任期结束之后不超过 14 日内，准备好缺陷清单。在 ICE 第 6 版和第 7 版以及 GC/Works/1 1998 中没有有关缺陷清单的规定，但是这种做法是惯例做法。

经常发生的问题是，如果根据 JCT98 合同，建筑师在 14 日期限之外提供缺陷清单，或者承包人已经依照最初签发的清单进行了修缮，他后来又发出了第二份清单，其中列出了更多的缺陷，承包人是否有义务修正这些缺陷。

在回答这些问题时，不应忘记以前的一些讨论意见。承包人所完成的工程中存在缺陷构成承包人违约，发包人有权据此要求违约金，缺陷条款并没有排除这种权利。所有缺陷条款都是赋予承包人修正缺陷的权利。如果这种情况发生，承包人最好应该修缮这些迟发的、第二份的和后来的清单中的缺陷。

应该认为建筑师或工程师没有及时签发缺陷清单或者签发了第二份缺陷清单，不能构成发包人放弃其权利。承包人也许能够提出，因为建筑师没有在原来的清单中，包括所有缺陷，发包人应当承担承包人二次进场进行修缮工作的费用。然而，对承包人而言明智的是作出更经济的选择，履行修缮自己所造成的缺陷的权利，而不要让发包人雇佣其他人员去修缮，然后再起诉要求支付费用。

综上所述，缺陷或维修条款不能超越时效法的规定，只要在法定诉讼时效内，业主都可以向承包人提起索赔。

（二）承包人有自行修复缺陷的权利

William Tomkinson 诉 The Parochial Church Council of st Michael and Others（1990）中，承包人 William Tomkinson 受雇于 Church Council 承担利物浦一个教区教堂的重建工程，合同使用 JCT 小型工程 80 版。

双方的纠纷涉及工程的某些缺陷和损坏，包括由于敲打而对抹灰工程的损坏，对拼木地板、抹灰工程、天窗和他们的遮雨板等的损坏，还有很多缺陷。承包人的辩解是这些损坏不是他所造成的，即使是，他也应该受到合同条款第 2.5 条规定的保护。

这个条款规定，承包人应该对在实际竣工日期之后三个月内发现的由于材料、工艺不符合合同要求的任何缺陷、过量收缩或其他缺陷负责。

构成 Church Council 案争端的缺陷和损坏，是在实际竣工之前，根据教会的指示，由其他承包人发现并修缮的。

为了应用第 2.5 条的规定，双方当事人同意，必须发给承包人缺陷通知。双方的共识是有些，但不是全部缺陷或损坏，是因为承包人的有缺陷的工艺所致。

支持承包人的法官认为，教会安排其他人修缮缺陷工程的做法妨碍了承包人行使自己纠正缺陷的权利。因此，承包人对此不负责任。

法庭在作出判决时受到《Hudson 论建筑与工程合同》第 10 版第 394 到 397 页内容的影响："重要的是应该理解维修或缺陷义务的准确性质。这与发包人在缺陷工程方面的损失赔偿金的权利是完全不同的，根据该权利，他应该能够得到自己或者雇佣其他承包人修正工程所花费的费用。因为，维修（缺陷）工程由原来的承包人承担，通常要比其他外聘承包人更便宜……，所以承包人不但有义务，而且在大多数情况下有权利自费修复任何缺陷。"

法庭进而认为，没有达到合同要求标准的质量，以及发包人在实际竣工之前进行修补的工艺，仍然构成违约。

法庭在作出支持 ChurchCouncil 的判决中认为，在证明这些缺陷属于质量或材料低于合同标准的情况下，他们有权向承包人追讨赔偿金。但是，ChurchCouncil 在修复损坏时有权得到的赔偿金不应该是自己实际的支出，而是承包人在被要求修缮这些缺陷时本应发生的费用，这笔预计费用应该比实际修缮费用要少得多。

如果缺陷不是由承包人修缮的，而是由发包人安排的其他承包人修缮的，发包人只能有权向承包人追讨如果承包人自己承担修缮缺陷工作实际将支付的费用，至于哪些费用属于实际将支付的费用是很难达成的一致的。

结论

国际工程项目中，尽管各国法律与建筑行业惯例对承包人保修责任的规定不同，但承包人的工程质量一定要符合合同约定，同时在缺陷责任期内积极履行保修义务。

第五节　保函风险

在国际承包工程中，为防止因承包人违约，业主通常要求承包人提供履约保函担保或其他担保，最常见的方式是银行保函。在国际工程承包业务的具体实施中，保函受益人凭保函向银行索偿的情况时有发生，其中除因承包人违约而导致业主要求索偿外，也有由于业主恶意兑付保函，而导致承包人遭受损失的事情发生。

一、保函法律关系

保函（Letter of Guarantee, L/G）又称保证书，是指银行、保险公司、担保公司或个人应申请人的请求，向第三方（受益人）开立的一种书面信用担保凭证。保证在申请人未能按双方协议履行其责任或义务时，由担保人代其履行一定金额、一定期限范围内的某种支付责任或经济赔偿责任。

委托人与银行之间的法律关系是基于双方签订的"保函委托书"（一般称为开立保函协议）而产生的委托担保关系。"保函委托书"中应对担保债务的内容、数额、担保种类、保证金的交存、手续费的收取、银行开立保函的条件、时间、担保期间、双方违约责任、合同的变更、解除等内容予以详细约定，以明确委托人与银行的权利义务。"保函委托书"是银行向委托人收取手续费及履行保证责任后向其追偿的凭证。

委托人与受益人之间基于彼此签订的合同而产生的债权债务关系或其他权利义务关系（即基础合同）。此合同是他们之间权利和义务的依据，相对于保函协议书和保函而言是主合同，是其他两个合同产生和存在的前提。如果此合同的内容不全面，会给银行的担保义务带来风险。

担保银行和受益人之间的法律关系是基于保函而产生的保证关系。保函是一种单务合同，受益人可以此享有要求银行偿付债务的权利。在大多数情况下，保函一经开立，银行就要直接承担保证责任。银行保函是指银行应委托人的申请而开立的有担保性质的书面承诺文件，一旦委托人未按其与受益人签订的合同的约定偿还债务或履行约定义务时，由银行履行担保责任。

二、不同类型保函的风险分析与防范

国际承包工程项下的保函根据担保的责任和功用不同，常见的有投标、履约、预付款、工程保修保函以及为了某种特殊目的而出具的其他保函等。而不同保函按开具的内容和开具的渠道不同，有无条件保函、有条件保函、直开保函、转开保函和转递保函五种类型。[1]

（一）无条件保函

无条件保函，也叫"见索即付"保函，即当受益人（业主）凭保函

---

[1] 张仲秋. 国际承包工程中银行保函的风险及其防范. 中国招标. 2009, 29.

向银行索偿时，银行不再征询承包人意见即立刻兑现。这种保函在索偿兑现前完全剥夺了承包人的申辩的权利，是所有银行保函中承包人承担风险最大的一种保函。因为，无论业主善意还是恶意，只要持此种保函，如果向银行声明承包人违约，且其索偿金额在保函金额之内，索偿日期也未超过保函的有效期，则银行就有义务接受业主的要求付款。虽然事后承包人可通过仲裁等方法，争取索回被提取的款项及由此而造成的一切损失，但往往会遇到一系列困难而拖延，甚至毫无结果而对于业主来说则是有利的。

如果业主的资信较差，特别是业主面临破产倒闭时，无条件保函遭到无理索偿的危险性极大。

（二）有条件保函

此类保函与无条件保函的区别在于：不是"见索即付"即可以支付，而是规定对保函受益人在索偿兑现时有某些限制条件，比如：受益人在索偿时应提供有关咨询工程师或独立第三方出具的确定承包人违约的证明材料；或索偿与支付之间应有一定的间隔时间，以便承包人对其违约采取补救措施，与业主协商解决争端；或是在业主索偿时，规定先将保函所担保的金额交给第三方，待业主与承包人争端解决后交付给业主等。由于各种限制条件的存在，对承包人保护自身利益，防止业主恶意兑付保函而遭受无端损失起到了保护作用。相对于无条件保函而言，有条件保函的索偿支付不是一次性的，而是根据按价索偿的原则进行，从而能够更好地保护承包人的利益。

（三）直开保函

指承包人委托承包人所在国的担保银行直接开出的，以业主为受益人的保函。在国际工程承包业务中，业主一般只接受项目所在国的银行开出的保函或经业主认可的银行开出的保函。国际上，一般都认可我国的中国银行开具的保函，有的国家或业主也认可我国的其他商业银行（大都有对外开具保函的业务）。但在开保函之前，应根据招标文件的要求，事先征得业主同意直开银行并要获得业主的书面认可，否则，直开的保函可能被业主拒绝而导致投标前功尽弃。

（四）转开保函

前面提到的，在国际承包业务中，业主一般都只接受当地银行或经它认可的银行开出的保函，此种情况下，承包人只有在我国的担保银行（须经当地银行或业主指定银行同意的我国银行）首先开出一份保函给当地银行或业主指定的银行，然后该银行再开出一份以业主为受益人的保函，这种方式开出的保函就叫转开保函。转开保函对承包人来说风险也较大。因为，当地银行视这种保函为"见索即付"保函，承担直接责任，如果发生业主索偿的情况，当地的转开银行要立刻办理支付手续，事后再与原开保函银行进行财务结算。因此，转开保函对于承包人风险较大，同时，还要承担与直开保函近乎相同的银行保函手续费，承包人这时等于双重付费。

（五）转递保函

由承包人所在国的担保银行开出以业主为受益人的保函，再通过项目所在国的一家银行或业主指定的银行呈交给业主的保函称为转递保函，但以这种方式开出的保函必须是招标文件允许的或者是经承包人要求业主书面认可的。"转递"时，当地银行只是起到联络作用，承担的是间接责任。如果发生业主索偿的情况，当地的"转递"银行只是负责传递信息给原开证行，并且以其意见为准。若原开证行不同意支付，则当地的"转递"银行只需原话转告业主即可。若原开证行同意支付，则必须给其汇款，"转递"银行要待收到这笔款项后才能转付业主，中国银行在某种程序上可以保护承包人。因此，与转开保函相比，转递保函不仅可以降低承包人的风险，而且还可以节省保函手续费。[1] 目前，国际工程承包中，出具转开保函的难度较大，业主往往要求提供其认可的银行出具的

---

[1] 周盛世. 工程保证担保制度在我国的适用性. 浙江大学. 学位论文. 2001.

保函，往往是其本国国内银行或国际知名银行。但随着中国综合国力的提升，以及中国银行在国际上认可程度的提高，会有越来越多的外国公司接受由中国银行开具的保函。

结论

保函业务贯穿于工程从投标到最终交付的全过程，其覆盖的业务面广，涉及的金额大，面临的风险比较多。因此，承包人必须认识、掌握各种保函可能会给企业带来的风险，采取有效的防范措施，在满足业主合理要求的前提下，确保承包人自身的利益。

第六节　劳务风险

鉴于海外工程承包行业劳动密集的特点和我国企业在海外管理当地雇员尚处于起步阶段，一方面是国内输出技术劳务人员难免众多，在非洲等技术工种缺乏的国家，甚至大部分都是国内输出的技术劳务人员，另一方面是随着海外工程业务的发展，承包企业只有本地化才能在工程所在国获得持久发展。因此，必须雇佣越来越多的当地雇员，但对当地国雇员的管理不善，当地国工会和社区组织协调难度大，使得劳务风险近年来显得越来越突出。

劳务风险在国际工程项目中主要体现在劳务派遣、当地雇员管理、雇员安全健康的风险三个方面。

一、劳务派遣[1]

劳务派遣的法律关系在各个国家的规定并不完全相同，我国《劳动合同法》在劳务派遣的法律关系中，区分用人单位和用工单位，劳务派遣企业属于用人单位，和劳动者之间形成劳动关系，接收劳动者的企业

---

[1] 黄磊. 海外工程劳务风险分析. 国际工程与劳务. 2011，6.

是用工单位，和劳动者之间没有劳动关系。

但在部分国家，以委内瑞拉和墨西哥等拉美国家为例，其《劳动法》等相关法律中明确规定，用人单位通过劳务派遣企业雇用的雇员，即使劳动合同是在劳务派遣企业和雇员之间建立，一旦产生劳动纠纷，雇员的实际用人单位必须承担连带赔偿责任。

我国企业在操作过程中，由于对劳务派遣企业的法律地位认识不清，简单地认为其可以起到劳动纠纷"防火墙"的作用。因此，缺乏对劳务派遣企业的监督和管理，产生劳动纠纷后与劳务派遣企业之间互相推诿责任，最终仍需承担赔偿责任。

因此，使用劳务派遣企业能否隔离劳动法律风险取决于各个国家的劳动法及相关法律规定，在挑选和使用之前，应当详细咨询和研究相关法律，如果属于前述情形，那么使用劳务派遣企业的目的就是凭借其专业的管理能力提高生产效率，而不能抱有侥幸心理，认为只要是劳务派遣企业签订的劳动合同，就不必承担任何风险。

二、当地雇员

在海外工程项目实施过程中，无论总承包人，还是分包商，都可能会根据项目的实际需要雇用部分当地人任职行政管理人员、会计、工程师、保安、司机或是施工工人等。

随着国际化和本地化程度的提高，我国企业在当地国逐步减少中方派驻人员，增加外籍雇员比例是大势所趋。而对当地国雇员的管理涉及民族文化、企业文化、薪酬待遇、劳动制度等方方面面，是一项十分复杂和敏感的管理工作。

（一）工会风险

工会组织在众多国家，特别是拉美国家的影响力十分强大，而且不同于我国企业中工会组织与企业良好的合作和互动关系，许多当地国的工会组织为劳工维护劳动权益的态度和立场十分坚决，措施也十分有力。

例如，某企业为了与某工会组织领导人建立良好的合作关系，邀请该领导来我国旅游并承担所有费用，结果该工会领导人在参观和了解了我国企业的生产现场回国之后，不仅没有领情，反而提出我国雇员在国内享受的若干福利待遇，其当地国雇员没有，并组织工会向该企业要求增加当地雇员的福利待遇。

（二）劳动纠纷风险

当前，我国企业在当地国劳动纠纷频发的主要因素有：

1. 未建立有效的奖惩制度，导致无法合法有效地解除劳动关系

传统的我国企业人力资源管理更多的是依靠领导权威和人治，企业规章制度的作用并非十分明显。但在许多国家，尤其在拉美地区国家，如果企业规章制度规定不明确，奖惩措施制订不严密，即使当地国雇员消极怠工、造成损失，一旦与其解除劳动关系，其可以以非法解雇理由起诉用人单位并要求赔偿损失。因此，我国企业在当地国进行当地雇员管理，一定要建立起"法治"的理念，将劳动规章制度的制订和执行作为一项工作重点，一方面可以有形化管理当地雇员，彰显企业文化，提高工作效率，另外一方面也是防控劳动法律风险的重要基础。

2. 薪酬政策制订不当或发放不及时，引发罢工等劳动纠纷

制订劳动合同的工资标准应该十分慎重，避免起初的工资定得过高或是合同条款模糊不清。当劳动合同已经生效之后，应该严格遵守，不能轻易调整。倘若真的需要调整，也必须以书面形式对双方加以约束。

薪酬发放及时与否，直接关系当地雇员的稳定。以委内瑞拉为例，在集体劳动协议中就明确规定，关键操作岗位的当地雇员薪酬必须按周发放。这与当地国通货膨胀率比较高、货币贬值迅速有关。与我国国内员工工资晚发几天没关系不同，一旦薪酬未及时支付，立刻会引起当地雇员罢工事件和劳动诉讼。

3. 未充分有效沟通引发冲突，导致劳动诉讼

如某企业在某中东项目中，由于中方管理人员在与当地雇员的沟通

过程中，因为语言表达能力欠缺，态度急躁，同时又习惯性地带有一定的不友好动作。因此，对方当地雇员认为受到了侮辱和骚扰，进而提起了劳动诉讼。

虽然这样的案例比较特殊，但是我国工程承包企业派驻作业国的中方工作人员，特别是负责人力资源管理的中方工作人员，在管理当地雇员的过程中，应当充分注重语言沟通和行为举止，只有在尊重当地雇员及其文化、习俗的前提下，才能充分有效地开展人力资源管理工作，进而达到防控风险的目的和效果。

（三）雇员安全健康的风险[1]

为保障雇员安全与健康，建筑企业为雇员的投保包括：工伤保险和雇主责任保险、人身意外伤害险、境外医疗保险及紧急救援。

1. 工伤保险和雇主责任险

工伤保险属于社会保险，覆盖面广，但保障范围小，赔付率较低。保障范围包括被保险人因工作而遭受意外或患上与业务有关的国家规定的职业性疾病，所致伤、残或死亡医药费用等。

雇主责任险的保险标的是雇主对雇员依法应负的民事赔偿责任，保障范围除上述工伤保险涵盖的范围以外还包括雇主应承担的经济赔偿责任以及应支出的诉讼费用。在很多国家，雇主责任保险受《雇主责任法》的约束，属于强制保险。

因此，在海外项目上，一定要查阅当地的法律规定，落实好强制保险，规避法律风险。

2. 人身意外伤害险

人身意外伤害险属于商业保险，转移的是"意外事故"的风险。保障范围较社会保险要广，保障额度较大。建筑企业通常为派驻不发达国家、通信不畅、交通不便地区、从事危险活动或派驻现场的人员投保一

---

[1] 赵珊珊，刘俊颖，李海丽. 海外工程项目中雇员安全健康的风险应对. 国际经济合作. 2007, 8.

定额度的人身意外伤害险，并附加短期紧急救援。

3. 境外医疗保险及紧急救援

境外医疗保险及紧急救援是保障由于疾病导致的医疗费用、意外事故发生后的医疗费用，以及紧急救援服务。境外医疗保险的保障范围包括：一是医疗服务，即因普通疾病去医院看门诊、急诊以及住院的医疗费用支出；二是医疗救助，即紧急救援、医疗转运、发生紧急救援情况下的医疗赔付；三是政治转运，即当被保险人所在国或项目所在国官方政府发布通知，要求国民紧急撤离时，救援公司提供紧急转运服务。

（四）建筑企业雇员安全健康保险对策

对于有设计优势，基本靠自有人员完成全部设计和设备、材料的采购工作，但施工安装则完全分包出去的建筑企业，在现场工作开展以后，仅派出少量人员常驻现场负责与发包人协调沟通并管理施工分包商。公司自有的设计人员则根据现场工作的开展情况，依专业不同分别到达现场进行设计交底并指导安装，设计人员在现场的时间通常不会太久。对于这类总承包人中的设计人员，以及短期派往现场的人员，由于逗留时间较短，且在现场办公室内的时间多于在施工工地的时间，选择国内保险公司提供的短期境外意外伤害保险就可以满足要求。

对于以施工安装为优势的项目，总承包人绝大部分工作量的施工工作主要依靠自己来完成。在项目实施过程中，总包商会派遣大批自有人员长期驻扎现场直至项目结束，仅有部分专业性较强的施工任务会分包给专业分包商。由于大批人员深入到施工第一线。因此，发生人身伤亡事故的概率较高。对这类总承包人而言，由于派驻现场人员面临的风险更大，在上述保险采购原则的基础上，应该认真研究各种保险方案及其除外责任条款，提高意外伤害险的保险金额，并根据项目背景相应减少除外责任。

结论

国际工程项目，雇员往往来自多个国家，承包企业不仅要遵守工程所在国当地的劳动法规定，同时还要对雇员本国的相关劳动法规予以了解。国际工程项目的雇员管理使企业面临新的风险与挑战，需要企业不断积累经验，不断摸索。

中国建筑管理丛书

法律实务卷

第五章
国际工程争议解决

第一节　国际工程争议解决概况

一、国际工程争议解决概况

随着近年来，国际经济贸易的飞速发展，国际工程项目的不断增多，有关工程项目的争议纠纷也随之不断发生。尽管合同双方在编写合同时都力图合理地分担风险、明确权利义务，但国际工程同时具有时间跨度大，合作双方的不同文化背景及不同的社会环境等因素导致国际工程争议的发生在所难免。为能妥善解决国际工程争议，保护当事人的合法权益和从事国际工程的积极性，建立一套完善的国际工程争议解决制度显得尤为重要。

二、国际工程争议解决程序

国际工程的争端解决程序通常都分为两大类：一类是非对抗性的处理方法，也就是通过非司法途径解决争端，即谈判、调解和 DAB（Dispute Adjudication Board, 简称 DAB）；另一类是对抗性的处理方法，属于正式的法律程序，即仲裁和诉讼。

（一）国际工程争议解决程序的特点

1. 和解。和解是国际工程争议的当事人在自愿友好的基础上，以相互沟通、相互谅解的方式协商解决争议。其优点是不伤害争议双方的感情，有利于维护双方的合作关系，能够使争议得到最为快速便捷的解决。但其局限性也非常明显：和解所达成的协议无强制力可言，能否落到实处，完全取决于争议当事人的品格和诚信。

2. 调解。调解是指合同当事人于争议发生后，由第三方介入并组织双方对争议问题进行协商解决，最后，经过第三者的说服与劝解，使争议双方互谅互让，自愿达成协议，从而公平、合理地解决纠纷的一种方式。[1] 调解的方法灵活，程序简便，有效节省时间和费用，也同样保护了争议双方的合作关系，但是，当争议涉及重大经济利益或双方分歧严重时，双方很难心平气和地坐下来接受调解。同时，在某些组织和个人的主持调解下，双方当事人所达成的协议对双方当事人并没有法律上的拘束力，因而在执行上往往存在较大的困难。

3. DAB。DAB方式是由一个或三个成员组成，由发包人和承包人在合同开始执行之前进行指定。DAB 密切注视工程进展，一旦出现争端即出面调解。[2] DAB争议解决方式能够增进发包人和承包人之间的交流与合作，并且DAB 对于进展过程中发生的争议非常了解，当发生矛盾争端时，也能及时地介入，合理地分析解约矛盾，体现了 DAB 高效、经济、公正的特点，这也代表了今后国际工程争议解决方式的发展方向。

4. 国际商事仲裁。国际商事仲裁是在工程争议中较为常用的解决方式，由于其具有简单、迅速、保密性、较大灵活性和自治性，以及存在一定的约束力的特点，使得国际商事仲裁自第二次世界大战以来，日益广泛地为人们所接受和采用。

5. 诉讼。诉讼是指合同当事人依法请求司法机关对于双方争议的问

---

[1] 顾永才. FIDIC 施工合同条件在中国适用的研究. 东北大学, 学位论文. 2006.
[2] 任学强. DAB方式在国际工程合同争议中的应用与借鉴. 国际经济合作. 2005,9.

题进行裁决，由国家强制力保证实现其合法权益的司法活动。采用诉讼途径解决经济争议时，一切都是法定的，当事人无权任意变更；法院审判需要公开审理，不能像仲裁一样秘密进行。因而，在解决涉及专有技术和知识产权方面的争议时，仲裁更适合当事人保密的需要。

（二）国际工程争议解决程序的选择

当国际争议发生时，应当尽量选择非对抗机性的解决办法处理。如通过和解、调解以及 DAB 的方式解决问题，有助于维护双方的感情，从而保障工程的继续进行。当双方的分歧很大，如争议金额巨大或责任分担严重失衡时，无法协商解决，继续采取非对抗性解决办法只能是徒劳无用的，则必须通过对抗性的机制进行解决，即采取仲裁与诉讼的方式。仲裁都要在合同中事先约定好，或有仲裁协议书的规定才能适用。而国际诉讼则是要通过项目工程所在国家对冲突规范的规定，并以此来确定准则，进而断定是非。相比诉讼而言，仲裁显得更方便、经济，因此，在国际工程争议中，大家往往更侧重选择仲裁。

第二节　和解与调解

一、和解的概念、特征和局限性

（一）和解的概念

和解是指合同当事人于发生争议后，双方就争议问题通过友好协商，互相谅解，最终对争议问题解决达成一致并签订协议。

（二）和解的特征

第一，和解是双方在自愿、友好的基础上进行的。

第二，和解的方式和程序十分灵活，当事人在不违反法律的前提下，可以根据实际需要以多种方式进行磋商，使争议得到灵活解决。

第三，和解能够节省开支和时间，使争议得到经济、快速的解决。

也正是由于和解具有这些优点，在国际工程实践中，争议当事人通常首先采用和解的方式来解决争议。

（三）和解的局限性

如上所述，成功的和解最终都会达成和解协议，但协议能否落实，完全取决于双方的意愿。在双方达成和解协议之后，如果一方反悔，协议便成了一纸空文；当争议标的金额巨大或争议双方分歧严重时，要通过协商达成谅解则比较困难的。在我国的司法环境中也提倡和解解决争议，同时又允许争议当事人在和解无效的情况下，可以通过调解、仲裁或诉讼途径进行解决。

二、调解的概念、特征和局限性

（一）调解的概念

调解是指合同当事人在发生争议后，由第三方根据事实和法律，对争议双方进行说服与劝解，使争议双方互谅互让，自愿达成协议，从而解决纠纷的一种方式。

（二）调解的特征

调解与和解相似，具有方法灵活、程序简单、节省时间和费用，不伤争议双方的感情等特点。同时，由于调解是在第三方主持下进行，这就决定了它所独有的优点：第三方在调解的过程中对待争议问题能更客观、更全面一些，有利于争议的公正解决；同时，有第三方参加可以缓解双方当事人的对立情绪，便于双方较为冷静、理智地考虑问题；有利于当事人抓住时机，便于寻找适当的突破口来公正合理地解决争议。[1]

（三）调解的种类

调解是在第三方的主持下进行的，这里的"第三方"可以是仲裁机构及法院，也可以是仲裁机构及法院以外的其他组织和个人。因参与调

---

[1] 石健民. 论我国法院调解制度的改革与完善. 河北大学. 学位论文. 2008.

解的第三方不同，调解的性质也就不同。除了仲裁机构、法院或者专门调解机构以外，其他任何组织和个人都可以对案件进行调解，其特点是调解主持人不负有专门调解职能，而是基于当事人的信赖，临时选任的能够主持公道的人。只要双方认可，这种调解也不失为解决争端的一种好方法。

（四）调解的局限性

很多时候争议双方的矛盾不可调和，这种前提条件一般很难调解。同时，某些组织和个人主持的调解，双方当事人所达成的协议，对双方当事人并没有法律上的拘束力，所以在执行上往往也存在较大的困难，因而调解的局限也是很明显的。

第三节　DAB 及中间仲裁

一、DAB 的定义与特点

（一）DAB

是在 FIDIC 国际工程合同提出来的，主要是为了避免国际仲裁和诉讼的漫长的诉讼时间和高额的费用而专门设计的解决国际工程争议的方法。DAB 从其产生以来一直对解决国际工程纠纷起到了很大帮助作用。

DAB 方式来源于 FIDIC 国际工程合同。FIDIC 合同条件在国际工程界得到广泛应用，但对以前合同条件中规定由工程师来处理争端，则受到了人们广泛的质疑和批评，因此，FIDIC 在 1995 年首次提出了 DAB 的作用，在 1999 版 FIDIC 中全面启用了 DAB 作为争议解决方法。FIDIC 合同 1999 年版对 DAB 方式的程序作了如下规定[1]：

1. DAB 委员的选聘：

DAB 委员可以一人或三人，一般小的工程项目会采用一名委员。在

---

[1]　何伯森. FIDIC99 年版合同条件中的争端解决方式. 国际经济合作. 2000，7.

聘任三名委员时，业主方和承包方可在规定的时间内提名一位委员，随后第三名委员可以由双方共同推选。如果在组成 DAB 时出现困难，如一方的提名对方不同意，或一方未能在规定的时间内提出人选，则采用专用合同的指定机构或官员提名任命 DAB 成员，该任命是最终的和具有决定性的。委员的薪酬由业主和承包人双方分担。

2. DAB 方式解决争端程序：

（1）合同任何一方均可将起源于项目实施而产生的任何争端直接交给 DAB 委员会。合同双方应尽快向 DAB 提交自己的立场报告以及 DAB 可能要求的进一步的资料。

（2）DAB 在收到材料后 84 天内，应对争议的事项作出书面决定。如果合同双方同意则应执行本决定，如果一方事后不执行 DAB 决定，则另一方可直接要求仲裁。

（3）如果任何一方对 DAB 作出的决定不满意，可以在收到决定后 28 天内，将其不满通知通告对方，并可就争端提起仲裁。

（二）DAB 的特点

一般是在签订工程合同时，即组成委员会。由于刚签订合同时双方关系都会比较融洽，对于 DAB 的人员选定也能比较轻松达成合意。DAB 方式具有防微杜渐、消弭争议于无形、减轻财务负担、工程专业性加强等优点。由于它高效、低廉、及时、公正且有约束力，在国际工程项目纠纷解决中被作为明智的选择得以推广使用并取得巨大成功，有效地利用司法资源和社会资源。

（三）DAB 决定的效力

DAB 决定的效力分为两个方面[1]：

1. DAB 的决定一经作出，即对承发包双方具有约束力。

2. 如果任一方收到 DAB 决定后，均未在 28 天内，向对方发出表示

[1] 高会芹. 建立工程师的职能浅析与 DAB. 河北建筑工程学院学报. 2002，3.

不满的通知，则 DAB 的决定具有最终约束力。在此情况下，如果一方未遵守 DAB 的决定，则另一方可就未遵守事项提交仲裁。

第四节　跨国诉讼

一、管辖权问题

国际工程案件诉讼管辖权是指一国法院受理某一国际工程案件行使审判权的资格或权限。国际工程诉讼管辖权属于司法管辖权，法院管辖权或裁判管辖权是以国家权力为基础，目的是在国际社会范畴内进行管辖权的分配。[1]世界各国主要通过以下几个原则来确定管辖权：

（一）属人管辖原则

以国籍作为管辖的依据，通常被称为属人管辖权原则。属人管辖是以当事人的国籍为连接点，无论当事人在境内还是境外，其国籍国法院都有管辖权。

采取属人管辖原则的国家，主要是以法国为代表的拉丁法系各国，包括法国、荷兰、意大利、卢森堡、比利时、葡萄牙、希腊、西班牙以及拉丁美洲国家中参加1928年《布斯塔曼特法典》的一些国家。[2]属人管辖符合国家的主权规则，目的在于保护本国当事人的利益，但过分的主张国籍管辖权是不合理的，并且也会影响国际交往的发展。

（二）属地管辖原则

属地管辖原则是指国际工程案件的司法管辖权，以一定的地域为连接因素，由该地域的所属国法院行使管辖权。这是世界各国所普遍采用的管辖根据。各国对于属地管辖又进行了详细的分类，主要包括被告人

---

[1]　赵相林. 国际民商事争议解决的理论与实践. 北京：中国政法大学出版社，2009 第 1 版，序言部分.
[2]　赵相林，宣增益. 国际民事诉讼与国际商事仲裁. 北京：中国政法大学出版社，1994，第 68 页.

的出现地、住所或惯常居住地、被告财产所在地、诉讼标的所在地、法律事实发生地等，在此就不详细介绍了。被告人出现是英美法系国家的法院实施国际民事管辖权的一个重要根据。英美法系国家从"管辖权的基础是实际控制"的理论出发，以"有效原则"作为一般管辖原则。认为只要受案法院能够有效控制被告，作出的判决能够有效执行，该法院就有管辖权。

（三）协议管辖原则

"意思自治原则"是私法的基本原则，协议管辖就是在充分尊重当事人双方的意思的基础上，由当事人自主决定某些案件管辖权。协议管辖根据当事人意思表示的形式不同，可分为明示协议管辖和默示协议管辖两种。

1. 明示协议管辖

允许双方当事人在争议之前或争议之后，将他们之间争议的案件协议交由某一国法院审理。

2. 默示协议管辖

默示协议管辖，也称推定管辖，是指双方当事人之间既无独立的管辖权协议，合同中也没有选择法院的条款，同时也没有任何口头承诺，只是在一方当事人在一国法院起诉时，另一方当事人对该国法院行使管辖权不提出异议，或者无条件地应诉，或者在该国法院提出反诉，都表示该当事人默示接受该国法院的管辖。[1]

（四）长臂管辖原则

长臂管辖原则，就是指在与受案法院有任何联系，只要联系满足最低限度的接触也可以构成管辖权的根据。这一管辖原则主要是美国为扩大其司法管辖权而提出的。美国法院通过长臂管辖原则，竭力扩大其管辖权的目的是很明显的。这种管辖原则也因为容易侵犯他国的司法主权，

---

[1] 赖紫宁. 国际侵权诉讼管辖权研究. 武汉大学. 学位论文. 2002.

常常受到有关国家的反对。

二、法律适用问题

（一）涉外民事关系法律适用的界定

涉外民事关系法律适用是规范涉外财产关系和人身关系的基本法律，调整在国际民事交往中产生的包括涉外物权关系、涉外知识产权关系、涉外合同关系、涉外侵权关系、涉外婚姻家庭关系、涉外继承关系等各类涉外民事关系，主要解决上述各类涉外民事关系的法律适用问题。

涉外民事关系的法律适用是指通过涉外民事关系法律适用法规定的法律适用规范（又称为冲突规范、法律选择规范，有的国际公约称之为"国际私法规范"），来援引、确定某一涉外民事关系应当适用的某一特定国家或地区的实体法或统一实体法，并将确定的法律应用于实际案件，从而规范涉外民事关系当事人之间的权利义务关系，解决其争议。[1]

（二）涉外判决的承认与执行

法院判决的承认与执行是国际工程诉讼程序的最后阶段，也是整个国际民事诉讼程序的关键所在，一个不能行之有效的判决，也同样是一纸空文。法院作出的民商事判决在法院地国发生法律效力是不存在问题的，其他国家没有义务承认和执行外国法院判决，但作为国际纠纷，如果只在法院地国家具有效力将严重影响国际诉讼的实际意义，不能有效地保护当事人的合法权益。因此，对于国际诉讼判决的承认和执行显得比判决本身更为重要。

国际诉讼判决的承认和执行是相互的，从国内的角度，国际诉讼判决的承认与执行就是对外国法院判决的承认与执行问题。一国法院作出的涉外案件的判决，于另一国境内发生效力或强制执行，统称为外国法院判决的承认和执行。随着国际交往的发展，国家间加强了司法领域的

---

[1] 黄进. 中国涉外民事关系法律适用法的制定与完善. 政法论坛. 2011, 3.

合作，在一定条件下相互承认和执行外国法院判决，不仅使有关国际工程方面的争议得以解决，切实保护当事人的合法权益，也符合诉讼追求的公证和效率目标。

为了协调国家对承认和执行外国法院判决的规定上的差异，保护当事人利益，促进国际合作，国际社会致力于通过条约方式，统一规定承认和执行外国法院判决的制度。自 1869 年世界上第一个相互承认与执行判决的双边条约之后，国际社会为寻求制定统一的承认和执行外国判决的国际条约做出了不懈努力。在这一领域，有关该问题的重要多边条约有：1928 年 2 月 28 日美洲国家在哈瓦那签订的《国际私法公约》，1940 年 3 月 19 日拉丁美洲国家在蒙得维的亚签订的《关于国际民事诉讼程序法的条约》，1968 年 9 月 27 日欧洲共同体在布鲁塞尔签订的《关于民商事案件管辖权和判决执行公约》（《布鲁塞尔公约》），1988 年制定的《民商事管辖权和执行公约》（《卢加诺公约》）以及海牙国际私法会议参加国在各届会议上制定的系列公约：1958 年 4 月 15 日《关于抚养儿童义务判决的承认和执行公约》、1970 年 6 月 1 日《承认离婚和分居公约》、1971 年 2 月 1 日《民商事案件外国判决的承认和执行公约》和 2005 年 6 月通过的《选择法院协议公约》。

这其中以欧盟成员国之间的《布鲁塞尔公约》和海牙国际私法会议体系下的《民商事案件外国判决的承认和执行公约》影响较大，这些公约推进国际社会关于民商事判决的承认和执行的规则统一方面起到了巨大作用[1]。

三、外国判决在我国申请承认与执行

两种途径

1. 当事人直接向我国被执行人住所地或财产所在地中级人民法院申请；

---

[1] 赵相林. 国际民商事争议解决的理论与实践. 北京：中国政法大学出版社，2009，第 218 页.

2. 由外国法院依照与我国条约规定，或按互惠原则，请求人民法院承认和执行；如果该外国与我国既没有条约，也没有互惠关系的，我国对该判决不予承认和执行，但当事人可以向人民法院起诉，由有管辖权的人民法院作出判决，予以执行。

（1）根据《民事诉讼法》第266条的规定，人民法院需要用裁定的方式决定是否承认和执行。

（2）承认和执行的通常条件：

①原判决法院必须具有合格的管辖权；

②经实质审查后发给执行令；

③诉讼程序公正；

④不存在诉讼竞合，所谓诉讼竞合，就是指执行地国法院也受理了同一案件，甚至已作出判决；或者第三国法院受理了同一案件，其所作判决已经为执行地国法院所承认；

⑤不违背执行地国的公序良俗；

⑥判决地国与执行地国之间存在条约或互惠关系。

四、我国判决在外国的承认与执行

我国法院的判决在外国的承认和执行方面，现行的《民事诉讼法》第264条规定："人民法院作出的发生法律效力的判决、裁定，如果被执行人或者其财产不在中华人民共和国领域内，当事人请求执行的，可以由当事人直接向有管辖权的外国法院申请承认和执行，也可以由人民法院依照中华人民共和国缔结或参加的国际条约的规定，或者按照互惠原则，请求外国法院承认和执行。"

第五节　国际仲裁

国际仲裁是指在国际商事活动中，根据当事人的合意，事先在合同中订立的仲裁条款或事后达成仲裁合议，将已经或将来可能产生的契约性或非契约性商事争议交由常设仲裁机构或临时仲裁机构进行解决，并作出对当事人各方具有约束力的裁定的争议解决方式。[1]

一、常见的国际商事仲裁机构

（一）国际商会仲裁院（ICC Court of Arbitration）

ICC 成立于 1923 年，是国际商会下属的一个国际性常设仲裁机构，总部在巴黎。国际商会仲裁院审理案件时交由仲裁院确定的仲裁员组成的仲裁庭进行，仲裁庭在审理某一案件时可以适用当事人选择的法律，在当事人未作出选择时可适用仲裁地法。仲裁庭作出的裁决具有终局效力，当事人可据此判决请求有关国家的法院协助执行。自中国加入国际商会后，中国与国际商会和 ICC 国际仲裁院的联系更加紧密，中国当事人也经常选择 ICC 国际仲裁院，作为解决国际商事法律争议的仲裁机构。[2]

（二）解决投资争议国际中心（International Center for Settlement of Investment Disputes, 简称 ICSID）

ICSID 是世界银行下设的独立的争议解决机构。它是根据 1965 年的《华盛顿公约》于 1966 年设立的国际性的常设仲裁机构，中心设在华盛顿。ICSID 以属人原则来确定其管辖权范围，即只受理缔约国或缔约国指派到中心的该国的任何组成部分或机构，与另一缔约国国民之间直接因投资而产生的任何法律争议。[3]

（三）伦敦国际仲裁院（London Court of International Arbitration, 简

---

[1] 赵相林. 国际民商事争议解决的理论与实践. 北京：中国政法大学出版社，2009，第 250 页.
[2] 赵相林. 国际民商事争议解决的理论与实践. 北京：中国政法大学出版社，2009，第 251 页.
[3] 赵相林. 国际民商事争议解决的理论与实践. 北京：中国政法大学出版社，2009，第 252 页.

中国建筑管理丛书

法律实务卷

称 LCIA）

LCIA 是世界上成立最早的仲裁机构，其成立于 1892 年，1903 年改为伦敦仲裁院。1975 年，伦敦仲裁院与黄石特许仲裁员协会合并，1981 年改为现名。[1]LCIA 可以受理提交给它的任何性质的国际争议，在国际上享有很高的声望，特别是在国际海事仲裁方面大多数案件都会提交 LCIA 仲裁。

（四）斯德哥尔摩商会仲裁院（The Arbitration Institute of Stockholm Chamber of Commerce，简称 SCC）

SCC 成立于 1917 年，属于斯德哥尔摩商会的一个专门仲裁机构，独立于商会。瑞典先后参加了 1927 年在日内瓦缔结的《关于执行外国仲裁裁决公约》和 1958 年《关于承认和执行外国仲裁裁决公约》，与许多国家存在着有关公约的条约关系，所以，SCC 仲裁庭所作出的裁决在世界范围内得到了广泛的承认和执行。因此，中国当事人在进行国际仲裁时，如果需要选择非中国仲裁机构进行仲裁时，都会考虑选择 SCC。

（五）美国仲裁协会（American Arbitration Association, 简称 AAA）

AAA 成立于 1926 年，是一个独立的、非政府性、非营利性的民间组织，是美国最主要的商事仲裁常设机构，其总部设在纽约，并在美国 24 个主要城市设有分支机构。

由于 AAA 能够提供完备的行政和服务设施，且仲裁较少受到司法干预。因此，近年来受理的案件持续上升，成为世界上受案量最高的民间仲裁机构。随着中美当事人之间商事交往的日益频繁，有关的商事法律争议越来越多，中国当事人选择 AAA 来仲裁解决有关法律争议的机会也就随之增多。

（六）新加坡国际仲裁中心（Singapore International Arbitration Centre, 简称 SIAC）

SIAC 于 1990 年成立，是新加坡法定的仲裁员指定机构。仲裁裁决能

[1]【英】艾伦·雷德芬等. 林一飞，宋连斌译. 国际商事仲裁法律与实践.（第四版）. 北京：北京大学出版社，2005. 第 62 页.

在 1958 年纽约公约缔约国之间得到承认和执行。

（七）苏黎世商会仲裁院（Court of Arbitration of the Zurich Chamber of Commerce, 简称 ZCC 仲裁院）

ZCC 成立于 1911 年，是瑞士苏黎世商会下设的一个全国性常设仲裁机构。由于瑞士是永久中立国，这使得 ZCC 仲裁院作出的裁决比较容易被有关国家和双方当事人所接受，从而逐渐成为处理国际民商事争议的一个重要的中心，其受案数量也呈现逐年上升趋势。中国当事人在对外经济贸易中发生争议时，也会考虑将争议提交 ZCC 仲裁院考虑。

（八）中国国际经济贸易仲裁委员会

中国国际经贸仲裁委员会（China International Economic and Trade Arbitration Commission, 简称 CIETAC），成立于 1956 年，总部设在北京，先后于 1989 年和 1990 年成立了深圳分会和上海分会。中国国际经济贸易仲裁委员会备有仲裁员名册，近年已陆续增加了外国和香港地区的仲裁院。该委员会在国际上已有很大影响并享有一定声誉。中国的当事人往往希望能够选择中国国际贸易仲裁委员会进行仲裁，但国际工程争议中，业主是很难支持中国的承包人选择中国国际经贸仲裁委员会作为仲裁院，相反，业主还往往会选择本地的仲裁院进行仲裁。

（九）其他仲裁机构

主要的国家性常设仲裁机构还有很多，比如日本商事仲裁协会、意大利仲裁协会、德国仲裁协会、荷兰仲裁协会以及印度仲裁委员会等。这些仲裁机构对国际商事争议的解决都发挥了一定的作用，但影响不如前几个机构广泛，此处不做详细介绍。

二、临时仲裁制度

临时仲裁是指当事人双方，通过仲裁协议临时指定仲裁员组成仲裁庭，以解决其争议的仲裁。临时仲裁不依赖任何常设仲裁机构或组织，仲裁庭的成员由当事人协商选定。在争议解决之后，仲裁庭即告解散。[1]临时仲裁制度给当事人提供了较高的自主性。仲裁过程中的许多事项，如仲裁员和仲裁庭组成、仲裁程序、规则的制定与适用，基本上都取决于当事人的自主合意。临时仲裁具有仲裁程序灵活、仲裁比较迅速、仲裁耗费经济的特征。临时仲裁是最早的仲裁方式，在19世纪以前，国际上还没有常设仲裁机构，主要是临时仲裁。现在临时仲裁主要在仲裁的发源地欧洲比较流行，在其他一些国家不存在临时仲裁。

三、仲裁协议

仲裁协议是国际仲裁程序的基础，仲裁机构或仲裁庭的管辖权都源于当事人的仲裁协议，它对争议当事人、仲裁庭以及法院都具有一定的约束力，它同时也是仲裁裁决得到承认和执行的重要依据。书面的仲裁协议主要可以分为三种类型。

（一）仲裁条款

仲裁条款是指双方当事人在订立合同时，在合同中约定把他们之间将来可能发生的争议提交仲裁解决的条款。仲裁条款具有独立性，它与合同中的其他条款性质不同，即使是合同无效或其他合同条款无效，仲裁条款也并不一定随之无效。

（二）仲裁协议书

仲裁协议书是双方当事人单独订立的同意将有关争议提交仲裁解决的专门性文件。仲裁协议书在形式上独立于主合同之外，一般是因为合同中没有仲裁条款，在争议发生之后而订立的，其与仲裁条款的效力是一样的。

（三）其他表示提交仲裁的文件

[1] 宫晓凝. 浅析临时仲裁制度在我国的构建. 法制与社会. 2008，30.

四、国际仲裁实践中的注意事项

（一）关于仲裁规则、仲裁地、仲裁语言的选择

1. 国际仲裁规则

国际仲裁规则是指国际商事仲裁机构和有关的仲裁当事人，在进行具体的商事仲裁活动时所遵循的程序规则。这些程序具有明显的契约性，往往构成当事人之间仲裁协议的一部分，具有一定的强制性，但不能与仲裁程序应适用的法律或者法院地法的强制性规定相抵触。当事人约定仲裁程序具有重要意义。如果仲裁庭未依据当事人约定的程序进行仲裁，则当事人可以在仲裁过程中提出异议，也可以在裁决作出后对裁决提出异议，例如，《纽约公约》第5号规定了被申请执行对非依当事人约定的程序进行仲裁提出异议的情形。

2. 仲裁地点

当事人选择常设仲裁机构时，如果没有其他约定，通常以选定的常设仲裁机构所在地作为仲裁地点。但，有的常设机构在不同地方都设有分支机构，大多数的常设机构并不禁止当事人选择其机构所在地外的地方作为仲裁地点。仲裁地的选择对于实体法的适用具有一定影响。如果当事人对解决争议所适用的实体法没有做出明确选择，仲裁庭一般会根据国际惯例，按仲裁地国家国际私法规则中的冲突规范确定应适用的法律，或直接适用仲裁地国家的实体法。同时，在《纽约公约》140多个成员中，有50多个国家按公约的规定做了如下保留：本国只对在另一缔约国领土内所作出的仲裁裁决的承认与执行适用本公约。因此仲裁地还决定了该裁决在其他国家申请承认和执行的情况。因此，仲裁地的选择是异常重要的。

3. 仲裁语言

在当事人没有进行约定时，一般由仲裁庭或仲裁机构对此作出决定。

（二）关于仲裁员的选择

1976年《联合国国际贸易法委员会仲裁规则》中，如果当事人没有事先约定仲裁人数，而被申请人在收到仲裁通知书后15日内又未能同意仲裁员仅为1人的，则应委任3名仲裁员。如果委任1名独任仲裁员，当事人任何一方可以向对方提名1人或数人，其中一人作为独任仲裁员。

如果是争议由3名仲裁员审理时，各方当事人应当分别在申请书或答辩书中提名1名仲裁员由仲裁院确认，第三名仲裁员由仲裁院委任并担任首席仲裁员。按照任何方式委任的仲裁员，都应该独立于各方当事人，并保持中立。在委任或确认其委托之前，相关仲裁员应签署一份独立声明，向秘书处披露在当事人看来可能影响仲裁员独立性的任何事实和情况。选择仲裁员应注意[1]：

1. 选择自己信任的仲裁员。仲裁机构所聘任的仲裁员，均是经过严格的选拔审查后才取得仲裁员资格的，一般均具有较高的政治素质和业务素质。因此，当事人可以从中选择自己认为最值得依赖的仲裁员。

2. 选择熟悉与纠纷相关的专业知识的仲裁员。由熟悉专业知识的仲裁员组成的仲裁庭仲裁相关专业的经济纠纷，更能迅速准确地抓住争议的焦点，分清是非责任，提出解决争议的最佳方案，提高仲裁的效率和质量。当事人在选择仲裁员时，应参考仲裁员名册中的仲裁专长一栏，选定熟悉纠纷所涉及的专业领域的仲裁员。

3. 为减轻经济负担，建议当事人尽量选择仲裁机构所在地或就近地区的仲裁员。由于仲裁员参与仲裁活动的费用均须由当事人来承担，如果选择远离仲裁机构所在地的仲裁员，势必增加当事人的经济负担。且由于往返差旅所费时间，势必影响仲裁庭迅速及时地作出裁决。

4. 避免选择符合法定回避条件的仲裁员。当事人享有对符合法律规定回避事由的仲裁员申请回避的权利，若由于对方当事人申请回避而使

---

[1] 如何选择仲裁员. http://www.lawtime.cn/info/laodong/ldzyzcwyh/2010123190012.html.

整个仲裁程序中止，这将延长仲裁的时间，对双方均有害无益。

5. 遵守仲裁员选定的时效，当事人必须在仲裁规则规定的期限内选定仲裁员。仲裁机构都订有各自的仲裁规则，并在规则中，就当事人选定仲裁员的有效期限作出了规定。当事人如果未在仲裁规则规定的有效期间内选定仲裁员，仲裁机构将视为当事人自动放弃该项权利，并由仲裁委员会主任指定仲裁员组成仲裁庭。

（三）关于专家证人的选择

在国际纠纷解决中，由于专家证人证词的专业性，许多著名的大法官乃至仲裁员对专家证人的意见照单全收，或者很少有异议。例如，在医学领域，在判断"诊症下药、动手术、麻醉和护理"等是否正确或合理时，曾担任此类案件的仲裁员的切身体会是"连这种冗长的医学名词都记不清，更何谈去审理？"；如何选择专家证人：

首先，专家证人与案件没有利害关系。

其次，专家证人的个人信息。

再次，专业领域权威，有相关专家证人经验。

（四）关于文件披露的注意事项

国际商会国际仲裁院、伦敦国际仲裁院以及美国仲裁协会等国际仲裁机构的规则之下，仲裁法庭被赋予了广泛的权力，以决定是否允许对涉案文件的披露。例如，国际商会规则赋予仲裁庭权力，以便"通过各种适当的方法确定案件事实"并"可以传票传唤任何一方当事人提供补充的证据"。伦敦国际仲裁院和美国仲裁协会规则也同样规定了仲裁庭有指令出示文件的权力。

尽管披露制度在国际仲裁中十分普遍，但是对于很多大陆法系国家的当事人仍是一种新事物。美国企业通常熟知诉讼程序中的披露概念。因此，在日常商业事务中小心谨慎，比如，对所写的内容十分谨慎，甚至纯粹的内部通信也是如此。因此，签订国际仲裁协议的当事人，应对这一问题提高警惕，小心谨慎地减少书面文件。

五、国际仲裁裁决的承认与执行

所谓仲裁裁决的承认，是指法院承认该仲裁庭作出的裁决所确认的当事人间的权利和义务，在其境内具有法律效力；仲裁裁决的执行，指法院在承认仲裁裁决的效力的基础上，依照法律规定的执行程序，通过执行地公权力予以强制执行。在国际工程争议解决过程中，由于当事人之间的法律关系具有典型的涉外性，则往往在国际仲裁完成后涉及仲裁裁决在外国的承认和执行问题。

（一）国际仲裁裁决的承认和执行的法律依据

1. 国内法

一些国家的民事诉讼法和仲裁法都对有关外国仲裁裁决的承认和执行方面有规定，我国《民事诉讼法》第二百六十七条就此方面作出如下规定："国外仲裁机构的裁决，需要中华人民共和国人民法院承认和执行，应当由当事人直接向被执行人住所或其财产所在地的中级人民法院申请，人民法院应当依照中华人民共和国缔结或者参加的国际条约，或者按照互惠原则办理。"

2. 国际条约

由于各国关于外国仲裁裁决的承认和执行的国内法不尽相同，这阻碍了国际商事仲裁制度的发展，也不利于国际经济贸易往来。为了解决这一问题，国际社会也试图制定国际条约以协调各国的制度，包括：《日内瓦条约》、《承认和执行外国仲裁裁决条约》、《华盛顿公约》和《司法协助条约》。

（二）承认和执行外国仲裁裁决的条件

外国仲裁裁决的承认和执行，一般按照 1958 年的《纽约公约》的规定来判断。该公约以排除的方式规定了承认和执行外国仲裁裁决的条件，即被申请承认和执行的裁决如果具有公约规定的排除情节之一的，被请求执行国法院可以应被申请执行人的证明，或自行决定拒绝承认和执行。根据公约第 5 条的规定，拒绝承认和执行外国仲裁裁决的理由主要包括以下几个方面："仲裁协议无效；违反正当程序；仲裁员超越权限；仲裁庭的组成或仲裁程序不当；裁决对当事人尚未发生约束力或已被撤销或停止执行；争议事项不可用仲裁方式解决；违反公共政策或公共秩序。"

（三）外国仲裁裁决在我国的承认与执行程序

我国国内立法对国内法院受理外国仲裁裁决承认和执行案件的法院的审级和管辖法院做了规定，根据我国《民事诉讼法》第二百六十九条的规定："国外仲裁机构的裁决，需要中华人民共和国人民法院承认和执行的，应当由当事人直接向被执行人住所地或者其财产所在地的中级人民法院申请，人民法院应当依照中华人民共和国缔结或者参加的国际条约，或者互惠原则办理。"1987 年 4 月 10 日，最高人民法院又发布了《关于执行我国加入的〈承认与执行外国仲裁裁决公约〉的通知》，其中规定，根据 1958 年《纽约公约》第 4 条规定，申请我国法院承认和执行在另一缔约国领土内作出的仲裁裁决，是由仲裁裁决的一方当事人提出，对于当事人的申请，应由我国下列地点的中级人民法院受理：（1）被执行人为自然人的，为其户籍所在地或者居所地；（2）被执行人为法人的，为其主要办事机构所在地；（3）被执行人在我国无住所、居所或者主要办事机构，但有财产在中国境内的，为其财产所在地。

我国有管辖权的人民法院接到一方当事人的申请后，应对申请承认和执行的仲裁裁决进行审查，裁定承认其效力，并依照《民事诉讼法》规定的程序执行，或认定具有《纽约公约》第 5 条第 1 款所列的情形之一的，应当裁定驳回申请，拒绝承认和执行。

向我国法院申请承认和执行的仲裁裁决，可根据我国《民事诉讼法》对我国生效后及相关条约办理，就《纽约公约》而言，仅限于 1958 年《纽约公约》在我国生效后，在另一缔约国领土内作出的仲裁裁决。该项申请必须在我国法律规定的申请执行期限内提出，即双方或一方当事人为个人的，为 1 年，双方为法人或其他组织的，为 6 个月。